普通高等教育计算机类专业教材

C语言程序设计

主　编　姜　雪

副主编　朱姬凤　杨　毅　姚晓杰　王　锦

主　审　秦　凯

中国水利水电出版社
www.waterpub.com.cn
·北京·

内 容 提 要

本书是C语言程序设计课程的入门教材，旨在培养学生的程序设计基本能力。

本书以Microsoft Visual C++ 2010集成开发环境为基础，全面介绍了C语言的基本语法知识及运用C语言进行程序设计的相关内容，既阐述了相关概念，又重点讲解了程序设计的思想和方法。在内容编排上，本书力求通俗易懂，循序渐进，重点突出。为了使读者更好地掌握各章节知识，提高逻辑分析和程序设计能力，每章末均配有精选的习题。

本书中的程序均按照模块化设计思想进行编写，并辅以必要的注释，便于读者对程序的理解、分析和自学。书中涉及的所有程序已在Microsoft Visual C++ 2010集成开发环境中调试和运行，程序算法采用N-S图描述。

本书既可作为普通高等院校各专业"C语言程序设计"课程的教学用书，也可作为C语言初学者和相关培训机构、等级考试的参考书或培训教材。

图书在版编目（CIP）数据

C语言程序设计 / 姜雪主编. -- 北京 : 中国水利水电出版社，2023.2
普通高等教育计算机类专业教材
ISBN 978-7-5226-1406-9

Ⅰ. ①C… Ⅱ. ①姜… Ⅲ. ①C语言－程序设计－高等学校－教材 Ⅳ. ①TP312.8

中国国家版本馆CIP数据核字(2023)第025350号

策划编辑：石永峰　责任编辑：赵佳琦　加工编辑：刘　瑜　封面设计：梁　燕

书　名	普通高等教育计算机类专业教材 C语言程序设计 C YUYAN CHENGXU SHEJI
作　者	主　编　姜　雪 副主编　朱姬凤　杨　毅　姚晓杰　王　锦 主　审　秦　凯
出版发行	中国水利水电出版社 （北京市海淀区玉渊潭南路1号D座　100038） 网址：www.waterpub.com.cn E-mail：mchannel@263.net（答疑） sales@mwr.gov.cn 电话：（010）68545888（营销中心）、82562819（组稿）
经　售	北京科水图书销售有限公司 电话：（010）68545874、63202643 全国各地新华书店和相关出版物销售网点
排　版	北京万水电子信息有限公司
印　刷	三河市鑫金马印装有限公司
规　格	184mm×260mm　16开本　14.75印张　378千字
版　次	2023年2月第1版　2023年2月第1次印刷
印　数	0001—3000册
定　价	48.00元

前　言

C 语言是一种结构化程序设计语言，它兼有高级语言的特点和低级语言的功能，代码简洁、高效，功能强大，既可用于编写系统软件，也可用于编写应用软件。从实用性、易用性和学习的难易程度等角度看，C 语言是不可多得的计算机高级语言，故 C 语言程序设计也是大部分高校计算机及相关专业的必修课程。

本书共分为 10 章。第 1 章主要介绍 C 语言的基本知识和在 Microsoft Visual C++ 2010 集成开发环境下的上机调试。第 2 章主要介绍数据、运算与顺序结构程序设计。第 3 章、第 4 章介绍选择结构、循环结构控制语句及基本程序设计方法，可以解决比较复杂的实际问题。第 5 章介绍一维数组、二维数组、字符数组的定义和使用，以及常用的字符串处理函数。第 6 章介绍函数的定义、调用、参数的使用以及变量的作用域等。第 7 章介绍编译预处理命令。第 8 章介绍指针的定义和使用，这是 C 语言学习的重点与难点，也是体现 C 语言“高级”能力的知识点。第 9 章介绍结构体、共用体和枚举类型的定义和使用，以及单向链表的相关内容等。第 10 章介绍了文件操作、读/写函数及文件的定位和出错检验等。

本书根据编者多年的教学经验编写而成，由浅入深，循序渐进，理论与实践结合，将知识传授与能力培养融为一体。通过本书的学习，读者既能快速掌握 C 语言的基础知识，又能很快学会 C 语言的编程技巧，提高解决实际问题的能力。

本书由姜雪担任主编，朱姬凤、杨毅、姚晓杰、王锦担任副主编，秦凯担任主审。第 1 章、第 5 章由姚晓杰编写，第 2 章、第 4 章、附录由姜雪、秦凯编写，第 3 章、第 7 章由王锦编写，第 6 章、第 10 章由杨毅编写，第 8 章、第 9 章由朱姬凤编写，本书中涉及的所有例题、习题均由王嘉月实践验证，全书由姜雪、秦凯统稿。感谢刘立君、张春芳、王毅、王立武、梁宁玉、杨明学、于鲁佳、陈艳等在编写过程中给予的帮助。

由于编者水平有限，书中难免存在缺点和不足之处，恳请有关专家和读者批评指正。

编　者

2022 年 10 月

目　录

第 1 章　C 语言概述

1.1　C 语言的发展及特点

C 语言是一种功能强大的专业化程序设计语言，既可以用来编写系统软件，又可以用来编写应用软件。目前，C 语言是大学程序设计课程的首选语言之一。

1.1.1　C 语言的发展

C 语言的前身是 ALGOL 60 语言。1960 年彼得 • 诺尔（Peter Naur）的《算法语言 ALGOL 60 报告》发表之后，1963 年剑桥大学在 ALGOL 60 语言的基础上推出了 CPL（Combined Programming Language）。1967 年，剑桥大学的马丁 • 理查德（Matin Richards）对 CPL 进行了简化，推出了 BCPL（Basic Combined Programming Language）。

1970 年，美国贝尔实验室的肯 • 汤普森（Ken Thompson）对 BCPL 进行了修改，命名为 B 语言，并且用 B 语言在 DEC PDP-7 计算机上写了第一个 UNIX 操作系统。1973 年，美国贝尔实验室的丹尼斯 • M.里奇（Dennis • M.Ritchie）对 B 语言进一步简化和修改，最终设计出了 C 语言。

1977 年，Dennis • M.Ritchie 发表了不依赖于具体机器系统的 C 语言编译文本《可移植的 C 语言编译程序》。1978 年，布莱恩 • W.克尼汉（Brian.W.Kernighian）和 Dennis • M.Ritchie 合作出版了著作《C 语言程序》（*The C Programming Language*）。这本书中介绍的 C 语言成为后来被广泛使用的 C 语言版本基础，称为 K&R 标准。1983 年，美国国家标准化协会（American National Standards Institute，ANSI）在此基础上开始制定 C 语言标准，于 1989 年 12 月完成，称为 ANSI C。1990 年，ANSI C 标准被国际标准化组织（International Organization for Standardization，ISO）所采纳，称为 ISO C，它和 ANSI 的 C 语言标准基本相同。ANSI/ISO 的 C 语言标准通常被称为 C89 或 C90。之后随着计算机软硬件的不断发展，ANSI/ISO 在 1999 年和 2011 年分别对 C89 标准进行增补或修改，推出了 C99 和 C11 标准。

C 语言发展迅速，而且成为受欢迎的程序设计语言之一，主要是因为其具有强大的功能。许多著名的系统软件都是用 C 语言编写的，在对操作系统及需要对硬件进行操作的场合，C 语言明显优于其他高级语言。

1.1.2　C 语言的特点

C 语言的特点主要如下：

（1）简洁紧凑、灵活方便。C 语言一共只有 32 个关键字和 9 种控制语句，程序书写自由，主要用小写字母表示。

（2）运算符丰富。C 语言的运算符很多，共有 40 多个运算符。C 语言把括号、赋值、强制类型转换等作为运算符处理，从而使运算类型极其丰富，表达式类型多样化。灵活使用各种运算符可以实现在其他高级语言中难以实现的运算。

（3）数据结构丰富。C 语言的数据类型有整型、实型、字符型、数组类型、指针类型等，可以实现各种复杂的数据类型的运算。C 语言引入了指针概念，使程序执行效率更高。另外，C 语言具有强大的图形功能，支持多种显示器和驱动器，而且计算功能、逻辑判断功能强大。

（4）结构化语言。C 语言是一种结构化语言。结构化语言的显著特点是代码及数据的分隔化，即程序的各个部分除了必要的信息交流外，彼此独立。这种结构化方式可使程序层次清晰，便于使用、维护及调试。在 C 语言中，函数是构成程序的基本模块，每个函数分工明确，各司其职，从而实现程序的完全结构化。

（5）允许直接访问物理地址，可以直接对硬件进行操作。C 语言既具有高级语言的特点，又具有低级语言的许多功能，能够像汇编语言一样对位、字节和地址进行操作，而这三者是计算机的基本工作单元，可以用来编写系统软件。

（6）生成代码质量高，程序执行效率高。C 语言程序一般只比汇编程序生成的目标代码执行效率低 10%～20%。

（7）适用范围大，可移植性好。C 语言有一个突出的优点，即适用于多种操作系统，如 DOS、UNIX 等，也适用于多种机型。

1.2　C 语言的标识符与关键字

1.2.1　字符集

字符是组成程序设计语言的最基本的元素。C 语言字符集由字母、数字、空白符、标点符号和特殊字符组成。在字符常量、字符串常量和注释中还可以使用汉字或其他可表示的图形符号。

（1）字母：小写字母 a～z 共 26 个，大写字母 A～Z 共 26 个。

（2）数字：0～9 共 10 个。

（3）空白符：空格、制表符（Tab 键）、换行符等统称为空白符。空白符只在字符常量和字符串常量中起作用。空白符在其他地方出现时，只起间隔作用，编译程序对其忽略不计。

（4）标点符号和特殊字符：如加号（+）、减号（-）、分号（;）、逗号（,）等。

1.2.2　标识符

标识符用来标识源程序中各个对象的名称，这些对象可以是常量、变量、数据类型、数组、语句、函数等。C 语言中标识符要遵循以下规则。

（1）一个标识符只能由英文字母、数字和下划线 3 种字符组成，并且英文的大写字母和小写字母被认为是不同字符。例如，对于 sec 和 SEC 这两个标识符来说，C 语言会认为这是两个完全不同的标识符。

（2）标识符的第一个字符必须是字母或下划线。通常以下划线开头的标识符是编译系统专用的，所以在编写 C 语言程序时，最好不要使用以下划线开头的标识符，但是下划线可以用在第一个字符以后的任何位置。例如，a、x、_x3、BOOK_1、sum5 等标识符是合法的，而 3s、book*、3-s 等标识符是非法的。

（3）不能使用系统的关键字作为用户标识符，因为系统的关键字已有确定含义。标识符虽然可由用户随意定义，但由于标识符是用于标识某个对象的符号，因此 C 语言程序中的标识符名称应简洁明了、含义清晰，做到“顾名思义”，便于程序的阅读和维护。

1.2.3　关键字

关键字是由 C 语言规定的具有特定意义的字符串，通常也称为保留字。用户定义的标识符不应与关键字相同。C 语言规定的关键字共有 32 个，都用小写字母书写。C 语言中的关键字如表 1.1 所示。

表 1.1　C 语言中的关键字

类型	成员
控制类型关键字	if，else，switch，case，break，default，while，do，for，goto，return，continue
数据类型关键字	char，int，float，short，long，double，signed，unsigned，struct，union，enum，void
存储类型关键字	static，extern，auto，register
其他关键字	const，sizeof，typedef，volatile

1.3　C 语言程序概述

1.3.1　C 语言程序的基本组成

为了说明 C 语言程序的结构特点，先看以下两个简单的程序实例，这两个例子可以说明 C 语言程序的基本组成。

【例 1.1】编写程序，在屏幕上显示“Hello, World!”。

```
/* 第一个 C 语言程序，在屏幕上显示"Hello, World!" */
#include<stdio.h>                    //包含头文件 stdio.h
int main()                           //主函数
{
    printf("Hello, World!\n");       //输出字符串
    return 0;
}
```

程序运行结果：

```
Hello, World!
```

说明：

第 1 行中的“#include”为文件包含命令，其作用是把 stdio.h 文件包含到本程序中，成为本程序的一部分。这里的被包含文件是由系统提供的，故而用尖括号来标记，其扩展名为“.h”，也称为头文件。

第 2 行定义名为 main 的函数，C 语言程序包含一个或多个函数，它们是 C 语言程序的基本组成模块，圆括号表明 main 是一个函数的名字。int 说明 main()函数返回值的类型为整数。

第 3 行开始执行 main()函数，“{”是 main()函数的开始标志。

第 4 行显示“Hello, World!”，main()函数调用库函数 printf()以输出字符串，语句以分号结束。

第 5 行是函数返回语句，return 0 是 main()函数的最后一条语句。

第 6 行结束 main()函数，“}”是 main()函数的结束标志。

注意：花括号必须成对出现。

【例 1.2】编写函数，求两个数相加的和。通过调用该函数，计算两个数的和。

```
#include<stdio.h>
int add(int a, int b);                  //add 加法函数的原型声明

int main()
{
    int x, y, z;                        //声明整型变量 x、y、z
    printf("please input two number x and y:\n ");
    scanf("%d %d", &x, &y);             //输入变量 x、y 的值
    z=add(x, y);                        //调用 add()函数
    printf("sum=%d\n", z);              //输出变量 z 的值
    return 0;
}
int add(int a, int b)                   //add 加法函数的定义
{
    return (a+b);                       //返回变量 a+b 的值
}
```

程序运行结果：

```
please input two number x and y:

5 6↲
sum=11
```

说明：

本程序由 main()和 add()两个函数组成。add()函数在程序中出现了 3 次，第 1 次出现在函数原型中，通知编译器要用到该函数。第 2 次是在 main()函数中以函数调用的形式出现，第 3 次给出了 add()函数的定义。

本例中 main()函数体分为两部分，第 1 行是声明部分，第 2～6 行是执行部分。声明部分用于声明变量及其类型（例 1.1 中未使用任何变量，因此无函数声明），本例声明了 3 个整型变量 x、y、z。C 语言规定，源程序中所有用到的变量都必须先声明，后使用。

程序由 main()函数开始，执行到 z=add(x,y)时调用 add()函数来完成 x+y 的计算，add()函数调用结束后，返回 main()函数，并将计算结果赋值给 z 变量。

通过上述两个例子，可以把 C 语言程序的结构特点概括为以下几点。

（1）C 语言程序可由一个或多个函数组成。一个源程序无论由多少个函数组成，有且只能有一个 main()函数，即主函数。

（2）无论 main()函数写在程序中什么位置，程序总是从 main()函数开始执行。

（3）一个函数由函数首部和函数体两部分组成。函数首部即函数的第 1 行，包括函数类型、函数名、参数类型和参数名。例如：

int	min	（ int	x，	int	y）
函数类型	函数名	参数类型	参数名	参数类型	参数名

函数可以没有参数，但是后面的一对括号不能省略，这是格式的规定。

函数体是函数中用一对花括号括起来的部分。如果函数体内有多个花括号，最外层的花括号内的部分是函数体的范围。函数体一般包括声明部分和执行部分两部分，格式如下：

```
{
    声明部分:定义本函数所使用的变量
    执行部分:由若干条语句组成命令序列(可以在其中调用其他函数)
}
```

（4）C 语言本身不提供输入/输出语句，输入/输出操作通过调用库函数（scanf()/printf()）完成。

（5）程序中只要用到库函数，都要有“#include”预处理命令，预处理命令通常放在函数最前面。

（6）位于“/* */”中和“//”后面的内容为注释，用来对程序进行说明。注释在编译时会被自动忽略，程序运行时该部分不执行。

1.3.2　C 语言程序的书写风格

从书写清晰，便于阅读、理解和维护的角度出发，用 C 语言编写程序时应遵循以下规则。

（1）一条语句可以占多行，一行可以写多条语句，每一条语句都必须以分号结尾。但预处理命令、函数首部和花括号后面不能加分号。

（2）标识符与关键字之间必须至少加一个空格以示间隔。若已有明显的间隔符，也可不再加空格来间隔。

（3）用花括号括起来的部分通常表示程序的某一层次结构。花括号一般与该结构语句的第一个字母对齐，并单独占一行。

（4）低一层次的语句或注释可在高一层次的语句或注释缩进若干空格后书写，以便使程序更加清晰，增强程序的可读性。

（5）函数和函数之间加空行，以便清晰地分辨出程序中函数的数量。

（6）为了增强程序的可读性，对语句和函数应加上适当的注释。

1.4　C 语言程序上机调试

1.4.1　Microsoft Visual C++ 2010 集成开发环境

Microsoft Visual C++ 2010 是微软（Microsoft）公司推出的基于 Windows 平台的可视化编程环境，简称 Visual C++ 2010。由于其功能强大、灵活性好、完全可扩展且具有强有力的 Internet 支持，Visual C++ 2010 成为目前流行的 C 和 C++语言集成开发环境之一。Visual C++ 2010 集成了程序编辑器、编译器、链接器和执行等工具。本书将以 Visual C++ 2010 Express（学习版）作为程序开发环境。

Visual C++ 2010
系统环境设置

安装并启动 Visual C++ 2010 后，可见如图 1.1 所示的窗口。

Visual C++ 2010 主窗口的顶部是主菜单栏，其中包含 8 个菜单项：文件、编辑、视图、项目、调试、工具、窗口和帮助。

在“工具”菜单中，选择“设置”→“专家设置”选项可将窗口调整为专家模式。主窗口包含 3 个窗格：左侧是解决方案资源管理器；右侧上方是程序编辑窗口，主要用于输入和编辑源程序，右侧下方是输出窗口，主要用于查看调试信息。

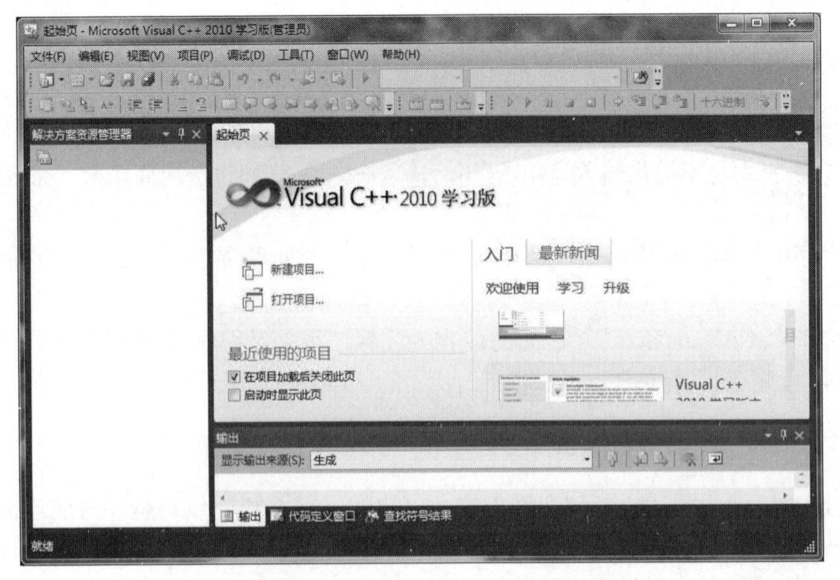

图 1.1 Visual C++ 2010 主窗口

1.4.2 C 语言程序的上机调试步骤

在 Visual C++ 2010 环境下调试 C 语言程序需要 3 个步骤，即创建项目、编辑程序和编译运行程序。

1. 创建项目

执行“起始页”中的“新建项目”命令，或选择菜单栏中的“文件”→“新建”→“项目”选项，打开如图 1.2 所示的“新建项目”对话框。选择“Win32 控制台应用程序”，在“名称”文本框中输入项目名称，本例项目名称为“test”；在“位置”文本框中输入项目存储位置，本例中项目保存在 D 盘下“C 语言”文件夹中，解决方案名称默认与项目名称一致。

VC 程序的编写

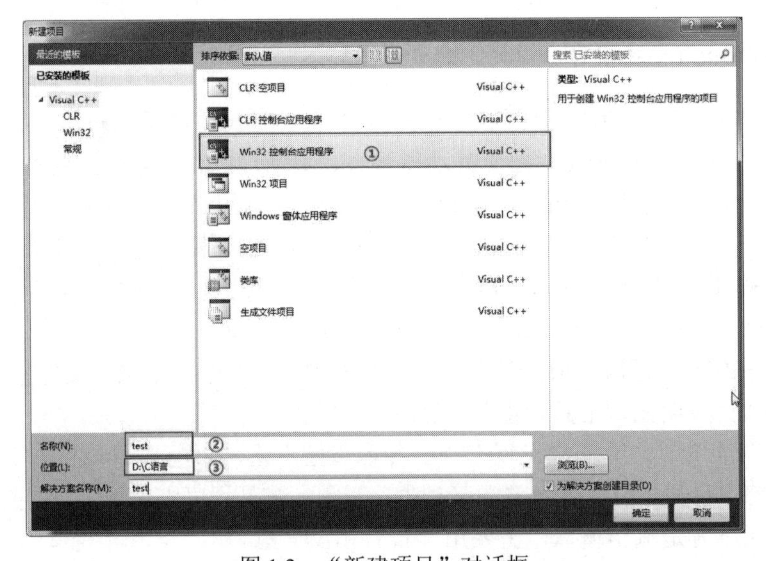

图 1.2 “新建项目”对话框

单击“确定”按钮，打开应用程序向导对话框，单击“下一步”按钮，打开如图 1.3 所示的应用程序设置界面。在“应用程序类型”中选中“控制台应用程序”，在“附加选项”中勾选“空项目”，单击“完成”按钮，完成项目创建。

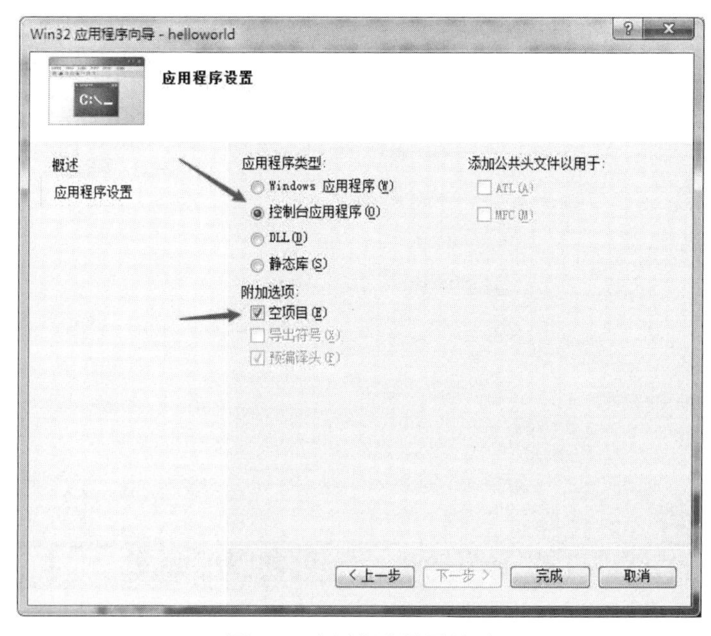

图 1.3　应用程序设置界面

2. 编辑程序

在 Visual C++ 2010 窗口中，在左侧“解决方案资源管理器”窗格中，在“test”项目名称下的“源文件”图标上右击，在弹出的快捷菜单中执行“添加”→“新建项”命令，如图 1.4 所示。打开“添加新项”对话框，如图 1.5 所示。

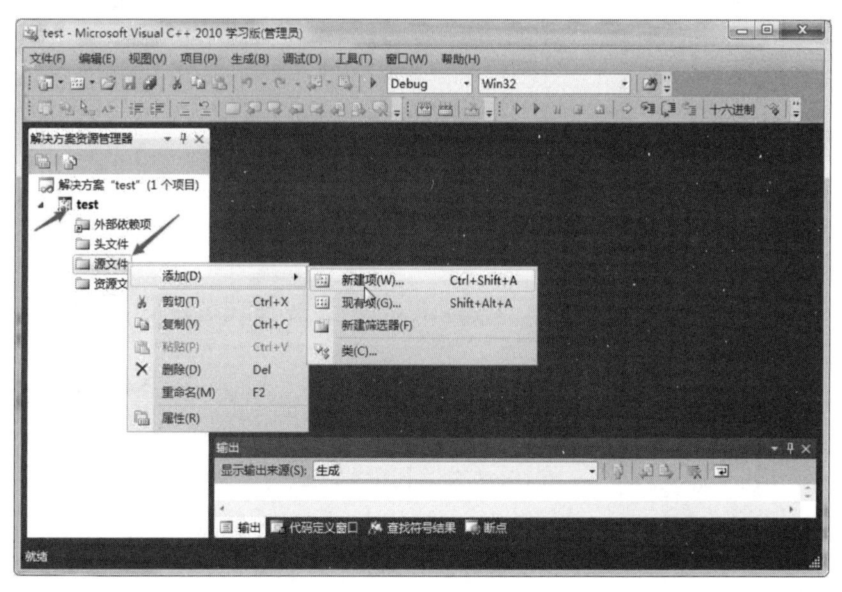

图 1.4　新建 C 源程序文件

在“添加新项”对话框中，在左侧“已安装的模板”中选择“Visual C++”，在中间文件选项窗格中选中“C++文件”，在下方“名称”文本框中输入文件名“helloworld.c”，注意需手动输入源程序扩展名“.c”，系统默认扩展名为“.cpp”（为C++源程序文件）。单击“添加”按钮，完成新建文件。

图 1.5 “添加新项”对话框

在打开的源程序编辑窗口中输入源程序，如图1.6所示。

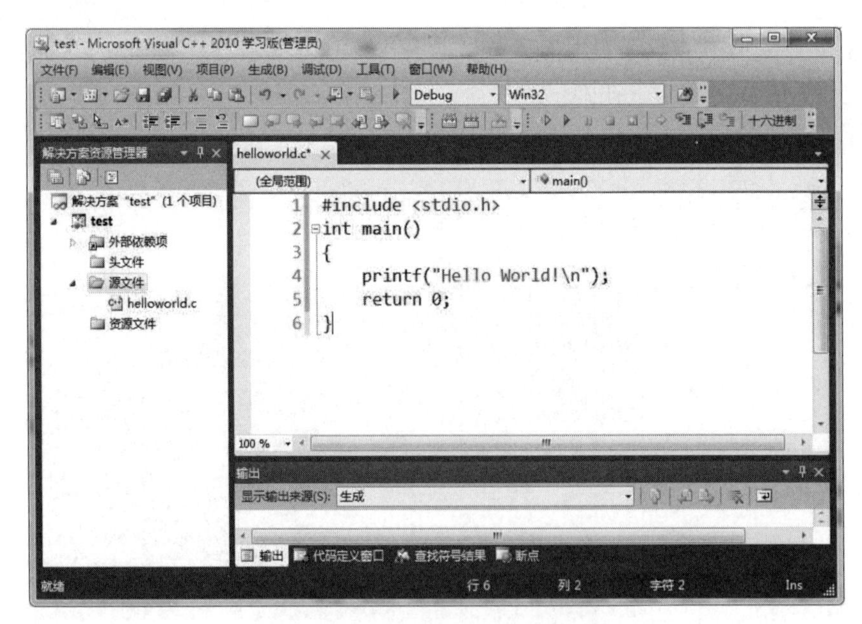

图 1.6 C语言程序编辑窗口

3. 编译和运行程序

程序编辑完成后，需要进行程序编译和链接操作，生成可执行程序（.exe）。在 Visual C++ 2010 开发环境下，编辑和链接操作可以通过执行“生成”菜单下的“生成解决方案”命令（快捷键 F7）实现，此时会在项目指定文件夹下生成与项目同名的可执行文件，本例生成 test.exe 文件，如图 1.7 所示。

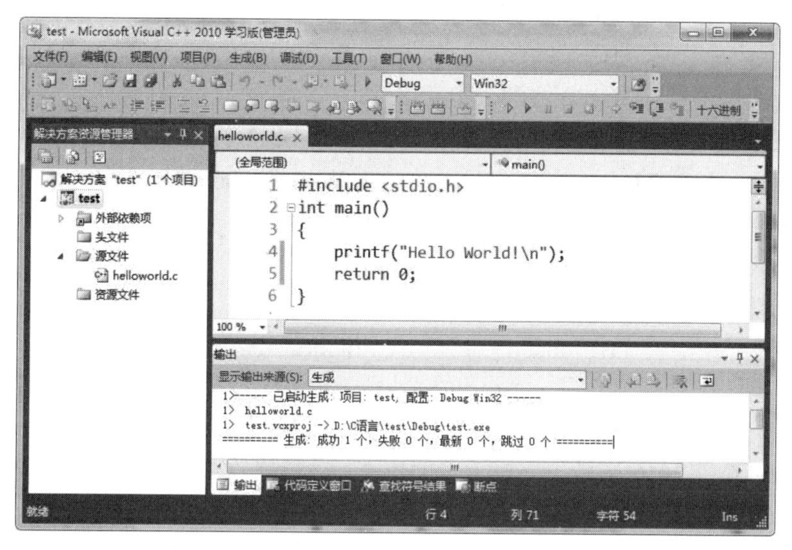

图 1.7　程序编译结果

此时，在下方“输出”窗格中可查看编译结果。如果显示“生成：成功 1 个，失败 0 个”，则说明程序没有错误和警告，通过编译；如果显示“生成：成功 0 个，失败 1 个”，则说明程序存在错误或警告，未通过编译，可以依据“输出”窗格中的提示信息修改源程序，然后再重新编译并链接，直至没有错误为止。

VC 程序的调试和运行

执行“调试”菜单下的“开始执行（不调试）”命令（快捷键 Ctrl+F5）运行程序，运行结果如图 1.8 所示。

图 1.8　程序运行结果

也可直接通过“开始执行（不调试）”命令运行程序，Visual C++ 2010 开发系统会首先进行编译和链接操作，再运行程序。

习　题　1

一、单项选择题

1．用 C 语言编写的程序称为（　　）。

A．目标程序　　B．源程序　　C．汇编程序　　D．命令程序

2．C语言源程序的基本单位为（　　）。

A．过程　B．函数　C．子程序　D．标识符

3．一个C语言程序至少包含一个（　　）。

A．函数　B．语句　C．命令　D．变量

4．以下4组用户标识符中合法的一组是（　　）。

A．*A22, r12, st1　B．#my, &12x, studentN1

C．class, lotus1, 2day　D．Sb, sum, above

5．以下变量名称合法的是（　　）。

A．$108　B．x1.1　C．3dx　D．s_1

6．以下C语言标识符中，不正确的是（　　）。

A．ABC　B．abc　C．a_bc　D．ab.c

二、拓展练习题

1．在Visual C++ 2010环境下，对本章的例1.1进行修改，使其能够完成自己的预期设计目标。例如，在屏幕输出其他信息。记录操作中所遇到的问题和收获。

2．在Visual C++ 2010环境下，对本章的例1.2进行修改，使其能够完成自己的预期设计目标。例如，计算两个数的差、两个数的积和两个数的商（不考虑除数为0的情况）。记录操作中所遇到的问题和收获。

第 2 章　数据、运算与顺序结构程序设计

数据和对数据的操作是构成程序的最基本内容，数据及其相互间的关系构成了数据结构。对数据的描述是否正确将会影响解决问题的算法的效率和复杂程度，对数据的处理方法则体现了解决问题的算法。在计算机语言中，数据结构通过数据类型和存储属性来体现，而算法的具体实现则依靠计算机语言中提供的各种运算。

C 语言提供了丰富的数据类型和运算符，可以灵活、方便地描述和构造各种复杂的数据结构，适应各种问题的算法。

2.1　数 据 类 型

程序中使用的数据主要分为常量和变量。常量也称为常数，是指在程序运行的过程中，其值始终不变的量。常量的数据类型由系统根据其书写形式自动确定，并在内存分配相应的空间存放其值。变量是指在程序运行的过程中值可以改变的量，变量的数据被存储在内存的某个位置，这个位置可以被找到。

在 C 语言中，任何一个数据都必须有一个固定的数据类型。对于常量，系统根据其书写形式自动辨认其类型；对于变量，需要在程序中先定义其数据类型，然后使用。

数据需要固定类型的主要原因有以下几个方面。

（1）确定数据表示方法。一个数据在机器内可以采用定点或浮点两种表示方法，由系统根据其数据类型确定表示方法。

（2）确定存储空间。不同类型的数据在存储时占用的字节数不同，进而其数据的取值范围也不同。例如，一个字符型数据占用一个字节空间并以定点方式存储，因此，其取值范围通常为-128～+127（在有符号的情况下）。

（3）影响运算。一个数据的类型影响此数据所能参加运算的种类及运算后的结果。例如，整型数据可以进行求余运算而浮点型数据不能，5.0/2 的结果是 2.5，而 5/2 的结果是 2，结果不同是因为数据类型不同。

C 语言提供的数据类型如图 2.1 所示。其中，基本类型也可称为简单类型，构造类型也可称为组合类型。基本类型是 C 语言本身允许使用的固有类型之一，而构造类型是用户根据需要由基本类型组合而成的。

本章只介绍几种主要的基本数据类型，其他数据类型将在后续章节中详细介绍。

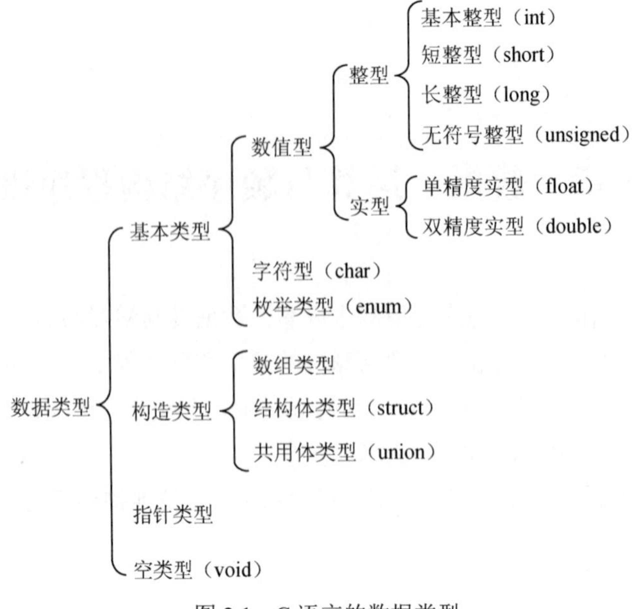

图 2.1　C 语言的数据类型

2.2 常　　量

C 语言中的常量包括直接常量和符号常量两类。直接常量即日常所说的常数，包括数值型常量和字符型常量两种，其中数值型常量又分为整型常量和实型常量，字符型常量分为字符常量和字符串常量。符号常量是指用标识符定义的常量，即用一个符号表示的常量。符号常量在使用前必须先声明，然后才能使用。

2.2.1　整型常量

整型常量就是整数，包括正整数、负整数和 0。整型常量以定点方式存储，有十进制、八进制、十六进制 3 种表示形式。

（1）十进制常量。十进制整数的表示形式与数学上的整数表示形式相同，由数字 0～9、正负号组成，无前导符。例如，125、0、-125 都是合法的十进制整型常量。

（2）八进制常量。八进制整数的表示形式以数字 0 开头，即以 0 作为八进制整数的前导符，由正负号、数字 0～7 组成。例如，0175、-0175、024（等价于十进制数 125、-125、20）都是合法的八进制整型常量。

（3）十六进制常量。十六进制整数的表示形式以 0X 或 0x 开头，即以 0X 或 0x 作为十六进制整数的前导符（注意：前导符 0x 中的 0 是数字 0，而不是英文字母 o），由数字 0～9、字母 A～F 或 a～f、正负号组成。例如，0x7D、-0x7D、0x14（等价于十进制数 125、-125、20）都是合法的十六进制整型常量。

整型常量在内存中占 4 个字节的存储空间。

2.2.2　实型常量

实型常量即实数，也称浮点数，以浮点方式存储。实型常量只能用十进制数形式表示，具体表示形式有小数形式和指数形式两种。

（1）小数形式。小数形式由正负号、小数点（必须有小数点）、数字 0～9 组成。例如，1.25、-12.5 都是合法的十进制小数形式。当小数点前或后为 0 时，该 0 可以省略，但小数点不可以省略。例如，-0.125、125.0 可以写成-.125、125.。

注意：小数点前后的 0 不可以同时省略。

（2）指数形式。指数形式也称科学计数法，由尾数部分 m、字母 e（或 E）、指数部分 n 组成。指数形式的一般形式为 me±n（或 mE±n），代表的值为 $m \times 10^{\pm n}$，其中 m 为十进制整数或小数形式的实型常量，n 必须为整数，且书写时，m、e（或 E）、n 缺一不可，即使 m 为 1 或 n 为 0 时也不可以省略。例如，1.25E5、125E-5、.125E5、1E0 是合法的实数，E5、.E5、5E、1E5.0 是非法的实数。

另外，实型常量是双精度型（double）的常量，占 8 字节的内存空间。若在浮点数之后加 F 或 f，则表示其是单精度型（float）的常量，占 4 字节的内存空间，如 1.2F。单精度型常量表示的数据精度和数据范围均比双精度型常量小。

2.2.3　字符常量

C 语言是面向系统的语言，这使其具有很强的字符及字符串的操作能力，也使字符型常量表现出多种多样的形式。

字符常量是用一对单引号括起来的一个字符，如'a'、'5'、'$'、'A'等。其中，单引号只起定界作用，表明这是字符常量，而单引号括起来的单个字符才是字符常量本身。用字符常量表示英文字母时区分大小写，如'a'与'A'是不同的字符常量。

字符常量占 1 字节的内存空间，而且存储的是该字符的 ASCII 码值而不是字符本身。因此，在 C 语言中，字符型数据可以被认为是“短的整型”，在某些场合，可以与整型数据混用而不必特殊转换。例如，1+1 的结果为 2，而'1'+1 的结果为 50 或'2'。这是因为运算时'1'是用其 ASCII 码值 49 参与运算的，加 1 后得到新的 ASCII 码值 50，即数值 50。ASCII 码值 50 在 ASCII 码表中对应的是字符 2，所以'1'+1 的结果表示数值时是 50，表示字符时是'2'。

除了以上形式的字符常量以外，C 语言还定义了一些特殊的字符常量，这些字符常量是以反斜线（\）开头的字符序列，称为转义字符，用来表示一些难以用一般形式表示的字符。例如，转义字符\b 代表左退一格。常用的转义字符如表 2.1 所示。

表 2.1　常用的转义字符

转义字符	含义	转义字符	含义
\n	回车换行，将当前光标位置移到下一行开头	\"	双引号字符“"”
\b	左退一格	\'	单引号字符“'”
\r	回车，将当前光标位置移到本行开头	\\	反斜线字符“\”
\t	水平位移，跳到下一个制表位置	\ddd	1～3 位八进制数表示的 ASCII 码字符
\0	空字符（ASCII 码值为 0）	\xhh	1～2 位十六进制数表示的 ASCII 码字符

转义字符开头的反斜线不代表一个反斜线字符，其含义是将后面的字符或数字转换为另外的意义。另外，转义字符仍然表示一个字符，对应于一个 ASCII 码值。例如，\n 代表回车换行符（即按 Enter 键），其 ASCII 码值为 10。

说明：

（1）字符常量只能用单引号括起来，不能用双引号或其他括号。例如，"b"不是字符常量。

（2）字符常量是单个字符，不能是字符串。例如，'bc'是非法的。

（3）字符可以是 C 语言字符集中的任意字符，但数字被定义为字符型之后就以 ASCII 码值参与数值运算。例如，'2'和 2 是不同的常量，'2'是字符常量，2 是整型常量。

（4）字符“\”“'”“"”分别代表转义字符标志、字符常量定界符、字符串常量定界符，为了正确输出这 3 种字符，避免混淆，要采用转义字符的方式表示。

【例 2.1】分析下面程序的运行结果。

```
#include<stdio.h>
void main()
{ printf("I\'m\tChinese\ngread:\101\n");
}
```

程序运行结果：

```
I'm     Chinese
gread:A
```

例 2.1 中用到了 4 种转义字符，分别是“\'”“\t”“\n”“\101”。输出“I”后遇到转义字符“\'”，因此输出“'”；输出“m”后遇到转义字符“\t”，因此水平移到下一个制表位置，之后输出“Chinese”；输出“Chinese”后遇到转义字符“\n”，因此换行；换行后输出“gread:”，遇到转义字符“\101”，因此输出“A”；最后遇到“\n”进行换行，输出结束。

2.2.4 字符串常量

很多时候程序中需要将多个字符连接在一起，作为一个整体使用，C 语言将其作为字符串常量处理。

字符串常量是用双引号括起来的字符序列，如"hello"、"a"、"ab\\"、" "、""等。其中，双引号只起定界作用，表明这是字符串常量。字符序列可以是多个、1 个或 0 个字符，也可以包含转义字符。字符序列中含有字符的个数称为字符串的长度或有效字符的个数。

字符串在内存中占用的字节数是其有效字符个数加 1。这是由于系统存储字符串时，在存储了所有字符之后，在尾部自动加 1 字节用于存放字符串结束标志'\0'。例如，"hello"的长度为 5，而在内存中所占的字节数是 6。

说明：

（1）区分'a'和"a"。'a'是字符常量，在内存中占 1 字节；"a"是字符串常量，在内存中占 2 字节。

（2）区分""和" "。""是空串，有效字符的个数为 0，在内存中占 1 字节（存储'\0'）；" "表示一个空格串，有效字符的个数为 1，在内存中占 2 字节（存储一个空格和'\0'）。

（3）字符串常量中的每个转义字符在内存中都占 1 字节。例如，"ab\\"在内存中占 4 字节，分别存储'a'、'b'、'\'、'\0'。

（4）'\0'是 ASCII 码值为 0 的空操作字符，C 语言规定用'\0'作为字符串的结束标志，系统据此判断字符串是否结束。

2.2.5　符号常量

在程序中，如果某个常量多次被使用，则可以使用一个符号来代替该常量，该符号称为符号常量。符号常量必须先定义，后使用。其定义的一般形式如下。

```
#define 标识符 常量值
```

其中，#define 是第 7 章要介绍的编译预处理命令，不是 C 语句，因此末尾不加分号。

【例 2.2】编写程序，求以 r 为半径的圆的周长、面积、球的体积。

```
#include<stdio.h>
#define PI 3.1415926
void main()
{   float r,l,s,v;
    scanf("%f",&r);
    l=2*PI*r;
    s=PI*r*r;
    v=4.0/3*PI*r*r*r;
    printf("l=%f,s=%f,v=%f\n",l,s,v);
}
```

程序运行时输入：

```
2↙（↙代表按 Enter 键）
```

程序运行结果：

```
l=12.566370,s=12.566370,v=33.510321
```

例 2.2 中，PI 是符号常量，程序中出现的每一个 PI 都代表值 3.1415926，也就是圆周率值。

使用符号常量，不仅程序书写方便，不易出错，而且一旦需要更改其值，只需更改符号常量的定义即可，做到了一改全改，增强了程序的可读性，使程序易于修改和维护。

符号常量一经定义，其所代表的数值在程序运行中就不能改变，也不能在程序的其他地方再为其赋值。

习惯上，符号常量用大写字母表示，以便与其他标识符区别。

2.3　变　　量

在程序运行的过程中，经常需要接收外部数据，保存程序运行的中间结果和最终结果。因此，引入变量来存放可以变化的值。

变量是在程序运行过程中值可以改变的量。所有变量必须先定义，后使用。

变量一经定义，就代表系统在内存中为其分配一块存储区，用来存储此变量的值，同时这块存储区可以用变量名来标识。

2.3.1　变量的定义和初始化

1．变量的定义

定义变量的一般形式如下。

```
数据类型标识符 变量名;
```

其中，数据类型标识符表示变量的数据类型，可以是任意数据类型（若定义的不是指针变量，则不能使用 void），如整型、实型、字符型等。变量名是用户命名的符合标识符命名规则的合法标识符，在定义时用来表示变量的名称，一般用小写字母表示，并最好能够做到“顾名思义”。

变量可以在函数内部、函数外部和函数的参数中定义。在函数内部或函数外部定义变量时要在末尾加分号，而在函数的参数中定义变量时不在末尾加分号。例如：

```
int a;                    //定义 a 为整型变量
float x,y,z;              //定义 x、y、z 为单精度实型变量
int add(int a, int b)     //在函数参数中定义了 a、b 两个整型变量，末尾不加分号
```

变量一经定义，就可以在程序中使用。使用变量需要注意以下几点。

（1）变量必须先定义，后使用。使用未经定义或说明的变量，编译时系统会给出出错信息。

（2）区分变量和类型。变量是属于某一种数据类型的变量，在编译时系统会根据变量的类型为其分配内存单元，不同数据类型的变量在内存中分配的字节数不同。

（3）区分变量名和变量值。变量被定义后，变量名和变量的类型是固定的，但变量的值可以随时改变。变量值存放在系统为该变量分配的内存单元中。例如：

```
int a;          //定义 a 为整型变量
a=3;            //给 a 赋值为 3
a=9;            //给 a 赋新值为 9，原来的值 3 被覆盖
```

（4）在同一个作用域中，变量不允许重复定义。编译系统不能对同一个作用域中已分配内存单元的变量重新分配内存单元。例如：

```
int a;          //定义 a 为整型变量
int m,n,a;      //a 被重复定义，错误
```

2. 变量的初始化

定义变量后要遵循“先赋值，后引用”的原则。如果变量从未被赋值，变量被定义后有可能会有一个不确定的值（静态变量除外），该值是变量分配到的内存单元中的原有值。如果引用这个不确定值，会给程序带来不可预知的后果。为避免这种情况发生，有效手段就是为变量初始化。变量的初始化是指在定义变量的同时给变量赋初值，其一般形式如下。

```
数据类型标识符  变量名 1=常量 1,变量名 2=常量 2,...,变量名 n=常量 n;
```

例如：

```
int a=3,b=5;        //定义 a、b 为整型变量，同时将 a、b 分别赋初值为 3、5
float x=1.2;        //定义 x 为单精度实型变量，同时将 x 赋初值为 1.2
char ch='a'         //定义 ch 为字符型变量，同时将 ch 赋初值为字符'a'
int m=n=5;          //错误的初始化
int m=5,n=5;        //正确的初始化
```

变量在赋初值后一直维持该值不变，直到采用某种方式对值进行修改（如赋值、参数传递等），其值才变化。

也可以对变量做隐式初始化。例如：

```
int a(3);    //定义 a 为整型变量，同时将 a 赋初值为 3
```

另外，对已定义的变量可以建立“引用”，作用相当于为变量起一个别名。例如：

```
int a=5;
int &b=a;
```

即声明了 b 是 a 的引用。声明后 b 是 a 的别名，b 与 a 代表的是同一个变量，在内存中占同一存储单元，具有同一地址。

“&”是取地址运算符，只有在数据类型后，“&”才是引用声明符。

引用最主要的应用是作为函数的参数，变相实现值的双向传递。

2.3.2　整型变量

整型变量分为有符号整型变量和无符号整型变量。有符号整型分为有符号基本整型（简称整型 int）、有符号短整型（简称短整型 short）、有符号长整型（简称长整型 long）3 种。无符号整型分为无符号基本整型（简称无符号整型 unsigned）、无符号短整型（unsigned short）、无符号长整型（unsigned long）3 种。整型变量的类型标识符、所占字节数和取值范围如表 2.2 所示。

表 2.2　整型变量类型

类型		类型标识符	所占字节数	取值范围
有符号	整型	int	4	-2147483648～+2147483647（-2^{31}～$+2^{31}-1$）
	短整型	short（或 short int）	2	-32768～+32767（-2^{15}～$+2^{15}-1$）
	长整型	long（或 long int）	4	-2147483648～+2147483647（-2^{31}～$+2^{31}-1$）
无符号	无符号整型	unsigned（或 unsigned int）	4	0～4294967295（0～$2^{32}-1$）
	无符号短整型	unsigned short	2	0～65535（0～$2^{16}-1$）
	无符号长整型	unsigned long	4	0～4294967295（0～$2^{32}-1$）

例如：

```
int a;              //a 为整型变量，在内存中占 4 字节
long x,y,z;         //x、y、z 为长整型变量，在内存中各占 4 字节
unsigned u1;        //u1 为无符号整型变量，在内存中占 4 字节
```

2.3.3　实型变量

实型变量又称为浮点型变量，包括单精度型（float）变量、双精度型（double）变量和长双精度型（long double）变量 3 种。实型变量的类型标识符、所占字节数、有效数字的位数和取值范围如表 2.3 所示。

表 2.3　实型变量类型

类型	类型标识符	所占字节数	有效数字位数	取值范围
单精度型	float	4	7	-3.4×10^{-38}～$+3.4\times10^{38}$
双精度型	double	8	15～16	-1.7×10^{-308}～$+1.7\times10^{308}$
长双精度型	long double	16	18～19	-1.2×10^{-4932}～$+1.2\times10^{4932}$

实型常量在内存中以双精度型存储，所以一个实型常量既可以赋给一个单精度型变量，

也可以赋给一个双精度型变量，系统根据变量的类型自动截取实型常量中相应的有效数字。

注意：有效数字的位数与小数点后保留的小数位数不同，有效数字的位数是从浮点数的最高位开始，从左到右依次计算，而 Visual C++ 2010 的运行环境规定小数点后最多保留 6 位小数。

【例 2.3】 单精度实型变量有效位数举例。

```
#include<stdio.h>
void main()
{   float c=1.23456789;
    float d=123456789.12345678;
    float e=1234.3456789123;
    printf("c=%f\n",c);
    printf("d=%f\n",d);
    printf("e=%f\n",e);
}
```

程序运行结果：

```
c=1.234568
d=123456792.000000
e=1234.345703
```

从例 2.3 程序运行结果可以看出，整数部分在 7 位有效数字之外，多余位的值是随机的，小数部分按四舍五入方式保留至多 6 位有效数字。

2.3.4 字符变量

字符变量用来存放字符常量，而且只能存放 1 个字符。字符变量的类型标识符为 char，其在内存中占 1 字节的存储空间。

2.2.3 小节中介绍了字符常量在内存中存储的是字符的 ASCII 码值，而字符变量用来存放字符常量，因此字符变量可以与整型数据混用而不必特殊转换。

注意：字符串常量不能被赋值给字符变量。例如，对于已定义的字符变量 ch1 和 ch2，下面的赋值是错误的。

```
ch1="a";
ch2="hello";
```

C 语言中没有专门的字符串变量，字符串如果需要存放在变量中，则需要用字符数组来存放，即用 1 个字符数组来存放 1 个字符串，此方法将在后面的章节中介绍。

【例 2.4】 验证字符型数据与整型数据可以通用。

```
#include<stdio.h>
void main()
{   char c1,c2;
    c1=65;
    c2='B';
    printf("%d  %d\n",c1,c2);      //以整数形式输出 c1 和 c2 的值
    printf("%c  %c\n",c1,c2);      //以字符形式输出 c1 和 c2 的值
}
```

程序运行结果：

```
65  66
A  B
```

2.4　基本输入/输出函数

几乎所有程序运行时，均需要从输入设备（如键盘）上输入数据，而程序对这些数据进行运算、处理后的结果又需要通过输出设备（如显示器）输出。程序从输入设备上得到数据的操作称为输入，程序发送数据到输出设备的操作称为输出。

C 语言没有专门的输入/输出语句，输入/输出操作都是通过调用函数来实现的。函数由 C 语言的标准库函数提供。例如，格式输入函数 scanf()、格式输出函数 printf()、字符输入函数 getchar()、字符输出函数 putchar()等都是常用的标准输入/输出库函数。

由于标准库函数中用到的变量定义和宏定义均在扩展名为“.h”的头文件中描述，因此在使用标准库函数时，必须用预编译命令“#include”将相应的头文件包含到用户程序中。例如，调用标准输入/输出库函数时，需包含下面的命令。

```
#include<stdio.h>      //表示在系统指定的路径中查找 stdio.h 头文件
```

或

```
#include "stdio.h"
//表示先在当前目录中查找 stdio.h 头文件，若未找到，再到系统指定的路径中查找
```

2.4.1　字符输出函数 putchar()

向屏幕输出一个字符的最简单的函数是 putchar()，其调用的一般形式如下。

```
putchar(c)
```

其中，c 代表任意的 1 个字符，可以采取任何一种形式指定，如普通字符常量或变量、转义字符、十六进制或八进制转义字符，也可以是一个整数或整型表达式。字符输出函数将这些值按 ASCII 码翻译成对应的字符并输出，或者执行相应的控制功能。

【例 2.5】putchar()函数的使用。

```
#include<stdio.h>        //使用 C 语言提供的标准输入/输出库函数
void main()              //主函数
{   char ch1,ch2;        //定义字符变量 ch1、ch2
    ch1='A';             //给字符变量 ch1 赋值为'A'
    ch2='\n';            //给字符变量 ch2 赋值为转义字符'\n'
    putchar(ch1);        //输出字符变量 ch1 的值 A
    putchar(ch2);        //输出字符变量 ch2 的值，即换行
    putchar(66);         //输出 ASCII 码 66 代表的字符 B
    putchar('c');        //输出字符常量 c
}
```

程序运行结果：

```
A
Bc
```

2.4.2　字符输入函数 getchar()

在程序运行时可能需要用户输入必要的数据，为此需要使用输入函数。当程序执行到输入函数时，会出现一个文字光标表示接收键盘输入，此时用户输入数据，该数据会回显在屏幕

上。通常情况下，程序需要将接收到的数据存储到变量中，以便进行后续的处理。

getchar()函数的功能是接收用户从键盘上输入的 1 个字符，其调用的一般格式如下。

```
getchar()
```

getchar()函数没有参数。当程序执行到 getchar()函数时，将等待用户从键盘上输入 1 个字符，并需要按 Enter 键表示输入结束。程序将这个字符作为函数的结果返回。例如：

```
char ch;
ch=getchar();
```

使用 getchar()函数需要注意以下几个方面。

（1）从键盘上输入的字符不能有单引号，以按 Enter 键结束输入。

（2）一个 getchar()函数一次只能接收 1 个字符，即使从键盘上输入多个字符，也只接收第 1 个。空格、回车换行符、转义字符都作为有效字符接收。

（3）接收的字符可以赋给字符型变量或整型变量，也可以不赋给任何变量，直接作为表达式的一部分。例如：

```
putchar(getchar());
```

【例 2.6】 getchar()函数的使用。

```
#include<stdio.h>        //使用 C 语言提供的标准输入/输出库函数
void main()               //主函数
{ char ch1,ch2,ch3;       //定义字符变量 ch1、ch2、ch3
   ch1=getchar();         //从键盘上输入 1 个字符，并将其赋值给字符变量 ch1
   ch2=getchar();         //从键盘上输入 1 个字符，并将其赋值给字符变量 ch2
   ch3=getchar();         //从键盘上输入 1 个字符，并将其赋值给字符变量 ch3
   putchar(ch1);          //输出字符变量 ch1 的值
   putchar(ch2);          //输出字符变量 ch2 的值
   putchar(ch3);          //输出字符变量 ch3 的值
}
```

程序运行时输入：

```
wet↙
```

程序运行结果：

```
wet
```

程序再次运行时输入：

```
e ↙ s ↙
```

程序运行结果：

```
e
s
```

例 2.6 中，程序再次运行时输入“e ↙ s ↙”，第 1 个 getchar()函数接收的是 e，第 2 个 getchar()函数接收的是回车换行符，第 3 个 getchar()函数接收的是 s。与之对应的字符变量 ch1、ch2、ch3 得到的值分别为 e、回车换行符、s。对 ch2 的输出代表回车换行，所以输出结果为两行。

2.4.3 格式输出函数 printf()

为了输出各种类型的数据，并且能够控制其显示方式，C 语言提供了格式输出函数 printf()。通过该函数，可以定义数据的输出格式，输出任何一种基本数据类型的数据，并且可以实现在一条语句中同时输出多个数据。printf()函数有以下两种形式。

1. 原样输出

其调用的一般形式如下。

```
printf("要输出的字符串");
```

其作用是将双引号定界符内的字符原样输出。

例如：

```
printf("输入圆的半径：");
```

其作用是将原样输出字符串“输入圆的半径：”。

一般原样输出形式用在格式输入函数之前，起提示的作用，如上例就是提示输入圆的半径。

2. 自定义格式输出数据

自定义格式输出数据形式是按照格式控制字符串指定的格式，一一对应地输出表列的值。其调用的一般形式如下。

```
printf("格式控制字符串",输出表列);
```

此时 printf()函数指定了两方面内容，一是输出格式，回答“怎么输出？”，由语句中“格式控制字符串”实现；二是要输出的数据，回答“输出谁？”，由语句中“输出表列”实现。

（1）输出表列可以是常量、变量或表达式。当有两个或两个以上的输出项时，要用逗号分隔。

（2）格式控制字符串由普通字符和格式说明符两部分组成。普通字符是需要原样输出的字符，包括转义字符。格式说明符以“%”开始，以 C 语言规定的一个格式字符结束，中间可以插入附加格式说明符，用于指定输出表列中对应数据的输出格式。其一般格式如下。

```
%[附加格式说明符] 格式说明符
```

例如：

```
printf("x=%d\n",x);
```

其中，格式控制字符串中的“x=”和“\n”是普通字符，“x=”被原样输出，“\n”是以换行形式输出；“%d”是格式说明符，表示以十进制整数格式输出一个整数，那么这个整数是谁呢？输出表列位置的“x”指出要输出的是“x”的值。

printf()函数格式说明符和常用附加格式说明符分别如表 2.4 和表 2.5 所示。

表 2.4　printf()函数格式说明符

格式说明符	功能
d	输出有符号的十进制整数
o（字母 o）	输出无符号的八进制整数
X 或 x	输出无符号的十六进制整数
u	输出无符号的十进制整数
f	输出实数，保留 6 位小数
E 或 e	以指数形式输出实数，包括 1 位整数、1 位小数点、6 位小数、e（E）、1 位指数的正负号、3 位指数，如 1.280000E+001
G 或 g	按 e 和 f 格式中较短的一种形式输出，且不输出无意义的 0
c	输出单个字符
s	输出一串字符
%	输出%

表 2.5 printf()函数常用附加格式说明符

附加格式说明符	格式说明	功能
m	%md	在 m 列的位置上以数据右对齐的方式输出一个整数。当 m 大于整数的宽度时，多余的位数空格留在数据前面；当 m 小于整数的宽度时，该整数正确输出
-m	%-md	与“%md”不同的是，“%-md”先输出数据，再输出空格，即数据左对齐
m.n	%m.nf	在 m 列的位置上输出一个实数，保留 n 位小数，系统自动对数据进行四舍五入的处理。当 m 大于实数总宽度时，先输出多余的空格，再输出数据，即数据右对齐；当 m 小于实数总宽度时，该实数正确输出
-m.n	%-m.nf	与“% m.nf”不同的是“%-m.nf”先输出数据，再输出空格，即数据左对齐
m.n	%m.ns	在 m 列的位置上输出一个字符串的前 n 个字符。当 m>n 时，多余的位数空格留在字符串前面；当 m<n 时，正确输出字符串的前 n 个字符
-m.n	%-m.ns	与“% m.ns”不同的是，“%-m.ns”先输出字符串，再输出空格，即数据左对齐
l（字母 l）	%ld、%lu、%lo、%lx	以长整型、无符号长整型形式输出整数
	%lf、%le、%lE、%lg	输出双精度型浮点数
0（数字 0）	%0md	在 m 列的位置上以数据右对齐的方式输出一个整数。当 m 大于整数的宽度时，多余的位数在数据前面补 0；当 m 小于整数的宽度时，该整数正确输出
#	%#o、%#x、%#X	输出八进制数的前导符“0”，或输出十六进制数的前导符“0x”或“0X”

注 表中“m”“n”均代表任意一个正整数。

【例 2.7】整型数据的格式输出。

```
#include<stdio.h>
void main()
{   int x=125;
    long y=28;
    printf("%d\n",x);
    printf("%ld\n",y);
    printf("%5d\n",x);          //整数占 5 列输出，前面有 2 个空格
    printf("%2d\n",x);
    printf("%-5d\n",x);         //整数占 5 列输出，后面有 2 个空格
    printf("%05d\n",x);
    printf("%d, %o, %x, %u\n",x,x,x,x);
}
```

printf()函数的应用

程序运行结果：

```
125
28
  125
125
```

```
125
00125
125, 175, 7d, 125
```

【例 2.8】实数的格式输出。

```
#include<stdio.h>
void main()
{   float x=123.4567;
    double y=3.7;
    printf("%f\n",x);
    printf("%lf\n",y);
    printf("%10f\n",x);
    printf("%10.3f\n",x);       //浮点数占 10 位输出，前面有 3 个空格
    printf("%.3f\n",x);
    printf("%-10.3f\n",x);      //浮点数占 10 位输出，后面有 3 个空格
    printf("%e\n",x);
}
```

程序运行结果：

```
123.456700
3.700000
123.456700
   123.457
123.457
123.457
1.234567e+002
```

【例 2.9】字符与字符串的格式输出。

```
#include <stdio.h>
void main()
{   char ch='A';
    printf("%c,%3c\n", ch, ch);                                   //第 2 个字符占 3 位输出，字符前以空格补位
    printf("%s,%6s,%3s\n", "hello", "hello", "hello");            //第 2 项占 6 位输出，在前面以空格补位
    printf("%8.3s,%.3s,%-8.3s.\n", "hello", "hello", "hello");    /*第 1 项占 8 位输出，在前面以空格补位，
                                                                    第 3 项占 8 位输出，在后面以空格补位*/
}
```

程序运行结果：

```
A,   A
hello, hello,hello
     hel,hel,hel     .
```

使用 printf()函数时需要注意以下几点。

（1）如果要输出“%”，则应该在格式控制字符串中连续使用两个%。例如：

```
printf("%4.2f%%\n",1.0/6*100);          //输出：16.67%
```

（2）格式说明符除了 X、E、G 可以大写外，其他说明符都必须小写，否则将不作为格式说明符处理，而是作为普通字符处理。例如：

```
printf("%D",100);                       //输出：%D
```

因为%D 不是格式说明符，被认为是普通字符，所以原样输出。

（3）格式说明符与输出的数据类型要匹配，否则得到的输出结果可能不是原值。例如：

```
float a=1.5;
printf("a= %d\n",a);            //输出：a=0
```

（4）格式说明符与输出项从左到右应一一对应，两者的个数可以不相同。若输出项个数多于格式说明符个数，则输出项右边多出的部分将不被输出；若格式说明符个数多于输出项个数，则格式控制字符串中右边多出的格式说明符部分将输出与其类型对应的随机值。例如：

```
printf("%d,%d\n",10,20,30);      //输出：10,20
printf("%d,%d,%d\n",10,20);      //输出：10,20,0
```

2.4.4 格式输入函数 scanf()

与 printf()函数相对应的输入函数是 scanf()，称为格式输入函数，用来接收用户从键盘上按照指定格式输入的数据。两者的使用格式极其相似，其调用的一般形式如下。

```
scanf("格式控制字符串",输入项地址表列);
```

scanf()函数需要用户给出两方面内容，一是输入什么样的数据，由语句中的“格式控制字符串”实现；二是确定输入的数据存放到哪里，由语句中的“输入项地址表列”实现。

说明：

（1）输入项地址表列由若干个接收输入数据的地址组成，可以是变量的地址或其他地址，各个地址间用逗号分隔。C 语言中变量的地址通过取地址运算符（&）得到，表示形式为“&变量名”，如变量 x 的地址为&x。

（2）格式控制字符串由普通字符和格式说明符组成。普通字符是需要原样输入的字符，包括转义字符。格式说明符同 printf()函数的格式说明符相似，用来表明将读入数据的类型。

（3）输入项地址表列中变量的类型、个数与格式控制字符串中的格式说明符要一一对应。

（4）scanf() 函数的输入以回车换行符作为结束标志。

scanf()函数格式说明符与常用附加格式说明符分别如表 2.6 和表 2.7 所示。

表 2.6 scanf()函数格式说明符

格式说明符	功能
D 或 d	输入有符号的十进制整数
O 或 o（字母 o）	输入无符号的八进制整数
X 或 x	输入无符号的十六进制整数
U 或 u	输入无符号的十进制整数
f	按小数形式输入实数
E 或 e	按标准指数形式输入实数
c	按字符形式输入单个字符
s	输入字符串。以非空格开始，在字符串尾部自动加'\0'

表 2.7 scanf()函数常用附加格式说明符

附加格式说明符	格式说明	功能
m（代表一个正整数）	%md	自左至右取输入整数的 m 位赋值给指定的变量
*	%*d、%*c、%*f、%*o、%*x、%*u	表示输入项在读入后不赋给相应的变量，即跳过该数据

续表

附加格式说明符	格式说明	功能
h	%hd、%ho、%hx、%hu	表示输入数据为短整型整数
l（字母 l）	%ld、%lu、%lo、%lx	表示输入数据为长整型整数
	%lf、%le、%lE	表示输入数据为双精度型实数

【例 2.10】 scanf()函数的使用。

```
#include<stdio.h>
void main()
{   float a;
    scanf("%f",&a);          //&a 表示变量 a 的地址
    printf("a=%f\n",a);
}
```

scanf()函数的应用

程序运行时输入：

```
3.14↙
```

程序运行结果：

```
a=3.140000
```

例 2.10 中程序执行到 scanf()语句时，会出现一个文字光标，等待用户从键盘上按照指定格式“%f”输入实数，本例输入实数“3.14”，并按 Enter 键。输入完成后，该数据存储到对应的变量 a 的地址中。

使用 scanf()函数输入多个数据时分隔数据的基本方式有以下几种。

（1）在格式控制字符串中不含普通字符或在格式说明符间只含有空格时的输入。此时输入多个数据，可以使用 Space 键、Enter 键、Tab 键来分隔数据，最后以按 Enter 键作为输入结束标志。例如，给整型变量 a、b 赋值 10、20，调用 scanf()函数的格式如下。

```
scanf("%d%d",&a,&b);       //格式说明符间无空格
```

或

```
scanf("%d %d",&a,&b);      //格式说明符间有空格
```

则用以下 3 种方式输入数据都是合法的。

```
10 20↙                     //语句 1，数据间按 Space 键作为分隔

10↙
  20↙                      //语句 2，数据间按 Enter 键作为分隔

10（按 Tab 键）20↙          //语句 3，数据间按 Tab 键作为分隔
```

若输入“10，20↙”，此时将 10 赋值给变量 a，而变量 b 将是一个随机值。这是因为输入时多输入了不合法的普通字符“，”，导致 scanf()函数输入立即结束。

（2）在格式控制字符串中含有除空格外的其他普通字符时的输入。此时输入多个数据，需原样输入该普通字符作为分隔符，最后以回车换行符作为输入结束标志。若未原样输入该普通字符，scanf()函数会因非法输入而结束数据输入。例如，给整型变量 a、b 赋值 10、20，采用下面不同的语句时，输入方式也是不同的。

```
scanf("%d,",&a);                //语句 1，输入：10,↙
```

```
scanf("%d,%d",&a,&b);               //语句2，输入：10,20↙
scanf("a=%d,b=%d",&a,&b);           //语句3，输入：a=10,b=20↙
```

对于语句3，若输入“a=10，a=20↙”，则运行结果错误。这是因为在输入时误把“b=”写成了“a=”，导致scanf()函数因非法输入立即结束。此时变量a的值为10，变量b的值为随机值。

（3）通过指定输入数据的宽度分隔数据。对于十进制整数可以指定输入数据的宽度，宽度表示该输入项最多可输入的字符个数。如果遇到空格，读入的字符将减少。例如：

```
scanf("%3d%2d%3d",&x,&y,&z);
```

若在程序运行时输入：

```
123456789↙
```

则把123赋值给x，45赋值给y，678赋值给z。

若在程序运行时输入：

```
12 456789↙
```

则把12赋值给x，45赋值给y，678赋值给z。

使用scanf()函数时，需要注意以下几点。

（1）在用%c格式输入字符时，所有字符（包括空格字符和转义字符）作为有效的字符输入。例如：

```
scanf("%c%c%c",&ch1,&ch2,&ch3);
```

若在程序运行时输入：

```
a b c↙
```

则把字符a赋值给变量ch1，把空格赋值给变量ch2，把字符b赋值给变量ch3。

（2）如果在格式控制字符串中的“%”后面有“*”，表示本项输入不赋值给相应的变量。例如：

```
scanf("%d%*d%d",&a,&b);
```

若在程序运行时输入：

```
10 20 30↙
```

则把10赋值给变量a，30赋值给变量b，第2个数据20被跳过。此情况主要用于在使用一批现有的数据时，把其中不需要的数据剔除。

（3）输入实数时不能规定精度。例如：

```
scanf("%f",&a);
```

不能写成如下形式。

```
scanf("%8.3f",&a);
```

试图规定实数输入时的宽度、小数位数是非法的。

（4）输入数据时，若需要长度格式符，则其不能省略。长度格式符包括l和h，l表示输入数据为长整型整数或双精度型实数，h表示输入数据为短整型整数。如输入双精度型数据必须使用%lf或%le。例如：

```
double a,b,c;
scanf("%lf%lf%lf",&a,&b,&c);
```

（5）输入多个数据时，按Space键、Enter键、Tab键分隔，最后以按Enter键结束输入。遇非法输入时，数据也将输入结束。

（6）由于空格是数据输入时的分隔符，因此用scanf()函数不能输入含有空格的字符串。

（7）数据输入以按 Enter 键结束，回车换行符和多输入的数据将存储在键盘缓冲区（内存中的一小块区域）。在同一个程序中再次使用 scanf()函数前，必须先将其取出，否则程序可能将得不到正确的输入。例 2.11 中的“getchar();”语句就用于完成此功能。

【例 2.11】 scanf()函数的应用。

```
#include<stdio.h>
void main()
{   int x,y,z;
    char ch1,ch2;
    float a,b;
    double a1,b1;
    scanf("%d%d%d",&x,&y,&z);                  //输入十进制整数：10 20 30↙
    printf("x=%d,y=%d,z=%d\n",x,y,z);          //输出：x=10,y=20,z=30
    getchar();                                 //从键盘缓冲区中读出回车换行符
    scanf("%o,%o,%o",&x,&y,&z);                //输入八进制整数：10,20,30↙
    printf("x=%d,y=%d,z=%d\n",x,y,z);          //输出：x=8,y=16,z=24
    getchar();
    scanf("%3d%2d%3d",&x,&y,&z);               //指定宽度输入：123456789↙
    printf("x=%d,y=%d,z=%d\n",x,y,z);          //输出：x=123,y=45,z=678
    getchar();
    scanf("%d%*d%d",&x,&y);                    //跳过数据输入：40 50 60↙
    printf("x=%d,y=%d,z=%d\n",x,y,z);          //输出：x=40,y=60,z=678
    getchar();
    scanf("%c%c",&ch1,&ch2);                   //输入：ab↙
    printf("ch1=%c,ch2=%c\n",ch1,ch2);         //输出：ch1=a,ch2=b
    getchar();
    scanf("a=%f,b=%f",&a,&b);                  //输入：a=1.2,b=3.4↙
    printf("a=%f,b=%f\n",a,b);                 //输出：a=1.200000,b=3.400000
    getchar();
    scanf("%lf%lf",&a1,&b1);                   //输入：5.6 7.8↙
    printf("a1=%lf,b1=%lf\n",a1,b1);           //输出：a1=5.600000,b1=7.800000
    getchar();
    scanf("%d%c%f",&x,&ch1,&a);                //混合输入：1456h67.82↙
    printf("x=%d,ch1=%c,a=%f\n",x,ch1,a);      //输出：x=1456,ch1=h,a=67.820000
}
```

2.5　运算符和表达式

运算是对数据进行加工处理以得到必要的结果，每种运算都应有相应的运算符或可以转换为其他运算。从某种意义上说，运算符的多少体现了编程语言的数据加工能力。C 语言提供了极为丰富的运算符，除了一般高级语言中使用的算术运算符、关系运算符和逻辑运算符之外，还提供了位运算符及自加、自减运算符，并且把括号、赋值和强制类型转换等都作为运算符处理。C 语言的表达式种类很多，可以直接实现很多复杂的运算，提高了语言的能力。

理解一个运算符时，不仅要了解其基本含义和功能，还要注意以下几方面的问题。

（1）运算符的目数。每种运算符运算时都要求有固定个数的操作数，操作数的个数称为运算符的“元”或“目”。如负号运算符（-）需要一个操作数，所以称其为一元运算符或单目运算符。C 语言中的运算符有单目运算符、双目运算符和三目运算符。

（2）运算符的优先级。在有不同运算符参与的混合运算中，要按照优先次序进行运算。例如，x-3*y，要先算乘法，后算减法。如果需要修改运算次序，可以使用圆括号实现。

（3）运算符的结合方向。如果一个操作数两侧的运算符优先级相同，那么运算时按 C 语言规定的运算符结合方向处理。若某运算符规定先从其左边取数据参与运算，则称此运算符的结合方向为左结合。若某运算符规定先从其右边取数据参与运算，则称此运算符的结合方向为右结合。除了运算 “.” “()” “[ ]” “->” 之外的一元运算都是右结合，在二元运算中，除了赋值运算外，所有的运算都是左结合。运算符及其优先级和结合方向如表 2.8 所示。

表 2.8 运算符及其优先级和结合方向

<table>
<tr><th>运算符</th><th>含义</th><th>优先级</th><th>运算对象个数</th><th>结合方向</th></tr>
<tr><td>()</td><td>圆括号</td><td rowspan="4">1</td><td rowspan="4">1</td><td rowspan="4">左结合</td></tr>
<tr><td>[ ]</td><td>下标运算符</td></tr>
<tr><td>-></td><td>指向结构体成员运算符</td></tr>
<tr><td>.</td><td>成员运算符</td></tr>
<tr><td>!</td><td>逻辑非运算符</td><td rowspan="9">2</td><td rowspan="9">1</td><td rowspan="9">右结合</td></tr>
<tr><td>～</td><td>按位取反运算符</td></tr>
<tr><td>+、-</td><td>取正号、负号运算符</td></tr>
<tr><td>++</td><td>自加运算符</td></tr>
<tr><td>--</td><td>自减运算符</td></tr>
<tr><td>（类型标识符）</td><td>强制类型转换运算符</td></tr>
<tr><td>&</td><td>取地址运算符</td></tr>
<tr><td>*</td><td>间接访问运算符</td></tr>
<tr><td>sizeof</td><td>求字节数运算符</td></tr>
<tr><td>*、/、%</td><td>乘、除、求余运算符</td><td>3</td><td rowspan="10">2</td><td rowspan="10">左结合</td></tr>
<tr><td>+、-</td><td>加法、减法运算符</td><td>4</td></tr>
<tr><td><<、>></td><td>按位左移、按位右移运算符</td><td>5</td></tr>
<tr><td><、<=、>、>=</td><td>关系运算符</td><td>6</td></tr>
<tr><td>==（等于）、!=（不等于）</td><td>关系运算符</td><td>7</td></tr>
<tr><td>&</td><td>按位与运算符</td><td>8</td></tr>
<tr><td>^</td><td>按位异或运算符</td><td>9</td></tr>
<tr><td>|</td><td>按位或运算符</td><td>10</td></tr>
<tr><td>&&</td><td>逻辑与运算符</td><td>11</td></tr>
<tr><td>||</td><td>逻辑或运算符</td><td>12</td></tr>
<tr><td>?:</td><td>条件运算符</td><td>13</td><td>3</td><td>右结合</td></tr>
<tr><td>=、+=、-=、*=、/=、%=、
<<=、>>=、&=、^=、|=</td><td>赋值运算符</td><td>14</td><td>2</td><td>右结合</td></tr>
<tr><td>,</td><td>逗号运算符</td><td>15</td><td>2</td><td>左结合</td></tr>
</table>

注 多数单目运算符、所有赋值运算符、条件运算符都是右结合的。

由运算符和圆括号把操作数连接起来的，符合 C 语言语法规则的式子称为表达式，对表达式进行运算得到的结果称为表达式的值。如果表达式中含有变量，则必须保证在参与运算前该变量已被正确赋值。

2.5.1　算术运算符和算术表达式

算术运算符包括取正（+）、取负（-）、加（+）、减（-）、乘（*）、除（/）、求余（%）7 种。其中，取正、取负运算符为单目运算符，结合方向为右结合；加、减、乘、除、求余运算符为双目运算符，结合方向为左结合。

算术运算符优先级由高到低依次为+（取正）、-（取负）→*、/、%→+（加）、-（减）。其中，+（取正）、-（取负）优先级相同，*、/、%优先级相同，+（加）、-（减）优先级相同。

由算术运算符和圆括号把运算对象连接起来的，符合 C 语言语法规则的式子称为算术表达式，如(6+3)*3/(18-2)、a*b+9%c。单个常量和变量都是算术表达式，是最简单的算术表达式。算术表达式的值是数值型。

由于算术运算较简单，以下仅对“/”运算符和“%”运算符进行说明。

（1）“/”运算符。“/”为除法运算符，当参与运算的两个操作数中至少有一个是实型数据时，“/”代表通常意义上的除法，运算的结果是实型数据。当操作数都是整型数据时，“/”的运算结果是整数，即只取商的整数部分。

例如，表达式 5.0/2.0、5.0/2、5/2.0 的运算结果都是 2.5，但表达式 5/2 的运算结果是 2。

（2）“%”运算符。“%”为求余（取模）运算符，参与运算的两个操作数必须均为整型数据，不能是实型数据，运算的结果是取整数相除后的余数。

例如，表达式 5%2、1%2、9%3 的运算结果分别是 1、1、0，而 5.0%2.0、5.0%2、5%2.0 都是不合法的表达式，编译时会出错。

说明：

（1）表达式中所有的乘法运算符都不可以省略。例如，数学表达式 b^2-4ac 写成 C 语言表达式为 b*b-4*a*c。

（2）表达式中出现的括号都是圆括号，且可以嵌套使用。例如，数学表达式 $\frac{-b+\sqrt{b^2-4ac}}{2a}$ 写成 C 语言表达式为(-b+sqrt(b*b-4*a*c))/(2*a)。

【例 2.12】“/”运算符和“%”运算符的使用。

```
#include<stdio.h>
void main()
{   int x=15,y=8;
    float a=2.5,b=4.5;
    printf("x/y=%d\n",x/y);
    printf("x/a=%f\n",x/a);
    printf("b/a=%f\n",b/a);
    printf("x%%y=%d\n",x%y);
    printf("-17%%3=%d\n",-17%3);
    printf("17%%-3=%d\n",17%-3);
}
```

除法和求余
运算符的使用

程序运行结果：

```
x/y=1
x/a=6.000000
b/a=1.800000
x%y=7
-17%3=-2
17%-3=2
```

2.5.2 赋值运算符和赋值表达式

赋值运算符包括 1 个基本赋值运算符和 10 个复合赋值运算符。

（1）基本赋值运算符：=。

（2）复合赋值运算符：+=、-=、*=、/=、%=、&=、|=、^=、<<=、>>=。

赋值运算符都是双目运算符，结合方向为右结合，优先级较低，仅高于逗号运算符。其主要作用是对变量进行赋值，从而使该变量有值或使其原值改变。

由赋值运算符和圆括号把运算对象连接起来的，符合 C 语言语法规则的式子称为赋值表达式。

1. 基本赋值表达式

基本赋值表达式的一般形式如下。

```
变量名=表达式
```

基本赋值表达式的运算过程：先计算基本赋值运算符右侧表达式的值，然后将其赋值给赋值运算符左侧的变量。基本赋值运算符右侧表达式的值即为此赋值表达式的值。

【例 2.13】若定义“int a=10,b=9,c=8;”，求表达式 c=a%11+(b=3)的值。

由于算术运算符的优先级高于赋值运算符，因此先计算表达式 a%11，结果为 10；再计算表达式 b=3，则变量 b 的值为 3，表达式结果为 3；再进行加法运算 10+3，结果为 13；最后将 13 赋值给变量 c，完整表达式的值也为 13。

说明：

（1）基本赋值运算符（=）的左侧只能是已定义的变量，不能是常量或表达式，而右侧可以是常量、表达式或已赋值的变量。若定义“int a,b;”，则以下是不合法的赋值表达式。

```
10=a                //基本赋值运算符的左侧不可以是常量
a%11+b=3            //基本赋值运算符的左侧不可以是表达式
a=b                 //基本赋值运算符的右侧不可以是未赋值的变量 b
```

（2）当赋值运算符右侧表达式的类型与左侧被赋值变量的类型不一致时，要进行类型转换。C 语言规定，表达式的类型将自动转换为左侧被赋值变量的类型，然后赋值。当将单精度浮点数、双精度浮点数赋给整型变量时，浮点数的小数部分被舍掉。例如：

```
float x=6.8;
int y;
y=x;
```

此时 y 的值是 6。

当将整型数赋值给浮点型变量时，数值大小不变，但有效位数增加。例如：

```
float x;
x=6;
```

此时 x 的值为 6.000000。

2. 复合赋值表达式

复合赋值表达式的一般形式如下。

```
变量名 复合赋值运算符 表达式
```

例如：

```
a+=b            //等价于 a=a+b
a-=b            //等价于 a=a-b
a*=b-2          //等价于 a=a*(b-2)
a/=b+4          //等价于 a=a/(b+4)
a%=b            //等价于 a=a%b
```

复合赋值表达式的值是复合赋值运算符左侧变量得到的值。

【例 2.14】若定义“int x=6;”，求表达式 x+=x-=(x*x+3)的值。

由于赋值运算符结合方向为右结合，因此该表达式可分解为 x-=x*x+3 和 x+=x，等价于顺序求解表达式 x=x-(x*x+3)和 x=x+x。先计算表达式 x=x-(x*x+3)的值，得到结果为−33，即 x 的值为−33；再计算表达式 x=x+x 的值，得到 x 的新值为−66，即所求表达式的值为−66。

说明：

（1）若复合赋值运算符的右侧是表达式，则在进行计算时应给该表达式加上括号，使其作为一个整体参与运算。例如，在例 2.14 中，x*x+3 作为整体参与运算。

（2）复合赋值表达式不仅书写简单，更重要的是其非常有利于编译处理，能提高编译效率并生成质量较高的目标代码。

2.5.3　自加、自减运算符及其表达式

在程序设计中，使一个变量自身加 1 或减 1 是频繁使用的运算。典型地，循环语句常常借助于每次使循环变量加 1 或减 1 来达到控制循环次数的目的。因此，C 语言引入了两个特殊的运算符实现此操作，即“++”和“--”。

自加运算符（++）的作用是使变量的值加 1。自减运算符（--）的作用是使变量的值减 1。它们都是单目运算符，操作的对象只有一个且只能是简单变量，结合方向为右结合。两者的运算优先级相同，且高于算术运算符。

自加、自减运算符在使用时有前缀、后缀之分。前缀形式形如++i、--i，功能是先执行 i+1、i-1 操作，也就是新 i 值是表达式的值。后缀形式形如 i++、i--，此时表达式的值是 i 的原值，用此原值参与后续的运算，运算之后再执行 i+1、i-1 操作，使 i 值变化。例如，若下列每条语句被执行前，都有定义“int i=6,j;”，则

```
j=++i;          //先计算++i 的值，为新 i 值 7，然后 j 被赋值为 7，表达式值也为 7
j=i++;
//先计算 i++的值，为 i 的原值 6，然后 j 被赋值为 6，表达式值也为 6，之后 i 得到新值 7
j=--i;          //先计算--i 的值，为新 i 值 5，然后 j 被赋值为 5，表达式值也为 5
j=i--;
//先计算 i--的值，为 i 的原值 6，然后 j 被赋值为 6，表达式值也为 6，之后 i 得到新值 5
j=-i++;
//表达式等价于 j=-(i++)，先计算 i++的值，为 i 的原值 6，然后 j 被赋值为-6，表达式值也为-6，之后 i 得到新值 7
```

说明：

（1）由于自加运算和自减运算实质上是赋值运算，因此自加运算和自减运算符的运算对象只能是简单变量，不能是常量或表达式。例如，表达式 6++、--(a+b)、(-i)++都是不合法的。

（2）C 语言规定，当表达式中有多个运算符连续出现时，将尽可能多地从左至右将字符组合成一个运算符。例如，i+++j 等价于(i++)+j，-i---j 等价于-(i--)-j。

（3）自加运算和自减运算的执行速度比赋值运算快，因此尽量使用自加或自减运算，以提高程序的执行效率。

【例 2.15】自加运算符和自减运算符的使用。

```
#include<stdio.h>
void main()
{   int i=6,j,k;
    j=i++;                                  //j=6,i=7
    k=--i;                                  //k=6,i=6
    printf("j=%d,k=%d\n",j,k);
    j=-i++;                                 //j=-6,i=7
    printf("j=%d,i=%d\n",j,i);
    k=i+++j;                                //k=1,i=8,j=-6
    printf("k=%d,i=%d,j=%d\n",k,i,j);
    k=-i---j;                               //k=-2,i=7,j=-6
    printf("k=%d,i=%d,j=%d\n",k,i,j);
}
```

自加自减运算符的使用

程序运行结果：

```
j=6,k=6
j=-6,i=7
k=1,i=8,j=-6
k=-2,i=7,j=-6
```

2.5.4 强制类型转换运算符

1. 自动类型转换

在 C 语言中，整型、实型、字符型数据可以同时出现在一个表达式中进行混合运算。例如，6.4-9/5+'A'是一个合法的算术表达式。在进行计算时，表达式中不同类型的数据先自动转换成同一类型的数据，然后进行计算。其自动转换的规则如下：若为字符型数据，则必须先转换为整型数据，即其对应的 ASCII 码值；若为单精度型数据，则必须先转换为双精度型数据；若运算对象的类型不同，则将低精度类型数据转换为高精度类型数据。

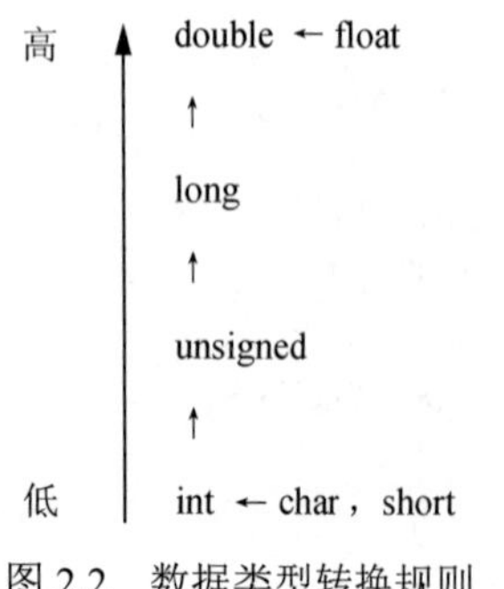

图 2.2 数据类型转换规则

精度从高到低的顺序如图 2.2 所示。图中向左的横向箭头表示即使运算对象是同一类型，也要进行转换；向上的纵向箭头表示当运算对象类型不同时的转换方向。

根据算术运算符的优先级、结合方向和自动类型转换规则，表达式 6.4-9/5+'A'的运算过程如下。

（1）计算 9/5 得整型整数 1。

（2）将 1 转换为双精度型，计算得双精度型实数 5.4。

（3）将'A'转换为整型整数 65，然后将整型整数 65 转换为双精度型实数 65.0，计算 5.4+65.0 得双精度型实数 70.4，即此表达式的值为 70.4。

2. 强制类型转换

在 C 语言中，允许通过强制类型转换运算符“()”将一个表达式的运算结果转换为所需要的类型。该运算符是单目运算符，结合方向为右结合，优先级高于取余、乘、除运算符。强制类型转换的一般形式如下。

```
(类型标识符)(表达式)
```

例如：

```
(int)(2.1+4.7)    //先计算 2.1+4.7，得 6.8，再将其强制转换为整型，表达式值为 6
(int)2.5+4        //先将 2.5 强制转换为整型 2，再计算 2+4，表达式值为 6
(double)7/4       //先将 7 强制转换为双精度实型 7.0，再计算 7.0/4，结果为 1.750000
```

说明：

（1）强制类型转换的类型标识符必须用圆括号括起来。

（2）无论是自动类型转换还是强制类型转换，类型转换的结果只是得到一个所需类型的中间值，而被转换对象的数据类型及其值并没有改变。

（3）实型数据转换为整型数据时，直接舍弃小数部分；而整型数据转换为实型数据时，增加小数位数。

【例 2.16】类型转换举例。

```
#include<stdio.h>
void main()
{   int x=9,y=5;
    float a=2.5,b=4.7,c=6.4;
    char ch='A';
    printf("%f\n",c-x/y+ch);
    printf("%d\n",(int)(a+b));
    printf("%d\n",(int)a+4);
    printf("%f\n",(double)x/y);
    printf("x=%d,y=%d,a=%f,b=%f,c=%f,ch=%c\n",x,y,a,b,c,ch);
    //注意各变量类型与值都无改变
    int m=4.8;
    printf("m=%d\n",m);
}
```

程序运行结果：

```
70.400000
7
6
1.800000
x=9,y=5,a=2.500000,b=4.700000,c=6.400000,ch=A
m=4
```

2.5.5　关系运算符和关系表达式

高级语言中的关系运算指比较运算，即比较两个数值的大小。

C语言提供了6个关系运算符，分别为大于（>）、小于（<）、大于或等于>（=）、小于或等于（<=）、等于（==）、不等于（!=）。

关系运算符是双目运算符，运算对象既可以是常量，也可以是变量或表达式，结合方向均为左结合。其中，“>”“<”“>=”“<=”运算符的优先级相同，“==”和“!=”运算符的优先级相同，且前四种运算符的优先级高于后两种。此外，关系运算符的优先级均低于算术运算符，高于赋值运算符。

用关系运算符和圆括号把运算对象连接起来的符合C语言语法规则的式子，称为关系表达式。其一般形式如下。

```
表达式 关系运算符 表达式
```

例如，4>5、a<=b、4!=a+b都是关系表达式。

关系表达式的值为逻辑值，即“真”或“假”。但C语言中没有逻辑类型数据，C语言规定，采用整数1和0来表示一个关系表达式的逻辑结果。若一个表达式判定为真，则表达式的结果为1；若一个表达式判定为假，则表达式的结果为0。因此，关系表达式的结果只能是1或0，其数据类型为整型。

【例2.17】关系运算符的使用。

```
#include<stdio.h>
void main()
{   int a=2,b=0,c;
    printf("%d\n",a==b);
    c=a-2>=b==0<(b==0)+1;
    printf("%d\n",c);
}
```

程序运行结果：

```
0
1
```

例2.17中，由于表达式a==b等价于2==0，结果为假，即值为0，输出0。按照运算符的优先级与结合方向，表达式 c=a-2>=b==0<(b==0)+1 等价于 c=((a-2>=b)==(0<(b==0)+1))，即c=((2-2>=0)==(0<(0==0)+1))。依次计算，2-2值为0，0>=0值为1；0==0值为1，1+1值为2，0<2值为1；1==1值为1；c=1，即把1赋值给c，输出1。

注意：由于误差的存在，应避免对两个实数做“==”或“!=”的判断。如果一定要进行判断，则可以判断两者的差的绝对值是否小于一个很小的数。例如，判断实型变量a和b是否相等，可以转为判断fabs(a-b)<1.0E-6，若为真，则a、b相等。

2.5.6 逻辑运算符和逻辑表达式

如何判断a>6和a<7是否同时成立呢？需要使用逻辑运算符。

C语言提供了3种逻辑运算符，分别为逻辑非（!）、逻辑与（&&）和逻辑或（||）。其中，!是单目运算符，结合方向为右结合，另外两个是双目运算符，结合方向为左结合。逻辑运算符的优先级次序为! →&&→||。

由逻辑运算符和圆括号把运算对象连接起来的符合C语言语法规则的式子，称为逻辑表达式。其一般形式如下。

```
表达式 逻辑运算符 表达式
```

例如：

```
a>6&&a<7              //判断 a 值是否在 6 与 7 之间
a>6||a<-7             //判断 a 值是否大于 6 或小于-7
!a                    //若 a 为真，则!a 值为 0；若 a 为假，则!a 值为 1
```

进行逻辑运算时，要先对运算对象进行逻辑判断，得到逻辑值，然后按逻辑运算符的运算规则求值。由于 C 语言没有逻辑类型，因此在进行判定时，所有非 0 的值都表示逻辑真，而只有 0 表示逻辑假。逻辑运算符的运算规则如表 2.9 所示。

表 2.9　逻辑运算符的运算规则

x	y	x&&y	x||y	!x	!y
真（非 0）	真（非 0）	1	1	0	0
真（非 0）	假（0）	0	1	0	1
假（0）	真（非 0）	0	1	1	0
假（0）	假（0）	0	0	1	1

逻辑表达式的值同关系表达式一样，也为逻辑值，即真或假。C 语言规定，若一个表达式判定为真，则表达式的结果为 1；若一个表达式判定为假，则表达式的结果为 0。例如，表达式-1&&2 的值为 1，'a'||0 的值为 1，!5 的值为 0，!0 的值为 1。

【例 2.18】逻辑运算符的使用。

```
#include<stdio.h>
void main()
{   int a=-1,b=6,c;
    c=(a++<=0)&&(!(b--<=0));
    printf("%d,%d,%d\n",a,b,c);
}
```

逻辑运算符的应用

程序运行结果：

```
0, 5, 1
```

例 2.18 中，表达式 a++的值为 a 的原值-1，于是，表达式 a++<=0 为真，值为 1，变量 a 的值增长为 0。表达式 b--的值为 b 的原值 6，于是，表达式 b--<=0 为假，值为 0，则!(b--<=0) 的值为 1。1&&1 的值为 1，因此 c 值为 1。

说明：

（1）在判断一个变量 x 是否为 0 时，表达式 x==0 与表达式!x 是等效的，而表达式 x!=0 与表达式 x 也是等效的。

（2）数学上的表达式与程序设计中的表达式的含义并不是完全相同的。例如，在数学上，常用 6<a<7 表示 a 处于 6 和 7 之间，而在程序设计中，6<a<7 是关系表达式，其结果为 1。这是由于不论 a 值是几，6<a 的值只能为 1 或 0（即真或假），而这个值永远小于 7，因此结果为 1。数学表达式 6<a<7 在程序设计中正确的表述为 a>6&&a<7。

（3）在逻辑表达式的求解过程中，并不是所有的逻辑运算都被执行，只有在必须执行下一个逻辑运算才能求出表达式的值时，才执行该运算。

【例 2.19】试写出判断字符变量 ch 是否为英文字母的表达式。

```
ch>='A'&&ch<='Z'||ch>='a'&&ch<='z'
```

【例 2.20】逻辑运算符的使用。

```
#include<stdio.h>
void main()
{   int a=1,b=1,c;
    int x=1,y=1,z;
    c=1||++a&&b--;
    printf("a=%d,b=%d,c=%d\n",a,b,c);
    z=++x&&--y&&--x;
    printf("x=%d,y=%d,z=%d\n",x,y,z);
}
```

程序运行结果：

```
a=1,b=1,c=1
x=2,y=0,z=0
```

例 2.20 中，由于表达式 1||++a&&b--等价于 1||(++a&&b--)，是逻辑或运算，运算的第一个操作数 1 就是真，本逻辑或运算的结果就已得到，值为 1，将 1 赋值给 c。++a&&b--不需执行，因此 a 和 b 保持原值。表达式++x&&--y&&--x 等价于(++x&&--y)&&(--x)，先执行++x&&--y，值为 0；0 后续进行逻辑与运算，运算结果就是 0，--x 不需执行，将 0 赋值给 z。

2.5.7 条件运算符和条件表达式

C 语言提供了一个其他高级语言没有的运算符，即条件运算符（? :），条件运算符是 C 语言唯一的一个三目运算符，结合方向为右结合。

由条件运算符和圆括号把运算对象连接起来的符合 C 语言语法规则的式子，称为条件表达式。其一般形式如下。

```
表达式 1 ? 表达式 2 : 表达式 3
```

计算条件表达式时，首先计算表达式 1；若表达式 1 的值为非 0，则计算表达式 2，并用表达式 2 的值作为本条件表达式的值；若表达式 1 的值为 0，则计算表达式 3，并用表达式 3 的值作为本条件表达式的值。

说明：

（1）当表达式 1 的值为非 0 时，不计算表达式 3；当表达式 1 的值为 0 时，不计算表达式 2。

（2）在条件表达式中，3 个表达式值的类型可以不同，条件表达式值的类型取表达式 2 值的类型和表达式 3 值的类型中的精度较高者。例如，条件表达式 6>3?3:1.6 的值为 3.000000，类型为双精度型。

【例 2.21】条件运算符的使用。

```
#include<stdio.h>
void main()
{   int a=1,b=1,c1,c2;
    int x=2,y=3,z=4;
    double c3,c4;
    c1=a>=b?a+b:a-b;
    printf("c1=%d\n",c1);
```

条件运算符的应用

```
    c2=a<x?a:y<z? y:z;
    printf("c2=%d\n",c2);
    c3=(6>3?3:1.6)/2;
    printf("c3=%f\n",c3);
    c4=(6>3?3:10)/2;
    printf("c4=%f\n",c4);
}
```

程序运行结果：

```
c1=2
c2=1
c3=1.500000
c4=1.000000
```

例 2.21 中，对于表达式 c1=a>=b?a+b:a-b，由于 a>=b 相当于 1>=1，值为 1，则将 a+b 的值 2 赋给 c1；对于表达式 c2=a<x?a:y<z? y:z，由于条件运算符结合方向是右结合，该表达式等价于 c2=a<x?a:（y<z? y:z），值为 1；对于表达式 c3=(6>3?3:1.6)/2，其中的条件表达式中，3、1.6 这两个表达式值的类型不同，取精度高的双精度型为表达式值的类型，则本条件表达式的值为 3.0，3.0/2 的值为 1.500000，因此 c3=1.500000；对于表达式 c4=(6>3?3:10)/2，其中的条件表达式中，3、10 这两个表达式值的类型相同，则本条件表达式的值为整型数值 3，3/2 的值为 1，1 赋值给双精度型变量 c4，强制类型转换，因此 c4=1.000000。

2.5.8　逗号运算符和逗号表达式

C 语言提供了一个特殊的运算符，即逗号运算符（,）。逗号运算符是双目运算符，结合方向为左结合，优先级是所有运算符中最低的。逗号表达式的一般形式如下。

```
表达式 1, 表达式 2, ...,表达式 n
```

计算逗号表达式时，先求表达式 1 的值，然后求表达式 2 的值，依此类推，最后计算表达式 n 的值，并以表达式 n 的值作为本逗号表达式的值。

【例 2.22】逗号运算符的使用。

```
#include<stdio.h>
void main()
{   int x, y;
    printf("%d, %d, %d\n",x,y,(x=y=3,++y,y+=4,y>3));
    printf("%d, %d, %d\n",x,y,x=(y=3,++y,y+=4,y>3));
}
```

程序运行结果：

```
3, 8, 1
1, 8, 1
```

例 2.22 中，表达式“x=y=3,++y,y+=4,y>3”是逗号表达式，其运算过程如下：先求解 x=y=3，得 x、y 的值都为 3；然后求解++y，得 y 的值为 4；再求解 y+=4，得 y 的值为 8；最后求解 y>3，得 1，因此本逗号表达式的值为 1。

表达式 x=(y=3,++y,y+=4,y>3)是赋值表达式，其运算过程如下：先求解逗号表达式“y=3,++y,y+=4,y>3”，得 y 的值为 8，逗号表达式的值为 1，因此 x 的值为 1，本赋值表达式的值也为 1。

注意：在程序中并不是所有的逗号都是逗号运算符。例如，定义变量时变量名之间的逗号就不是逗号运算符，而是分隔符。另外，在许多情况下，使用逗号表达式只是需要分别得到各个表达式的值，而不是需要整个表达式的值。逗号表达式常用于 for 循环语句中。

2.5.9 求字节数运算符

求字节数运算符 sizeof 是单目运算符，其作用是求运算对象在内存中所占的字节数，计算结果是整型数，结合方向为右结合，优先级高于算术运算符。sizeof 的一般使用形式如下。

```
sizeof(类型标识符或表达式)
```

sizeof 的运算对象可以是数据类型标识符、常量、变量、表达式等，最终是得到其所属的数据类型所占内存的字节数。例如，sizeof(char)的值是 1，sizeof(int)的值是 4，sizeof(3.6)的值是 8，“float f; sizeof(f=7/6)”的值是 4。

注意：使用 sizeof(表达式)时，不对表达式进行运算，只判断表达式值的类型。例如，若定义“int x=1;”，则语句“printf("%d,%d\n",sizeof(++x),x);”的输出结果为“4,1”。x 的值没有变化，是由于表达式++x 没有进行运算。

2.5.10 位运算符和位运算

位运算是指对数据按二进制位进行运算，运算对象只能是整型数据或字符型数据，不能将实型数据及其他复杂类型的数据直接进行位运算。利用位运算可以实现其他运算难以实现的操作，并且具有很快的执行速度。

C 语言提供了 6 种位运算符，分别为按位取反（～）、按位与（）、按位或（|）、按位异或（^）、按位左移（<<）、按位右移（>>）。其中，～是单目运算符，其余都是双目运算符。这些双目位运算符结合方向是左结合，其运算优先级与关系运算符接近。位运算表达式值的数据类型为整型。

任何一个二进制位只能是 1 或 0，因此按位运算时的每一位值皆可视为逻辑值，1 和 0 仍分别表示真和假。于是，对于每一位，位运算的规则与同种逻辑运算的运算规则基本相同，而对所有位进行运算就得到了表达式的值。

1. 按位取反运算

按位取反的作用是将一个二进制数的每一位均按位取反，即 1 变为 0，0 变为 1。例如，～00011001（十进制数 25）的值为 11100110。

```
～ 00011001
-----------
   11100110
```

2. 按位与运算

当参与运算的两个操作数对应的二进制位都为 1 时，该位的运算结果为 1，否则为 0。例如，13&3 的值为 1。

```
   00001101
&  00000011
-----------
   00000001
```

按位与运算常用于取一个数中的某些指定位。例如，有一个整数 a（2 字节），若需高 8 位清 0，保留低 8 位，可进行 a&255 运算（255 的二进制数为 0000000011111111）。若只需保留 2 字节中的高 8 位，可进行 a&62580 运算（62580 的二进制数为 1111111100000000）。

3. 按位或运算

当参与运算的两个操作数对应的二进制位都为 0 时，该位的运算结果为 0，否则为 1。例如，13|3 的值为 15。

```
    00001101
|   00000011
------------
    00001111
```

按位或运算常用于将一个数中的某些位置 1。例如，将整型数 a 的低 8 位全置 1，只要进行 a|255 运算即可（255 的二进制数为 0000000011111111）。

4. 按位异或运算

当参与运算的两个操作数对应的二进制位值相同时，该位的运算结果为 0，否则为 1。例如，13^3 的值为 14。

```
    00001101
^   00000011
------------
    00001110
```

按位异或运算常用于将一个数中的某些位翻转，即 1 变为 0，0 变为 1。例如，将整型数 a 的低 8 位翻转，只要进行 a^255 运算即可（255 的二进制数为 0000000011111111）。

通过按位异或运算还可以实现不用中间变量使两个变量的值交换。例如，定义“int a=13,b=3;”，若想交换 a 和 b 的值，执行语句“a=a^b;b=b^a;a=a^b;”即可。

5. 按位左移运算

按位左移运算用于将一个数的二进制位全部左移若干位，左边移出的位丢弃，右边空出的位补 0。例如，25<<2 表示将 25 的各二进制位左移 2 位，其值为 100。

```
<<  00011001
------------
    01100100
```

当左移没有溢出时，左移一位相当于该数乘以 2，左移 n 位相当于该数乘以 2^n。

6. 按位右移运算

按位右移运算用于将一个数的二进制位全部右移若干位，右边移出的位丢失，左边空出高位：对于无符号数，高位补 0；对于有符号数，当其为正数时，高位补 0，当其为负数时，高位补 1。例如，25>>2 表示将 25 的各二进制位右移 2 位，其值为 6。

```
>>  00011001
------------
    00000110
```

数据右移相当于该数除以 2 取整，不断进行右移（除 2）运算时，也可能使有效位丢失而产生溢出。

2.6 顺序结构程序设计

在C语言中，函数是构成程序的基本单位，而构成函数的基本单位是语句。一条C语言的语句在编译后对应若干条机器指令，能够完成一定的操作。在无特殊情况、无流程转移时，一旦程序执行，系统将从main()函数的第一条语句开始，按顺序逐条执行，直到最后一条语句结束，此即顺序结构。如果一个程序要处理的任务很复杂，则需要依据情况进行选择或循环处理，即构成了选择结构和循环结构。顺序结构、选择结构、循环结构是结构化程序设计的3种基本结构。本节主要介绍C语言的基本语句和顺序结构程序设计。

2.6.1 程序设计基础

1. 问题的求解过程

在计算机上处理问题，就是把解题的技术和方法描述成计算机可以执行的一系列操作，并实施这些操作步骤。问题的求解过程如下。

（1）分析问题，建立数学模型。

（2）设计解决问题的方法，即设计算法。

（3）确定算法的流程。

（4）编写程序。

（5）运行、调试程序，得到结果。

下面通过一个例子来说明。

【例2.23】编写程序计算。已知鸡兔共有15只，有40条腿，则鸡兔各有多少只？

程序分析：

（1）建立数学模型。若用x、y分别表示鸡、兔的个数，则可得到如下数学关系。

$$\begin{cases} x+y=15 \\ 2x+4y=40 \end{cases}$$

因为x、y必须为整数，并有一定的取值范围，这就决定了描述这些数据时所采用的数据类型，也确定了存储这些值所占用的存储空间。根据上述方程，可以建立变量之间的关系，这些相互依存的数据及其关系组成数据结构。

（2）设计算法。算法可以采用穷举法构造。由于x、y都是1 ~ 14之间的整数，因此可以将这区间的任意一组整数代入两个方程进行测试。如果某一组值使两个方程都成立，就得到了原问题的一个解。很明显，这样的算法不适合手工计算，这也说明在计算机上使用的算法与手算解法之间有一定的差异。

（3）确定算法流程。描述流程的方法很多，本书采用N-S（Nassi-Shneiderman）图描述算法。

（4）编写程序。按照算法流程图，用C语言编写程序。

（5）运行、调试程序，得到结果。程序编制后，需要进行多次测试并修改其中存在的错误，直到没有错误为止。确认程序无误后，再运行，得到所需的结果。

2. 算法及其描述

程序设计主要包括数据结构设计和算法设计。数据结构用于确定数据及其相互关系，算法则是对特定问题求解步骤的一种逻辑描述，两者密不可分。

在实际设计一个算法时需要注意以下问题。

（1）有穷性。一个算法必须在执行有限个步骤后结束。

（2）确定性。算法的每一步必须是确切定义的，不能出现多义性或不确定性，对于相同的输入必须得到相同的结果。

（3）可行性。算法的每一步都是能够实现的，是可操作的。

（4）有输出。在算法开始时，可以没有或有多个输入，但算法执行结束后，必须有一个或多个输出。

算法的描述方式没有统一的规定，可以采用不同的方法。本书采用 N-S 图描述算法。N-S 图的基本结构如图 2.3 所示。

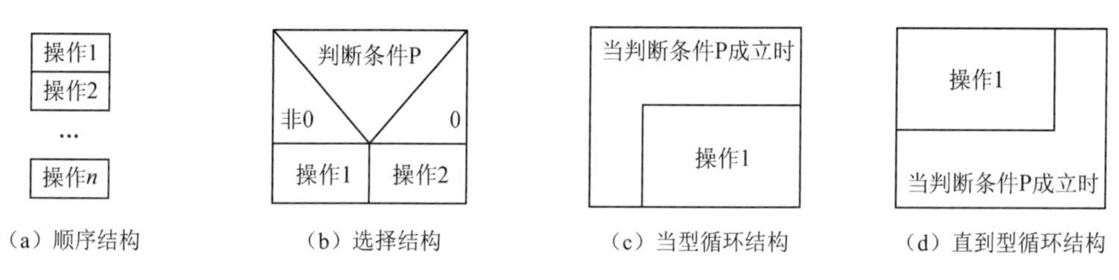

（a）顺序结构　（b）选择结构　（c）当型循环结构　（d）直到型循环结构

图 2.3　N-S 图的基本结构

【例 2.24】对于例 2.23，基于图 2.4 描述的算法编写程序。

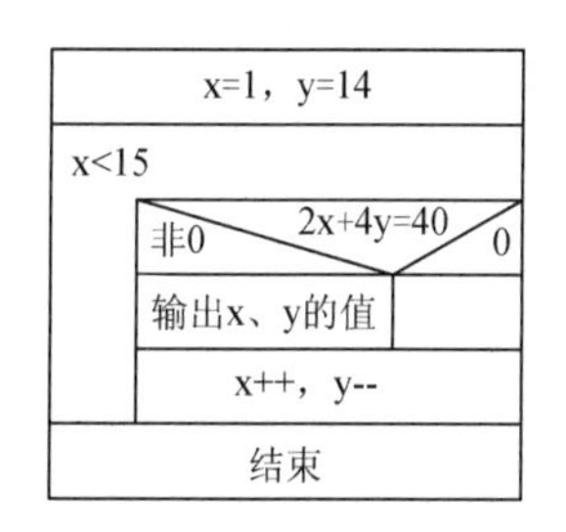

图 2.4　例 2.23 的 N-S 图

```
#include<stdio.h>
void main()
{   int x, y;
    for(x=1,y=14;x<15;x++,y--)
      if(2*x+4*y==40)
          printf("x=%d, y=%d\n",x,y);
}
```

程序运行结果：

```
x=10, y=5
```

2.6.2　C 语言的基本语句

语句是组成 C 语言的基本成分，任何一种结构都必须通过语句体现出来。一条完整的 C 语句必须以分号结束，分号是一个 C 语句必不可少的部分。C 语言中使用的语句一般可分为表达式语句、函数调用语句、控制语句、空语句和复合语句 5 类。

1. 表达式语句

表达式语句是使用最广泛的一类语句。C 语言规定，在各种合法的表达式的末尾加上一个分号，就构成了一个表达式语句。其一般形式如下。

```
表达式;
```

例如：

```
x=7;
i++;
a=b=c=5;
a=3, b=a+5, c=b-1;
```

均为合法的表达式语句。

2. 函数调用语句

函数调用语句由一个函数调用加一个分号组成。其一般形式如下。

```
函数名(参数表);
```

例如：

```
printf("输入圆的半径:");
scanf("%f",&a);
```

均为合法的函数调用语句。

3. 控制语句

控制语句的作用是在程序中完成特定的控制功能。C 语言提供 9 种控制语句，包括 if 语句（选择语句）、switch 语句（开关语句）、for 语句（循环语句）、while 语句（循环语句）、do-while 语句（循环语句）、continue 语句（结束本次循环，开始下一次新循环的语句）、break 语句（中止执行 switch 语句或循环语句）、goto 语句（跳转语句）和 return 语句（从被调用函数返回主调函数语句）。

4. 空语句

仅由一个分号组成的语句称为空语句。其一般形式如下。

```
;
```

空语句在语法上占据一条语句的位置，但没有任何操作功能。

5. 复合语句

用一对花括号括起来的若干条语句称为复合语句。复合语句在语法上相当于一条语句。其一般形式如下。

```
{ 语句组 }
```

例如：

```
{    sum=sum+i;
     i=i+1;
}
```

为合法的复合语句。

注意：在最后的花括号（}）后面不能加分号。

2.6.3 顺序结构程序设计举例

顺序结构是结构化程序的 3 种基本结构之一，是最简单、最常见的一种程序结构。其算法为定义变量→变量赋值→运算处理→输出结果。依照算法画出流程图，编写程序，程序运行时逐条执行语句，并且每条语句只能执行一次。

【例 2.25】编写程序，要求从键盘上任意输入一个长方体的长、宽、高，输出其体积。算法如图 2.5 所示。

基于 N-S 图描述的算法编写程序如下。

```
#include<stdio.h>
void main()
{   float a,b,c,v;
    scanf("%f%f%f",&a,&b,&c);
    v=a*b*c;
    printf("v=%f\n",v);
}
```

程序运行时输入：

```
2  4  5↙
```

程序运行结果：

```
v=40.000000
```

【例 2.26】编写程序，要求从键盘上任意输入一个学生的 3 门课程的成绩，计算该学生的总分及平均分。

算法如图 2.6 所示。

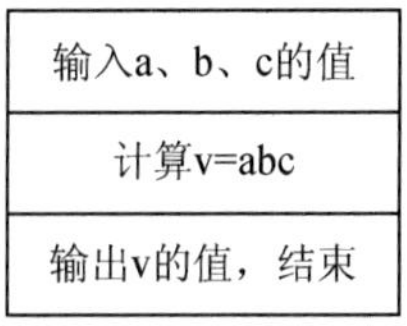

输入a、b、c的值
计算v=abc
输出v的值，结束

图 2.5　例 2.25 的 N-S 图

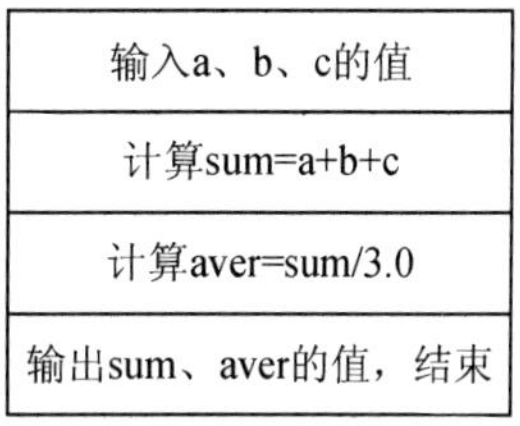

输入a、b、c的值
计算sum=a+b+c
计算aver=sum/3.0
输出sum、aver的值，结束

图 2.6　例 2.26 的 N-S 图

基于 N-S 图描述的算法，编写程序如下。

```
#include<stdio.h>
void main()
{   int a,b,c,sum;
    float aver;
    scanf("%d%d%d",&a,&b,&c);                //输入 3 门课的成绩
    sum=a+b+c;
    aver=sum/3.0;
    printf("sum=%d, aver=%f\n",sum,aver);
}
```

程序运行时输入：

```
78  87  90↙
```

程序运行结果：

```
sum=255, aver=85.000000
```

【例 2.27】编写程序，要求从键盘上任意输入一个英文小写字母，输出对应的大写字母。算法如图 2.7 所示。

输入ch1的值
计算ch2=ch1-32
输出ch2的值，结束

图 2.7　例 2.27 的 N-S 图

基于 N-S 图描述的算法，编写程序如下。

```
#include<stdio.h>
void main()
{
    char ch1,ch2;
    ch1=getchar();
    ch2=ch1-32;
    putchar(ch2);
}
```

程序运行时输入：

```
g↙
```

程序运行结果：

```
G
```

习　题　2

一、单项选择题

1．C 语言中运算对象必须是整型的运算符是（　　）。

A．%　　B．/　　C．>=　　D．+

2．"A"和'A'在计算机内存中分别占用的字节数是（　　）。

A．2 和 1　　B．1 和 1　　C．1 和 2　　D．2 和 2

3．设 int n=10，i=4，则赋值运算 n%=i 执行后，n 的值为（　　）。

A．0　　B．3　　C．2　　D．1

4．设 int n=10，i=4，则赋值运算 n%=i+1 执行后，n 的值为（　　）。

A．0　　B．3　　C．2　　D．1

5．设 char ch，则以下赋值语句中正确的是（　　）。

A．ch='123';　　B．ch='\xff';　　C．ch='\08';　　D．ch="\";

6．字符串常量"ab\\ctd\376"的有效长度是（　　）。

A．7　　B．12　　C．8　　D．14

7．设有定义“int a=5,b;”，则执行下列语句后，b 的值不为 2 的是（　　）。

A．b=a/2;　　B．b=6-(--a);　　C．b=a%2;　　D．b=a>3?2:4;

8．如果“int i=3, j=4;”，则 k=i+++j 执行之后，k、i 和 j 的值分别为（　　）。

A．7、3、4　　B．8、3、5　　C．7、4、4　　D．8、4、5

9．设有定义“int x=10,y=3;”，则语句“printf("%d",(x%y,x/y));”的输出结果是（　　）。

A．1　　B．3　　C．4　　D．2

10．设 int a=1，b=2，c=3，d=4，则表达式 a<b?a:c<d?c:d 的值为（　　）。

A．1　　B．2　　C．3　　D．4

11．设有“float a=5.5,b=2.5;”，则语句“printf("%f",(int) a+b/b);”的输出结果是（　　）。

A．6.500000　　B．6.5　　C．5.500000　　D．6.000000

12．若“int x=0,y=1;”，则表达式(!x||y--)执行后，x、y 的值分别为（　　）。

A．0、0　　B．0、1　　C．1、0　　D．1、1

13．sizeof(double)是一个（　　）表达式。

A．整型　　B．实型　　C．不合法　　D．函数调用

14．设有定义“char a=3,b=6,c;”，则执行完语句“c=(a^b)<<2”；后，c 的八进制值是（　　）。

A．034　　B．07　　C．01　　D．024

15．设有“int b=4;”则语句“printf("%d",b&4);”的输出结果是（　　）。

A．8　　B．4　　C．16　　D．2

二、阅读程序题（写出程序的运行结果）

1．

```
#include <stdio.h>              //'A'的 ASCII 值为 65
void main()
{   printf("%c,%d",'A'+5,'A'+5);    }
```

2．

```
#include <stdio.h>
void main()
{   int a=3;
    printf("%d",(a+=a-=a*a));
}
```

3．

```
#include <stdio.h>
void main()
{   int x=3,y=3,z=1;
   printf("%d,%d\n",(++x,y++),z+2);
}
```

三、完善程序题（根据下列程序的功能描述，在程序的空白横线处填入适当的内容，使程序完整、正确）

1．已知函数 $y=\sqrt{x^2-5x}$，输入任意一个 x 的值，输出对应的函数值 y。

```
#include <math.h>
#include <stdio.h>
void main()
{   double x,y;
    scanf("%lf",&x);
    y=__________;
    printf(" y=%lf\n ",y);
}
```

2．从键盘输入一个大写字母，改用小写字母输出。

```
#include <stdio.h>
void main()
{   char c1,c2;
    printf("Please input a character：\n");
    c1=__________;
    c2=c1+32;
    printf("%c,%c",c1,c2);
}
```

3．输入两个浮点数，求它们的平方根之和。

```
#include <math.h>
#include <stdio.h>
void main()
{   double x,y,w;
    scanf("%lf %lf",__________);
    w=sqrt(x)+sqrt(y);
    printf("%lf",w);
}
```

四、程序改错题（每小题只有一个错误，找出错误的行号并改正。每行语句前的序号只标注行号，非程序本身的内容）

1．计算两个数平方和的平方根。

```
（1）#include <math.h>
（2）#include <stdio.h>
（3） void main()
（4）    {   double x=3.0,y=4.0,z;
（5）        z=sqrt(x*x+y*y);
（6）        printf("%d\n",z);   }
```

2．输入能构成三角形的三边长 x、y、z，求三角形的面积。

```
（1）#include <math.h>
（2）#include <stdio.h>
（3）void main()
（4）  {   double x,y,z,s,area;
（5）      scanf("%lf %lf %lf",&x,&y,&z);
（6）      s=(x+y+z)/2;
（7）      area=sqrt(s(s-x)(s-y)(s-z));
（8）      printf("area=%lf",area);   }
```

五、编程题

从键盘上输入一个 3 位正整数，求其个位、十位和百位数字并输出。

六、拓展练习题

不使用临时变量，怎样实现交换两个整型变量的值？（提示：使用位运算）

第 3 章　选择结构程序设计

在 C 语言程序中，有时候需要根据某一个或多个条件来确定程序执行哪些不同的语句，可以使用 if 语句或者 switch 语句，选择其中的某一个分支来执行程序，这样的程序结构称为选择结构或分支结构。例如，要求输入学生的分数，根据其分数所在的范围确定 A、B、C、D 等不同等级，这时需要设计选择结构。C 语言提供了两种控制语句来实现这种选择结构，即 if 语句和 switch 语句。

3.1　if　语　句

if 语句有 4 种基本结构，即 if 语句标准选择结构、单分支选择结构、多分支选择结构和嵌套选择结构。

1. if 语句标准选择结构

if 语句标准选择结构的一般使用形式如下。

```
if(表达式)
    语句 1;
else
    语句 2;
```

if 语句标准选择结构的执行过程：先计算 if 后面的表达式，若结果为非 0（可以理解为条件成立），执行语句 1；若结果为 0（可以理解为条件不成立），执行语句 2。其 N-S 图如图 3.1 所示。

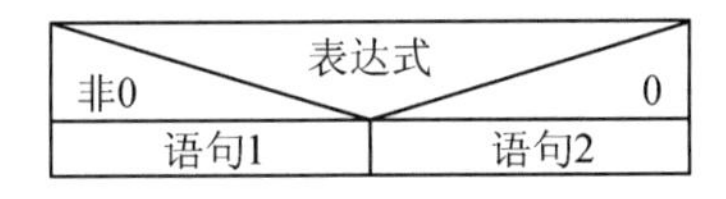

图 3.1　if 语句标准选择结构的 N-S 图

【例 3.1】编写程序，用 if-else 实现输入两个整数，输出它们的值是否相等。

算法如图 3.2 所示。

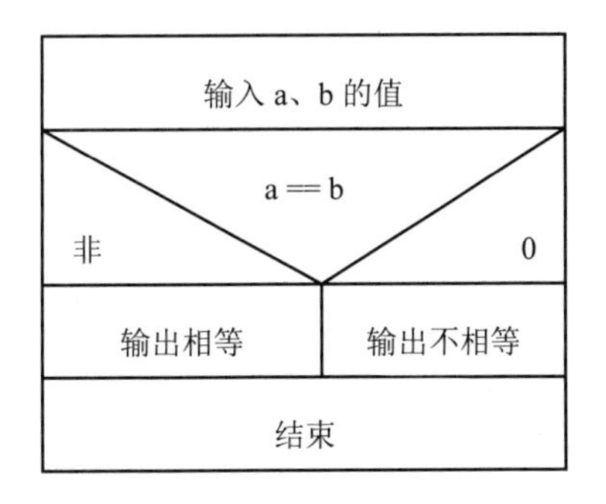

图 3.2　例 3.1 的 N-S 图

基于 N-S 图描述的算法，编写程序如下。

```
#include<stdio.h>
void main()
{   int a,b;
    scanf("%d%d",&a,&b);
    if(a==b)
        printf("相等\n");
    else
        printf("不相等\n");
}
```

程序运行时输入：

```
3↙
8↙
```

程序运行结果：

```
不相等
```

再次运行程序时输入：

```
9↙
9↙
```

程序运行结果：

```
相等
```

【例 3.2】 编写程序，要求从键盘上输入一个百分制整数成绩，当成绩≥60 时，输出“Pass”，否则输出“Fail”。

算法如图 3.3 所示。

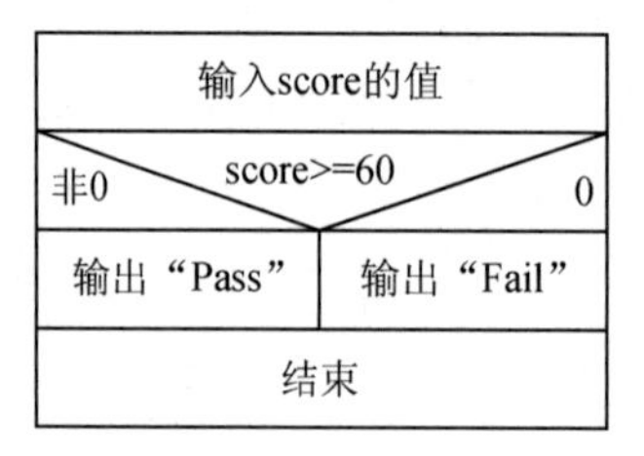

图 3.3　例 3.2 的 N-S 图

基于 N-S 图描述的算法，编写程序如下。

```
#include<stdio.h>
void main()
{   int score;
    scanf("%d",&score);
    if(score>=60)
        printf("Pass\n");
    else
        printf("Fail\n");
}
```

程序运行时输入：

```
59↙
```

程序运行结果：

```
Fail
```

再次运行程序时输入：

```
60↙
```

程序运行结果：

```
Pass
```

【例 3.3】编写程序，要求从键盘上输入一个一元二次方程，如果方程有实根，输出“有解”，否则输出“无解”。

算法如图 3.4 所示。

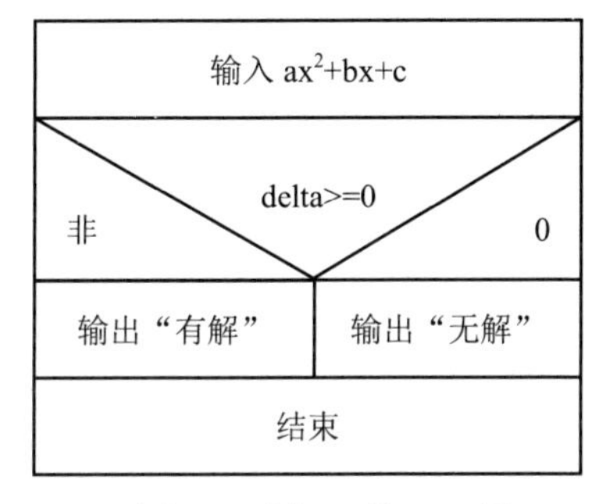

图 3.4　例 3.3 的 N-S 图

```
#include<stdio.h>
void main()
{   float a,b,c,delta;
    scanf("%f%f%f",&a,&b,&c);
    delta=b*b-4*a*c;
        if(delta>=0)
          printf("有解\n");
        else
          printf("无解\n");
}
```

程序运行时输入：

```
1 2 3↙
```

程序运行结果：

```
无解
```

再次运行程序时输入：

```
1 3 2↙
```

程序运行结果：

```
有解
```

2. 单分支选择结构

单分支选择结构实际上是 if 语句标准选择结构的一种省略形式，即省略了 else 分支部分。其一般使用形式如下。

```
if(表达式)
    语句;
```

其中，表达式可以是任意类型的表达式，一般为关系表达式或逻辑表达式；语句可以是任何语句，如简单语句、复合语句或空语句。

单分支选择结构的执行过程：先计算 if 后面的表达式，若结果为非 0（可以理解为条件成立），执行后面的语句；若结果为 0（可以理解为条件不成立），不执行该语句。其 N-S 图如图 3.5 所示。

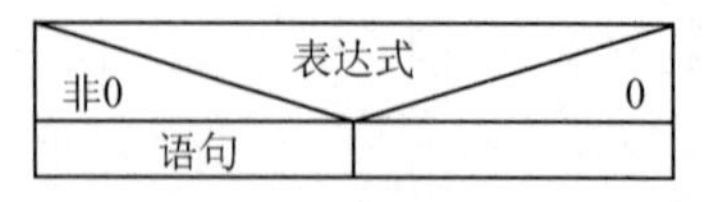

图 3.5 单分支选择结构的 N-S 图

【例 3.4】 任意输入 3 个整数 x、y、z，按由小到大的顺序排列并输出。

程序分析： 在 3 个整数中找出最小的整数存入 x，再在剩余两个数中找出较小的整数存入 y，最后一个整数存入 z。

算法如图 3.6 所示。

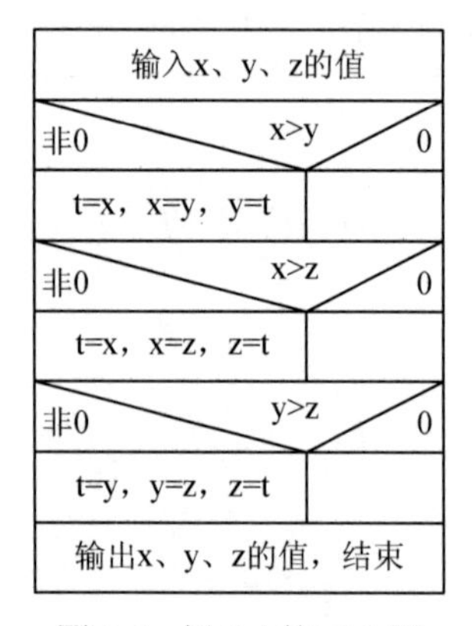

图 3.6 例 3.4 的 N-S 图

基于 N-S 图描述的算法，编写程序如下。

```
#include<stdio.h>
void main()
{   int x,y,z,t ;
    scanf("%d%d%d",&x,&y,&z);
    if(x>y) {t=x;x=y;y=t;}              //使变量 x 存放的是 x、y 中的较小值
    if(x>z) {t=x;x=z;z=t;}              //使变量 x 存放的是 3 个数中的最小值
    if(y>z) {t=y;y=z;z=t;}              //使变量 y 存放的是 3 个数中的较小值
    printf("%d,%d,%d\n",x,y,z);         //整数按从小到大的顺序输出
}
```

程序运行时输入：

```
2 1 3↙
```

程序运行结果：

```
1，2，3
```

【例 3.5】 编写程序，要求从键盘上任意输入一个整数，输出该数的绝对值。

算法如图 3.7 所示。

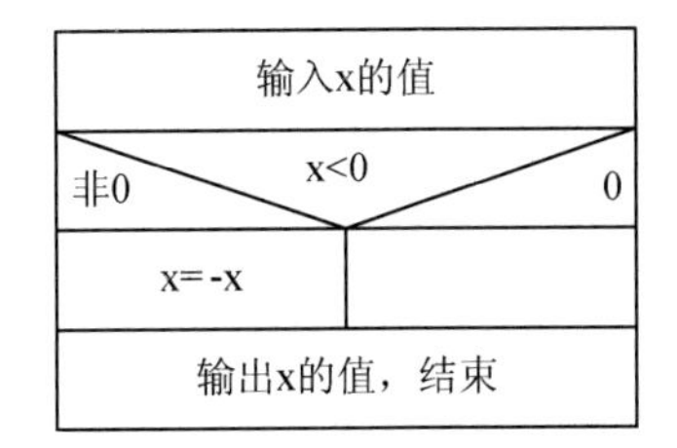

图 3.7　例 3.5 的 N-S 图

基于 N-S 图描述的算法，编写程序如下。

```
#include<stdio.h>
void main()
{   int x;
    scanf("%d",&x);
    if(x<0)
        x=-x;
    printf("%d\n",x);
}
```

程序运行时输入：

```
-2↙
```

程序运行结果：

```
2
```

再次运行程序时输入：

```
90↙
```

程序运行结果：

```
90
```

【例 3.6】编写程序，要求从键盘上任意输入 2 个整数，输出其中的较小数。

算法如图 3.8 所示。

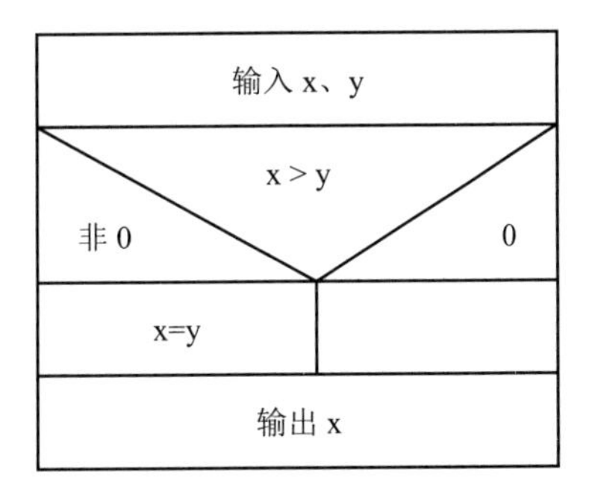

图 3.8　例 3.6 的 N-S 图

基于 N-S 图描述的算法，编写程序如下。

```
#include<stdio.h>
void main()
{   int x,y;
    scanf("%d%d",&x,&y);
    if(x>y)
        x=y;
```

```
        printf("%d\n", x);
}
```

程序运行时输入：

```
3↙
8↙
```

程序运行结果：

```
3
```

再次运行程序时输入：

```
9↙
5↙
```

程序运行结果：

```
5
```

3. 多分支选择结构

当程序有多个条件，对应多条语句时，可采用多分支选择结构。

多分支选择结构的一般使用形式如下。

```
if(表达式 1)
    语句 1;
else if(表达式 2)
    语句 2;
else if(表达式 3)
    语句 3;
    …
else if(表达式 n)
    语句 n;
else
    语句 n+1;
```

实际上，这种“多分支”结构是 if 语句标准选择结构的一种扩展，就是在其 else 分支里又嵌入了 if-else 结构。

多分支选择结构的执行过程：先计算表达式 1 的值，若结果为非 0（可以理解为条件成立），则执行语句 1；否则计算表达式 2 的值，若结果为非 0（可以理解为条件成立），则执行语句 2；否则计算表达式 3 的值。依此类推，当所有表达式的值都为 0 时，执行语句 n+1。其 N-S 图如图 3.9 所示。

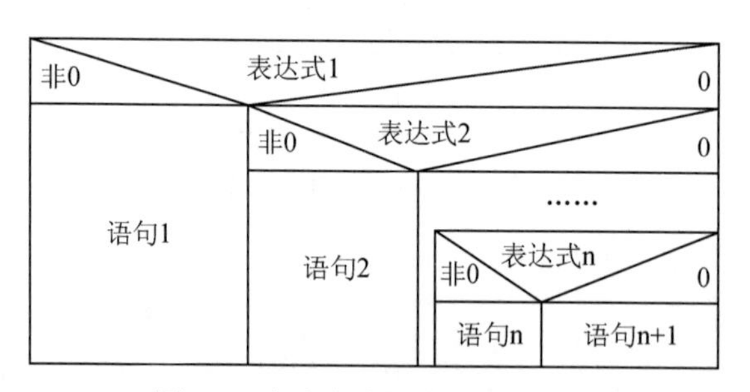

图 3.9　多分支选择结构的 N-S 图

【例 3.7】 编写程序，要求从键盘上输入一个百分制成绩，输出其对应的等级（90～100 为 A，80～89 为 B，70～79 为 C，60～69 为 D，0～59 为 E）。

算法如图 3.10 所示。

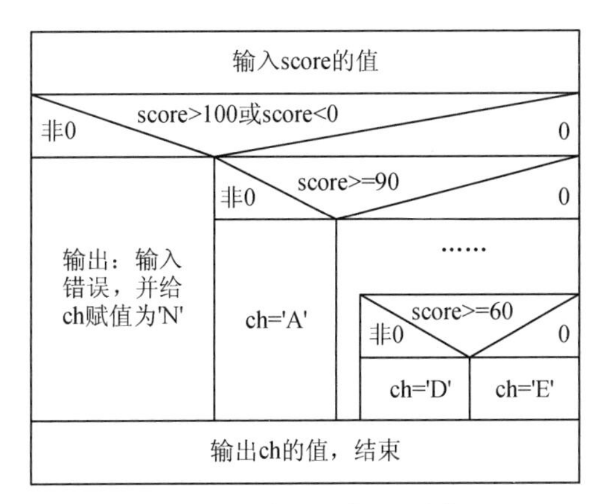

图 3.10　例 3.7 的 N-S 图

基于 N-S 图描述的算法，编写程序如下。

```
#include<stdio.h>
void main()
{   int score;
    char ch;
    scanf("%d", &score);
    if(score>100||score<0)        //判断是否是合法的成绩
        {   printf("input error!\n");
            ch='N';}
    else if(score>=90)
            ch='A';
    else if(score>=80)
            ch='B';
    else if(score>=70)
            ch='C';
    else if(score>=60)
            ch='D';
    else
            ch='E';
    printf("%c\n", ch);
}
```

程序运行时输入：

```
101↙
```

程序运行结果：

```
input error!
N
```

再次运行程序时输入：

```
96↙
```

程序运行结果：

```
A
```

注意：if语句中的“语句”从语法上讲只能是一条语句，不能是多条语句。若执行多条语句，可将其用花括号括起来组成一个复合语句。

4. 嵌套选择结构

一个if语句中包含一个或多个if语句的结构称为if语句的嵌套选择结构。实际上这种结构也是对if语句标准选择结构的扩展，就是在if-else结构中，if分支和else分支里又嵌入了if-else语句。

嵌套选择结构的一般使用形式如下。

```
if(表达式 1)
    if(表达式 2)
        语句 1;
    else
        语句 2;
else
    if(表达式 3)
        语句 3;
    else
        语句 4;
```

在没有花括号的情况下，if和else的配对关系：从最内层开始，else总是与其上面最近的并且没有与其他else配对的if配对。嵌套选择结构的N-S图如图3.11所示。

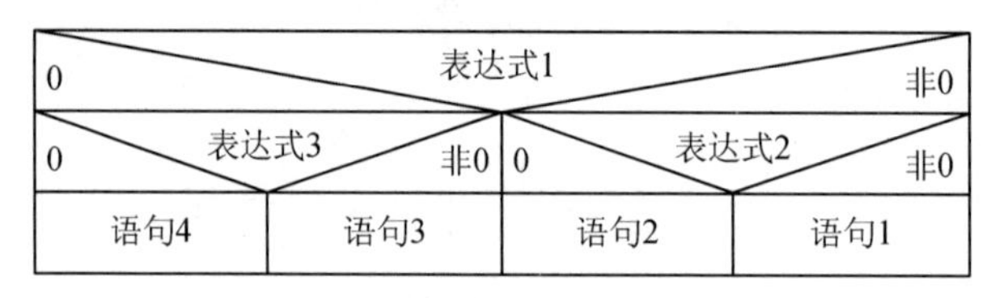

图3.11 嵌套选择结构的N-S图

【例3.8】 编写程序，要求从键盘上任意输入x和y的值，按照如下函数，输出z的值。

当x为非负数时，如果y为非负数，则z=10，如果y为负数，则z=5；当x为负数时，如果y为非负数，则z= -5，如果y为负数，则z= -10。

通过分析上述要求，该例适用嵌套形式的if-else结构，外层的if语句用于判断x的值，根据x的值又分别使用两个if-else语句判断y的值，以得到z的值。根据以上分析，编写程序如下。

```
#include<stdio.h>
void main()
{   int x,y,z;
    scanf("%d%d",&x,&y);
    if(x>=0)
        if(y>=0)
            z=10;
        else
            z=5;
    else
        if(y>=0)
```

```
            z=-5;
        else
            z=-10;
    printf("x=%d, y=%d, z=%d\n",x,y,z);
}
```

程序运行时输入：

```
1 2↙
```

程序运行结果：

```
x=1, y=2, z=10
```

再次运行程序时输入：

```
1 -1↙
```

程序运行结果：

```
x=1, y=-1, z=5
```

再次运行程序时输入：

```
-1 1↙
```

程序运行结果：

```
x=-1, y=1, z=-5
```

再次运行程序时输入：

```
-1 -1↙
```

程序运行结果：

```
x=-1, y=-1, z=-10
```

【例 3.9】编写程序，计算方程 $ax^2+bx+c=0$ 的根。

程序分析：对于任意输入的值 a、b、c，设计的程序要考虑到以下情况。

（1）若 a=0，则如果 b=0，方程无解；否则方程有一个根：-c/b。

（2）若 a≠0，如果 $d=b^2-4ac \geqslant 0$，则方程有两个实根，否则方程无实根。

算法如图 3.12 所示。

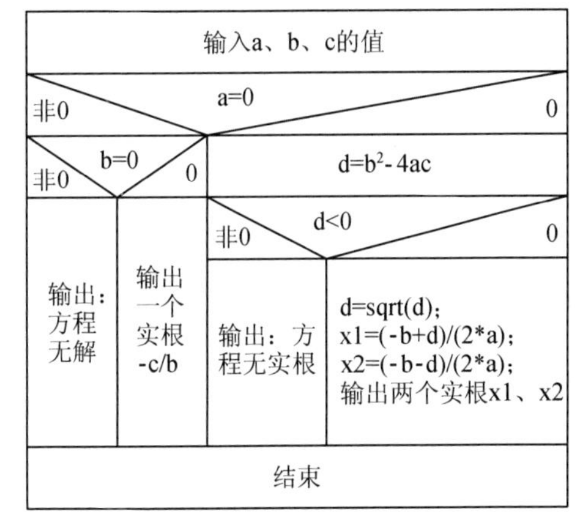

图 3.12　例 3.9 的 N-S 图

基于 N-S 图描述的算法，编写程序如下。

```
#include<stdio.h>
#include<math.h>
```

```
void main()
{   double a,b,c,d,x1,x2;
    scanf("%lf%lf%lf",&a,&b,&c);
    if(fabs(a)<1.0E-6)                                  //判断 a==0
    {   if(fabs(b)<1.0E-6)                              //判断 b==0
            printf("The equation has no root\n");       //方程无根
        else
            printf("The equation has one root:%lf \n", -c/b);        //有一个根
    }
    else
    {   d=b*b-4*a*c;
        if(d<0)
            printf("The equation has no root\n");                    //Δ<0，无实根
        else
            {   d=sqrt(d);
                x1=(-b+d)/(2*a);
                x2=(-b-d)/(2*a);
                printf("The equation has two roots:%lf,%lf \n", x1, x2);        //有两个实根
            }
     }
}
```

程序运行时输入：

```
0   0   2↙
```

程序运行结果：

```
The equation has no root
```

再次运行程序时输入：

```
0   2   -6↙
```

程序运行结果：

```
The equation has one root:3.000000
```

再次运行程序时输入：

```
1   2   -3↙
```

程序运行结果：

```
The equation has two roots:1.000000，-3.000000
```

由于方程的系数为浮点数，且存在误差，因此在判断 a==0 和 b==0 的程序中均采用了衡量其绝对值是不是足够小的方法。

说明：

（1）if 后面圆括号内的表达式可以是任意类型，但一般为关系表达式或逻辑表达式。

（2）if(x)与 if(x!=0)等价。

（3）if(!x)与 if(x==0)等价。

3.2 switch 语 句

虽然用 if-else 语句可以解决多分支问题，但是如果分支过多，嵌套的层次就多，会使程

序冗长，可读性降低。C 语言提供了专门用于处理存在多种可能情况的分支语句，即 switch 语句。其一般使用形式如下。

```
switch(表达式)
 {  case 常量表达式 1:语句 1;          [break;]
    case 常量表达式 2:语句 2;          [break;]
    …
    case 常量表达式 n:语句 n;          [break;]
    default: 语句 n+1;                 [break;]
 }
```

switch 后面圆括号内的表达式类型必须为整型、字符型或枚举型，而 case 后面的常量表达式 1～常量表达式 n 的类型必须与 switch 后面圆括号内的表达式类型相同。语句 1～语句 n+1 可以是简单语句或复合语句。

switch 语句的执行过程：先计算 switch 后面圆括号内表达式的值，然后用其结果依次与常量表达式 1～常量表达式 n 的值进行比较。若相等，执行该常量表达式后面的语句，如果该语句后面有 break 语句，则退出 switch 语句，转至花括号的下方；如果该语句后面无 break 语句，则不再判断是否相等，继续向下执行各语句，直至遇到 break 语句或 switch 语句结束。若表达式的值与各常量表达式的值都不相等，则执行 default 后面的语句。

说明：

（1）switch 后面的圆括号后不能加分号。

（2）case 和常量之间要有空格。

（3）各 case 后面的常量表达式的值必须不同。

（4）若每个 case 和 default 后面的语句都以 break 语句结束，则各个 case 和 default 的位置可以互换。

（5）case 后面的语句可以是任意语句，也可以为空，但 default 后面不能为空。

（6）多个 case 可以共用一组执行语句。

（7）switch 语句可以嵌套，即在一个 switch 语句中嵌套另一个 switch 语句，这时可以用 break 语句使程序跳出其所在的 switch 语句。

【例 3.10】编写程序，用 switch 语句实现，从键盘上输入一个百分制成绩，输出其对应的等级（90～100 为 A，80～89 为 B，70～79 为 C，60～69 为 D，0～59 为 E）。

```
#include<stdio.h>
void main()
{   unsigned x;
    char ch;
    scanf("%u",&x);
    switch(x/10)
    {   case 10:
        case 9: ch='A';break;
        case 8: ch='B';break;
        case 7: ch='C';break;
        case 6: ch='D';break;
        case 5:
        case 4:
```

switch 语句

```
        case 3:
        case 2:
        case 1:
        case 0: ch='E';break;
        default: {  ch='N';
                    printf("input error!\n");
                 }
    }
    printf("成绩结果是%c\n",ch);
}
```

程序运行时输入：

```
-8↙
```

程序运行结果：

```
input error!
成绩结果是 N
```

再次运行程序时输入：

```
89↙
```

程序运行结果：

```
成绩结果是 B
```

【例 3.11】 switch 语句嵌套实例。

```
#include<stdio.h>
void main()
{   int a=1,b=1;
    switch(a)
    {   case 1:switch(b)
        {   case 0: printf("$$$\n");break;
            case 1: printf("***\n");break;
        }
        break;
            case 2: printf("%%%\n");
    }
}
```

程序运行结果：

```
***
```

【例 3.12】 编写程序，计算某快递公司根据运输的里程收取客户所需承担的运费。已知每千米的基本运费为 10 元，根据运输距离 s（整数，表示里程）给予适当的折扣 r，标准如下。

$$
\begin{cases}
s<250 & \text{无折扣} \\
250\leqslant s<500 & 2\%\text{折扣} \\
500\leqslant s<1000 & 5\%\text{折扣} \\
1000\leqslant s<2000 & 8\%\text{折扣} \\
s\geqslant 2000 & 10\%\text{折扣}
\end{cases}
$$

程序分析： 本程序最主要的就是怎样描述折扣。上述折扣标准的各区间边界与 250 相关，采用表达式 s/250 可以直接将区间转换为整数描述的折扣标准，利于编写程序，转换如下。

$$
s/250 = \begin{cases} 0 & \text{无折扣} \\ 1 & 2\%\text{折扣} \\ 2，3 & 5\%\text{折扣} \\ 4，5，6，7 & 8\%\text{折扣} \\ \text{其他} & 10\%\text{折扣} \end{cases}
$$

根据上述分析，编写程序如下。

```
#include<stdio.h>
void main()
{   int s,r;                    //s 为距离，r 为折扣
    scanf("%d",&s);
    switch(s/250)
    {case 0: r=0;break;         //s<250
     case 1: r=2;break;         //s<500
     case 2:                    //500≤s<750
     case 3: r=5;break;         //750≤s<1000
     case 4:                    //1000≤s<1250
     case 5:                    //1250≤s<1500
     case 6:                    //1500≤s<1750
     case 7: r=8;break;         //1750≤s<2000
     default: r=10;             //s≥2000
    }
   printf("All price:%f\n",s*10*(1.0-r/100.0));
}
```

程序运行时输入：

```
200↙
```

程序的运行结果：

```
2000.000000
```

再次运行程序时输入：

```
600↙
```

程序的运行结果：

```
5700.000000
```

注意：程序中 r/100.0 不能写成 r/100，因为 r 是一个整型变量。

习　题　3

一、阅读程序题（写出程序的运行结果）

1．

```
#include <stdio.h>
void main()
{   int x=1,a=0,b=0;
    switch(x)
    {   case 0: b++;
```

```
        case 1: a++;
        case 2: a++;b++;
    }
    printf("a=%d,b=%d\n",a,b);
}
```

2．

```
#include <stdio.h>
void main()
{   int a,b,c;
    a=2, b=3,c=1;
    if (a>b)
      if(a>c)
            printf("%d\n",a);
      else
            printf("%d\n",b);
    printf("end\n");
}
```

二、完善程序题（根据下列程序的功能描述，在程序的空白横线处填入适当的内容，使程序完整、正确）

1．从键盘输入 3 个整数分别给整型变量 x、y、z，并输出 3 个数中的最大者。

```
#include <stdio.h>
void main()
{   int x,y,z,u;
    scanf("%d %d %d",&x,&y,&z);
    if(x>=y && x>=z)        u=x;
    else if(______)         u=y;
       else                 u=z;
    printf("max=%d\n",u);
}
```

2．将输入的百分制的分数转换为相应的等级并输出，90～100 为 A，80～89 为 B，70～79 为 C，60～69 为 D，小于 60 为 E。

```
#include <stdio.h>
void main()
{   int score,i;
    scanf("%d",&score);
    i=score/10;
    switch(i)
    {   case 10:
        case 9: printf("A"); break;
        case 8: printf("B"); break;
        case 7: printf("C"); break;
        case 6: printf("D"); break;
        _______ printf("E"); }
}
```

三、程序改错题（每小题只有一个错误，找出错误的行号并改正。每行语句前的序号只标注行号，非程序本身的内容）

1．以下程序的功能是输出 x、y、z 中的最大者。

```
（1）  #include <stdio.h>
（2）  void main()
（3）  {   int x=13,y=6,z=9;
（4）      int u,v;
（5）      if(x<y)   u=x;
（6）      else      u=y;
（7）      if(u>z)   v=u;
（8）      else   v=z;
（9）      printf(" v=%d ",v);   }
```

2．以下程序的功能是将阿拉伯数字改写成中文数字，然后显示在屏幕上。

```
（1）#include <stdio.h>
（2）void main()
（3）{   char cd[23]="零一二三四五六七八九十";
（4）    int figure;
（5）    scanf("%d",&figure);
（6）    if(figure>=0&figure<=10)
（7）        {   putchar(cd[figure*2]);
（8）            putchar(cd[figure*2+1]);
（9）        }
（10）}
```

3．根据学生成绩的等级打印出分数段。

```
（1）#include <stdio.h>
（2）void main()
（3）{   char grade;
（4）    printf("input  the  grade ：\n");
（5）    scanf("%c",&grade);
（6）    switch(grade)
（7）    {  case  'A' ： printf("90-100\n"); break;
（8）       case  'B' ： printf("80-89\n"); break;
（9）       case  'C' ： printf("70-79\n"); break;
（10）      case  'D' ： printf("60-69\n"); break;
（11）      case  'E' ： printf("0-59\n");   break;
（12）      else  if ： printf("error\n");
（13）    }
（14）}
```

四、编程题

1．有如下函数，请编写程序从键盘上输入任意一个 x 的值，输出对应 y 的值。

$$y=\begin{cases}x-8 & (x<0)\\2x-6 & (0\leqslant x<99)\\x\div 9 & (x\geqslant 99)\end{cases}$$

2．判断一元二次方程是否有实根，若有实根，则显示实根的值，否则显示“无实根”。

3．从键盘任意输入 3 个数，输出其中最小值。

五、拓展练习题

编写程序，输入年份，判断其是否为闰年。

【提示】判断是否为闰年，首先看是否是整百年，如果是整百年，需要判断其能否被 400 整除，能被 400 整除则为闰年；如果不是整百年，判断其能否被 4 整除，能被 4 整除则为闰年。

第 4 章　循环结构程序设计

在程序设计中，经常需要处理重复的问题。例如，输入若干个学生的成绩时，需要反复执行输入语句；将多个数据加到某个变量上进行累加求和时，需要反复地将这些数据与变量求和，此时需要使用循环结构。

循环结构的功能是在指定的条件满足时重复执行一段代码。一般地，循环语句中的指定条件称为循环条件，被重复执行的代码称为循环体。如果循环语句中利用某个变量来控制循环执行的次数，则称此变量为循环控制变量。C 语言提供的实现循环结构的语句主要有 3 种，分别为 while 语句、do-while 语句和 for 语句。此外，利用 goto 语句也可以构造循环结构，但极少使用。

4.1　while　语　句

while 语句用来实现“当型”循环，即先判断，后执行，其一般形式如下。

```
while(表达式)
    循环体
```

其中，表达式可以是任意类型的表达式，但一般为关系表达式或逻辑表达式，其值为循环条件；循环体可以是任何一条语句，如简单语句、复合语句或空语句。

while 语句的执行过程如下。

（1）计算 while 后面圆括号内表达式的值。

（2）若表达式的值为非 0（真），则执行其后面的循环体语句，然后转到（1）；若表达式的值为 0（假），则退出循环，执行循环体下面的语句。

while 语句的 N-S 图如图 4.1 所示。

【例 4.1】编写程序，计算 1～100 的整数和。

程序分析：先定义一个整型变量 sum，将其初始值设为 0，用来存放累加和；再定义一个整型变量 i，使其值由 1 逐渐增加到 100，并将每次变化的 i 值都加到 sum 中，sum 最终值为 1～100 的整数和。这个过程称为累加。

算法如图 4.2 所示。

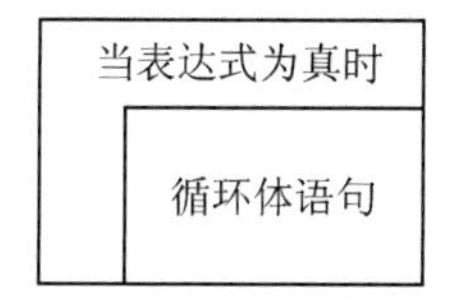

图 4.1　while 语句的 N-S 图

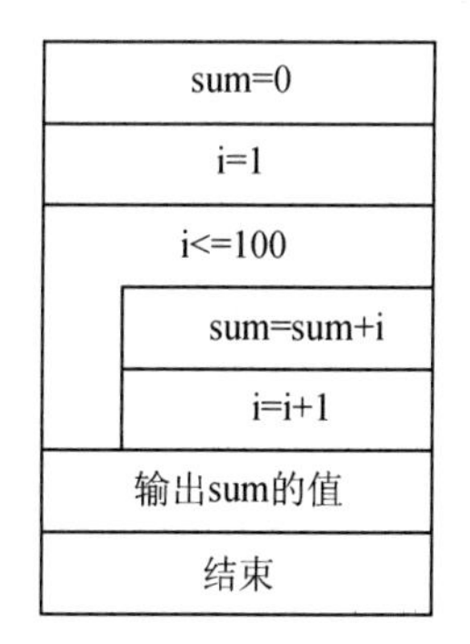

图 4.2　例 4.1 的 N-S 图

基于 N-S 图描述的算法，编写程序如下。

```
#include<stdio.h>
void main()
{   int i, sum;
    sum=0;                  //将存放累加和的变量 sum 赋初值为 0
    i=1;
    while(i<=100)
     {   sum=sum+i;
         i=i+1;             //修改 i 的值，使 i 的值能从 1 变化到 101
     }
     printf("sum=%d\n", sum);
}
```

while 语句的使用

程序运行结果：

```
sum=5050
```

在本程序中，i<=100 是循环条件，其后的复合语句是循环体，变量 i 是循环控制变量。循环时 i 的值在不断变化，最终使表达式 i<=100 的值为假，循环结束。

循环语句与 if 语句的区别是，当条件表达式为真时，if 执行一次对应的语句后即结束，而循环语句在执行循环体后并不结束，而是转去重新测试条件表达式的真假。

【例 4.2】 编写程序，要求利用公式 $\frac{\pi}{4}\approx 1-\frac{1}{3}+\frac{1}{5}-\frac{1}{7}+\cdots$ 计算 π 的近似值，直到最后一项的绝对值小于 10^{-6} 为止。

程序分析： 本题仍为累加求和问题，但累加的次数事先不易确定。如果用 1/t 表示每次累加的绝对值，则当其小于 10^{-6} 时即循环结束。算法如图 4.3 所示。

基于 N-S 图描述的算法编写程序如下。

```
#include<stdio.h>
void main()
{   int sign=1;                    //用 sign 表示符号
    double pi=0, t=1;              //t 不能为 int 型，否则 1/t 为 int 型
    while(1/t>=1.0E-6)
    {   pi=pi+sign/ t;             //累加
        t+=2;                      //用 t 取下一个分母
        sign=-sign;                //符号取反
    }
    printf("pi=%lf\n", 4*pi);
}
```

程序运行结果：

```
pi=3.141591
```

程序中每次累加的项需要转换正负号，可采用变量 sign 来实现。将其初始值设为 1，之后每循环一次修改其值为“-sign”，使其值在 1 和-1 之间转换，即可实现正负号的转换。

【例 4.3】 编写程序，采用辗转相除法计算两个正整数的最大公约数。

程序分析： 对于任意输入的两个正整数 m、n，用辗转相除法计算其最大公约数的方法如下。

（1）计算 m 除以 n，得到余数 r。

（2）实现赋值：m=n，n=r（即 n 值赋值给 m，r 值赋值给 n）。

（3）若 n=0，则最大公约数为 m，否则转到第（1）步。

算法如图 4.4 所示。

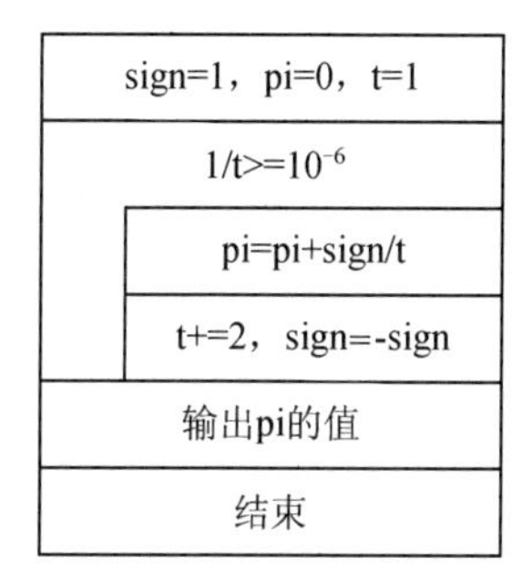

图 4.3　例 4.2 的 N-S 图

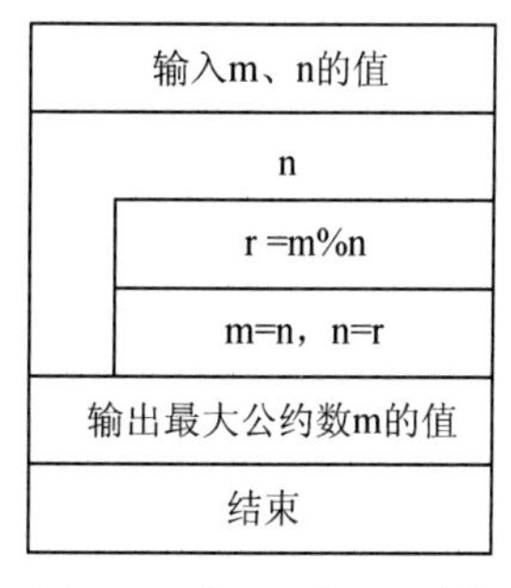

图 4.4　例 4.3 的 N-S 图

基于 N-S 图描述的算法，编写程序如下。

```
#include<stdio.h>
void main()
{   int m,n,r;
    scanf("%d%d", &m, &n);
    while(n)                        //n 非 0 时执行循环
    {   r=m%n;
        m=n;
        n=r;
    }
    printf("GCD:%d\n", m);          //得到最大公约数
}
```

程序运行时输入：

```
15 780↙
```

程序的运行结果：

```
GCD:15
```

再次运行程序时输入：

```
450 75↙
```

程序的运行结果：

```
GCD:75
```

本例循环体中 3 条语句的顺序不可以更改。另外当 m 的值小于 n 的值时，本程序也可以正确求得最大公约数。

说明：

（1）while 后面圆括号内的循环条件表达式可以是任何类型的表达式。

（2）由于 while 语句是先判断表达式，后执行循环体，因此循环体有可能一次都不执行。

（3）循环体可以是任何语句。如果循环体不是空语句，在 while 后面圆括号后不可以加分号。

（4）在循环体内或循环条件中要有使循环趋于结束的语句，使循环条件表达式的值为 0（假），否则循环将无限进行，形成死循环。

（5）循环体只能是一条语句。如果循环体是一组语句，则必须用花括号括起来，组成复合语句。

4.2 do-while 语句

do-while 语句用来实现“直到型”循环，即先执行，后判断，其一般形式如下。

```
do
    循环体
while(表达式);
```

其中，表达式可以是任意类型的表达式，但一般为关系表达式或逻辑表达式，其值为循环条件；循环体可以是任何一条语句，如简单语句、复合语句或空语句。

do-while 语句的执行过程如下。

（1）执行循环体，转到第（2）步。

（2）计算 while 后面圆括号内表达式的值，若表达式的值为非 0（真），则转到第（1）步；若表达式的值为 0（假），则转到第（3）步。

（3）退出循环，执行循环体下面的语句。

do-while 语句的 N-S 图如图 4.5 所示。

【例 4.4】 编写程序，用 do-while 语句计算 1～100 整数和。

算法如图 4.6 所示。

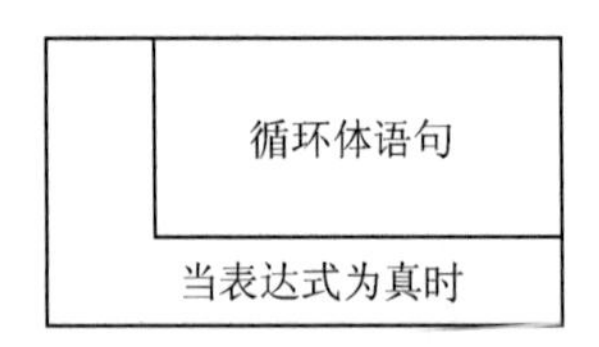

图 4.5 do-while 语句的 N-S 图

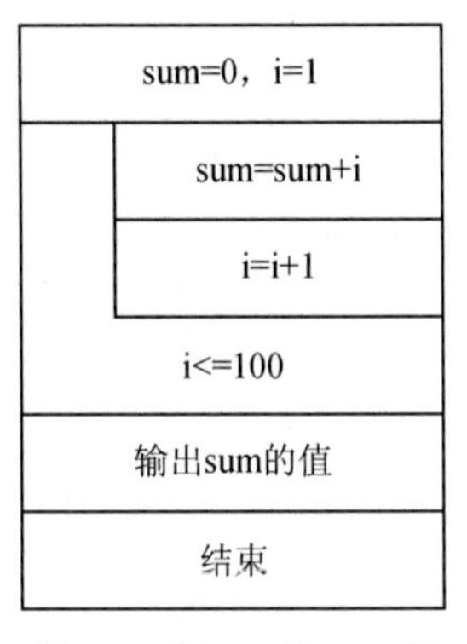

图 4.6 例 4.4 的 N-S 图

基于 N-S 图描述的算法，编写程序如下。

```
#include<stdio.h>
void main()
{   int i, sum;
    sum=0;              //将存放累加和的变量 sum 赋初值为 0
    i=1;
    do
    {   sum=sum+i;
        i=i+1;          //修改 i 的值，使 i 的值能从 1 变化到 101
    }
    while(i<=100);
```

```
    printf("sum=%d\n", sum);
}
```

【例 4.5】 编写程序，要求输入一串字符，按 Enter 键结束输入，统计其中英文字母、数字、空格和其他字符的个数。

算法如图 4.7 所示。

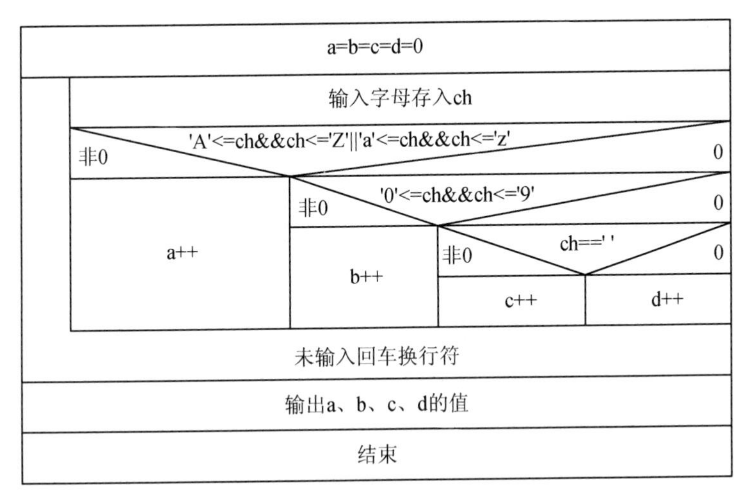

图 4.7　例 4.5 的 N-S 图

基于 N-S 图描述的算法编写，程序如下。

```
#include <stdio.h>
void main()
{   int a,b,c,d;      //a、b、c、d 分别存放英文字母、数字、空格、其他字符的个数
    a=b=c=d=0;
    char ch;
    do
    {   ch=getchar();
        if('A'<=ch&&ch<='Z'||'a'<=ch&&ch<='z')     //判断是否是英文字母
                a++;
        else
            if('0'<=ch&&ch<='9')  //判断是否是数字
              b++;
            else
              if(ch==' ')           //判断是否是空格
                  c++;
              else
                  d++;              //其他字符
    }
    while(ch!='\n');                          //遇回车换行符，结束循环
    printf("a=%d,b=%d,c=%d,d=%d\n",a,b,c,d);
}
```

do-while
语句的使用

程序运行时输入：

```
15 ab =-d↙
```

程序运行结果：

```
a=3,b=2,c=2,d=3
```

注意：程序在统计其他字符的个数时包括最后的输入结束标志，即回车换行符。

说明：

（1）由于 do-while 语句是先执行循环体，后判断表达式，因此循环体至少被执行一次。

（2）do 和 while 都是关键字，缺一不可。while 后面圆括号后的分号不可省略，否则将出现语法错误。

（3）循环体可以是任何一条语句。当循环体是一组语句时，必须用花括号括起来，组成复合语句。

（4）在循环体内或循环条件中要有使循环趋于结束的语句，使循环条件表达式的值为 0（假），否则循环将无限进行，形成死循环。

4.3 for 语 句

for 循环使用最为灵活，其一般形式如下。

```
for(表达式 1;表达式 2;表达式 3)
    循环体
```

其中，3 个表达式可以是任意类型的表达式。一般来说，表达式 1 用来给某些变量赋初值，表达式 2 为循环控制条件，表达式 3 用来修改循环控制变量的值。循环体可以是任何一条语句，如简单语句、复合语句或空语句。

for 循环的执行过程如下。

（1）计算表达式 1 的值（只在开始循环时计算一次）。

（2）计算表达式 2 的值，若其值非 0（真），则转到第（3）步；若表达式的值为 0（假），则结束循环语句，转到第（5）步。

（3）执行循环体语句。

（4）计算表达式 3 的值，转到第（2）步。

（5）退出循环，执行循环体下面的语句。

for 语句的 N-S 图如图 4.8 所示。

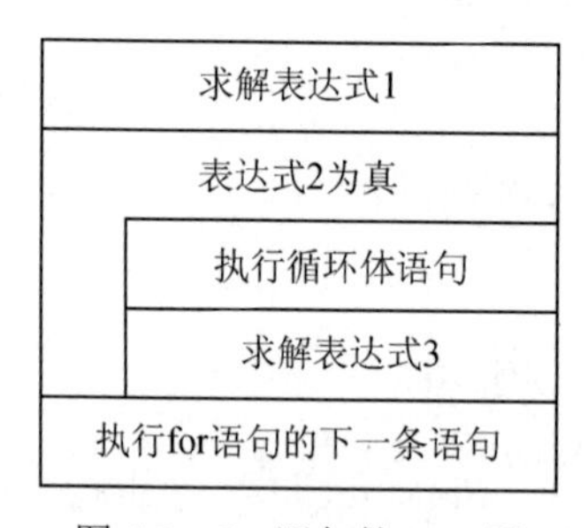

图 4.8 for 语句的 N-S 图

【例 4.6】编写程序，用 for 语句计算$1+\frac{1}{2}+\frac{1}{3}+\frac{1}{4}+\cdots+\frac{1}{99}+\frac{1}{100}$的值。

算法如图 4.9 所示。

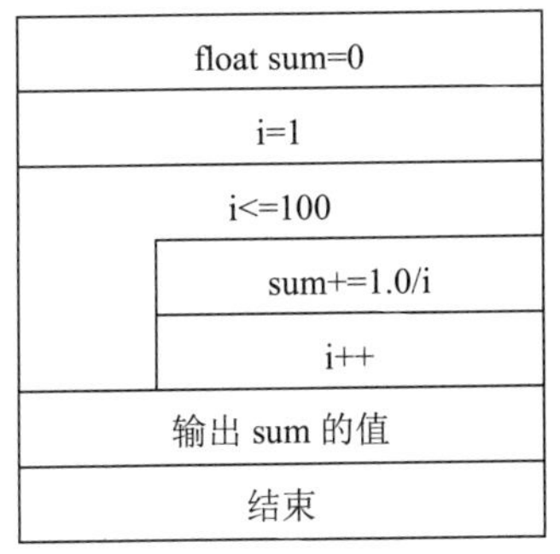

图 4.9　例 4.6 的 N-S 图

基于 N-S 图描述的算法，编写程序如下。

```
#include<stdio.h>
void main()
{   float sum=0;                    //将存放累加和的变量 sum 赋初值为 0
    int i;
    for(i=1;i<=100;i++)             //通过 for 循环对 i 进行累加
        sum+=1.0/i;                 //注意除法的运算结果
    printf("sum=%f\n",sum);
}
```

在 for 语句中，在两个分号必须保留的前提下，3 个表达式中的任何一个或几个都可以省略。因此 for 语句有如下省略形式。

形式一：

```
for(;表达式 2;表达式 3)
    循环体
```

形式一省略表达式 1，此时应该在 for 语句之前给循环变量赋初值。例如，例 4.6 中的程序段：

```
for(i=1;i<=100;i++)
    sum+=1.0/i;
```

可以改写为

```
i=1;
for(;i<=100;i++)
    sum+=1.0/i;
```

形式二：

```
for(表达式 1;;表达式 3)
    循环体
```

形式二省略表达式 2，此时系统默认表达式 2 的值永远为真，循环将进入无限循环，此时循环体中必须包含 break 语句或 goto 语句使循环终止。例如，例 4.6 中的程序段：

```
for(i=1;i<=100;i++)
    sum+=1.0/i;
```

可以改写为

```
for(i=1;;i++)
{   if(i>100)   break;          //此处 break 用于退出循环
    sum+=1.0/i;
}
```

形式三：

```
for(表达式 1;表达式 2;)
    循环体
```

形式三省略表达式 3，此时应该在循环体中更改循环变量的值。例如，例 4.6 中的程序段：

```
for(i=1;i<=100;i++)
    sum+=1.0/i;
```

可以改写为

```
for(i=1;i<=100;)
{   sum+=1.0/i;;
    i++;
}
```

形式四：

```
for(;;表达式 3)
    循环体
```

形式四同时省略表达式 1 和表达式 2，此时应该在 for 语句之前给循环变量赋初值，在循环体中应包含 break 语句或 goto 语句使循环终止。例如，例 4.6 中的程序段：

```
for(i=1;i<=100;i++)
    sum+=1.0/i;
```

可以改写为

```
i=1;
for(;;i++)
{   if(i>100)   break;
    sum+=1.0/i;
}
```

形式五：

```
for(;表达式 2;)
    循环体
```

形式五同时省略表达式 1 和表达式 3，此时应该在 for 语句之前给循环变量赋初值，在循环体中更改循环变量的值。例如，例 4.6 中的程序段：

```
for(i=1;i<=100;i++)
    sum+=1.0/i;
```

可以改写为

```
i=1;
for(;i<=100;)
{   sum+=1.0/i;
    i++;
}
```

形式六：

```
for(表达式 1;;)
    循环体
```

形式六同时省略表达式 2 和表达式 3，此时应该在循环体中更改循环变量的值，在循环体中应包含 break 语句或 goto 语句使循环终止。例如，例 4.6 中的程序段：

```
for(i=1;i<=100;i++)
    sum+=1.0/i;
```

可以改写为

```
for(i=1;;)
{   sum+=1.0/i;
    i++;
    if(i>100)   break;
}
```

形式七：

```
for( ;;)
    循环体
```

形式七同时省略表达式 1、表达式 2 和表达式 3，此时相当于 while(1)，应该在 for 语句之前给循环变量赋初值，在循环体中更改循环变量的值，在循环体中应包含 break 语句或 goto 语句使循环终止。例如，例 4.6 中的程序段：

```
for(i=1;i<=100;i++)
    sum+=1.0/i;
```

可以改写为

```
i=1;
for( ; ;)
{   sum+=1.0/i;
    i++;
    if(i>100)   break;
}
```

说明：

（1）若循环体不是空语句，for 语句的圆括号后不可以加分号。

（2）for 语句表达式中的两个分号不可以省略。

（3）循环不能形成死循环。

【例 4.7】编写程序，计算 1!+2!+3!+…+n!的值。

算法如图 4.10 所示。

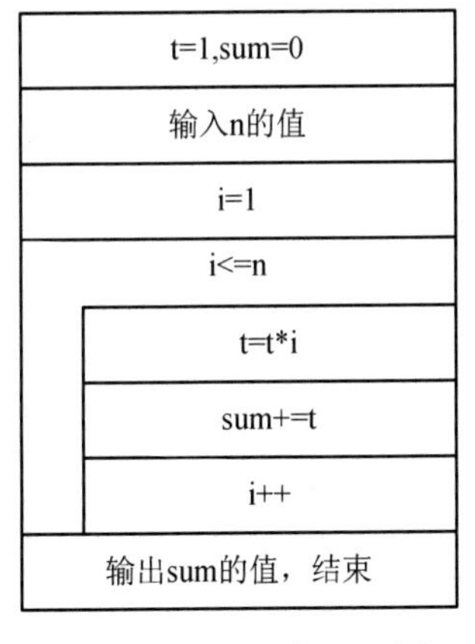

图 4.10　例 4.7 的 N-S 图

基于 N-S 图描述的算法，编写程序如下。

```
#include<stdio.h>
void main()
{   int i,n;
```

```
    double t=1,sum=0;
    scanf("%d",&n);
    for(i=1;i<=n;i++)
    {
        t=t*i;                  //求得 i 的阶乘 t
        sum+=t;                 //求得从 1 的阶乘到 i 的阶乘的累加和
    }
    printf("sum=%lf\n",sum);
}
```

程序运行时输入：

```
5↙
```

程序运行结果：

```
sum=153.000000
```

4.4 转 向 语 句

为了使程序控制更加灵活，C 语言允许使用 break 语句强行结束循环或 switch 语句，允许使用 continue 语句强行跳过本次未执行的语句，转向循环条件的判断语句。

4.4.1 break 语句

break 语句的一般形式如下。

```
break;
```

break 语句有两个作用：在 switch 语句中，用于退出其所在的 switch 语句，程序转至 switch 语句后面的语句；在循环语句中，用于退出其所在的那层循环，程序转至该层循环体后面的语句。

break 语句的使用

【例 4.8】编写程序，判断输入的大于 2 的正整数是否为素数，若是，则输出“Yes”，否则输出“No”。

算法如图 4.11 所示。

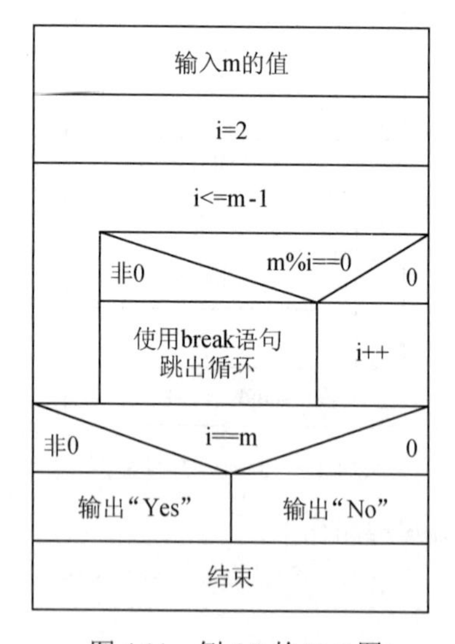

图 4.11 例 4.8 的 N-S 图

基于 N-S 图描述的算法，编写程序如下。

```
#include<stdio.h>
void main()
{   int m,i;
    scanf("%d", &m);
    for(i=2; i<=m-1; i++)
        if(m%i==0)                    //当 m 被 i 整除时说明其不是素数，循环结束，不再判断
            break;
    if(i==m)                          //判断 i 是如何退出循环
        printf("Yes\n");
    else
        printf("No\n");
}
```

程序运行时输入：

```
58↙
```

程序运行结果：

```
No
```

再次运行程序时输入：

```
59↙
```

程序运行结果：

```
Yes
```

4.4.2　continue 语句

continue 语句的使用

continue 语句的一般形式如下。

```
continue;
```

continue 语句的作用：结束本次循环，跳过循环体中尚未执行的语句，然后进行下一次循环是否执行的判断。在 while 语句和 do-while 语句中，continue 语句把程序控制转到 while 后面的表达式处。在 for 语句中，continue 语句把程序控制转到循环入口。

【例 4.9】编写程序，输出 100～150 之间不能被 11 整除的数，要求每行输出 10 个数。

算法如图 4.12 所示。

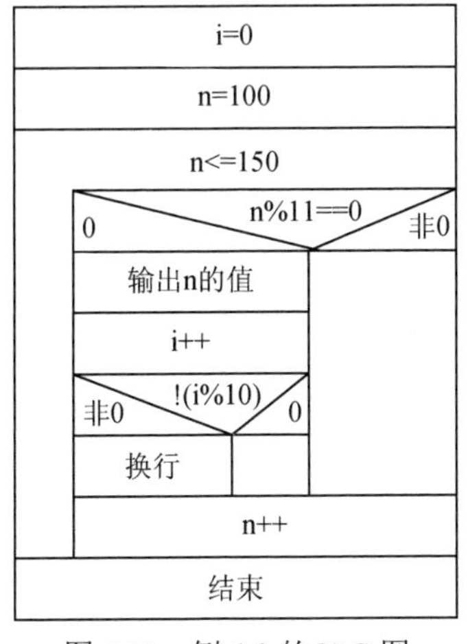

图 4.12　例 4.9 的 N-S 图

基于N-S图描述的算法，编写程序如下。

```
#include <stdio.h>
void main()
{   int n, i;
    i=0;
    for(n=100; n<=150; n++)
    {   if(n%11==0)
            continue;           //如果 n 能被 11 整除，转到 n++处
        printf("%5d", n);
        i++;                    //统计输出数据的个数
        if(!(i%10))
            printf("\n");       //当 i 是 10 的整数倍时，换行
    }
}
```

程序运行结果：

```
100  101  102  103  104  105  106  107  108  109
111  112  113  114  115  116  117  118  119  120
122  123  124  125  126  127  128  129  130  131
133  134  135  136  137  138  139  140  141  142
144  145  146  147  148  149  150
```

4.4.3 goto 语句

goto 语句也称为无条件转向语句，其一般形式如下。

```
goto  语句标号;
```

其中，语句标号是一种标识符，在有 goto 语句的函数中必须有其定义，用来标识程序中某个特殊位置。定义语句标号的规则是自定义一个标识符并接一个冒号，冒号的后面可以为空，也可以是任何语句。

goto 语句的功能是无条件地将程序控制转移到语句标号处，其通常与 if 语句共同实现循环；或者将程序控制从循环嵌套的内层循环跳转到外层循环。

【例 4.10】编写程序，用 goto 语句计算 1～100 的整数和。

```
#include<stdio.h>
void main()
{   int i=1, sum=0;
    loop1:                          //注意定义标号时有冒号
    sum=sum+i;
    i++;
    if(i<=100)
        goto loop1;                 //在 goto 语句中使用标号时不能加冒号
    printf("sum=%d\n", sum);
}
```

说明：

（1）goto 语句只能在同一个函数内实现跳转，但不能从一个函数跳转到另一个函数。

（2）goto 语句只能从循环嵌套的内层循环跳转到外层循环，不能从外层循环跳转到内层循环。

（3）goto 语句会破坏程序的结构化，使程序执行过程无规律，一般不宜采用。

4.5　多重循环

一个循环语句的循环体中又包含另一个完整的循环结构，这种结构称为循环语句的嵌套。3 种循环语句可以互相嵌套，并且可以嵌套多层。

【例 4.11】编写程序，输出九九乘法表。

算法如图 4.13 所示。

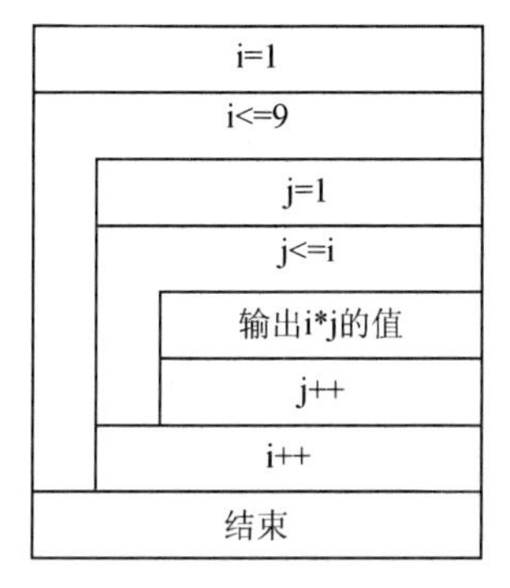

图 4.13　例 4.11 的 N-S 图

基于 N-S 图描述的算法，编写程序如下。

```
#include<stdio.h>
void main()
{   int i,j;
    for(i=1;i<=9;i++)                        //用 i 控制行的输出
    {   for(j=1;j<=i;j++)                    //用 j 控制列的输出
            printf("%d*%d=%-3d",i,j,i*j);    //输出第 i 行第 j 列内容
        printf("\n");                        //第 i 行输出结束，换行
    }
}
```

程序运行结果：

```
1*1=1
2*1=2   2*2=4
3*1=3   3*2=6    3*3=9
4*1=4   4*2=8    4*3=12   4*4=16
5*1=5   5*2=10   5*3=15   5*4=20   5*5=25
6*1=6   6*2=12   6*3=18   6*4=24   6*5=30   6*6=36
7*1=7   7*2=14   7*3=21   7*4=28   7*5=35   7*6=42   7*7=49
8*1=8   8*2=16   8*3=24   8*4=32   8*5=40   8*6=48   8*7=56   8*8=64
9*1=9   9*2=18   9*3=27   9*4=36   9*5=45   9*6=54   9*7=63   9*8=72   9*9=81
```

【例 4.12】编写程序，输出如下图形。

```
*
***
*****
*******
```

算法如图 4.14 所示。

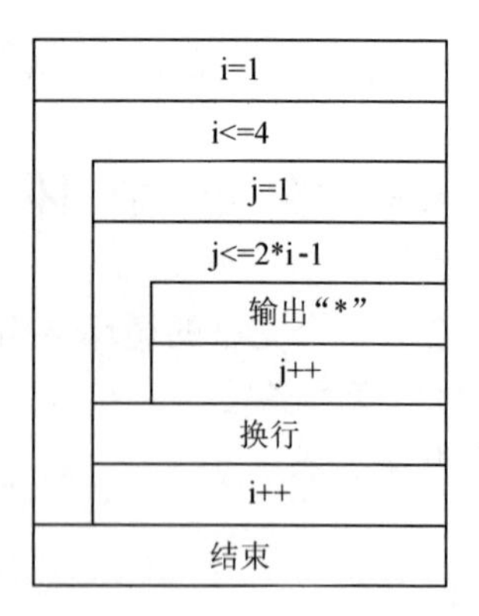

图 4.14　例 4.12 的 N-S 图

基于 N-S 图描述的算法，编写程序如下。

```
#include<stdio.h>
void main()
{   int i,j;
    for(i=1;i<=4;i++)               //i 控制输出行
    {   for(j=1;j<=2*i-1;j++)       //j 控制第 i 行输出的列数
            printf("*");
        printf("\n");
    }
}
```

4.6　循环结构程序设计举例

【例 4.13】编写程序，求 100～200 之间的全部素数并输出，要求每行输出 5 项。算法如图 4.15 所示。

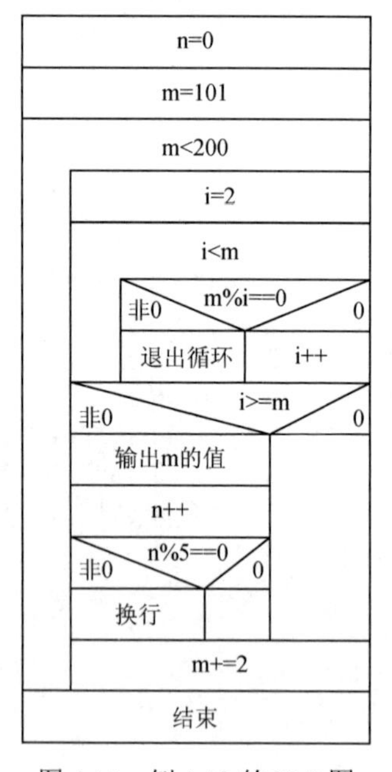

图 4.15　例 4.13 的 N-S 图

基于 N-S 图描述的算法，编写程序如下。

```
#include<stdio.h>
void main()
{   int m,i,n=0;
    for(m=101;m<200;m+=2)
    {   for(i=2;i<m;i++)
            if(m%i==0)   break;
        if(i>=m)
        {   printf("%4d",m);
            n++;
            if(n%5==0) printf("\n");
        }
    }
}
```

程序运行结果：

```
101  103  107  109  113
127  131  137  139  149
151  157  163  167  173
179  181  191  193  197
199
```

【例 4.14】编写程序，根据公式 e=1+1/1!+1/2!+1/3!+⋯+1/*n*!，计算 e 的值。要求最后一项小于 10^{-6}。

算法如图 4.16 所示。

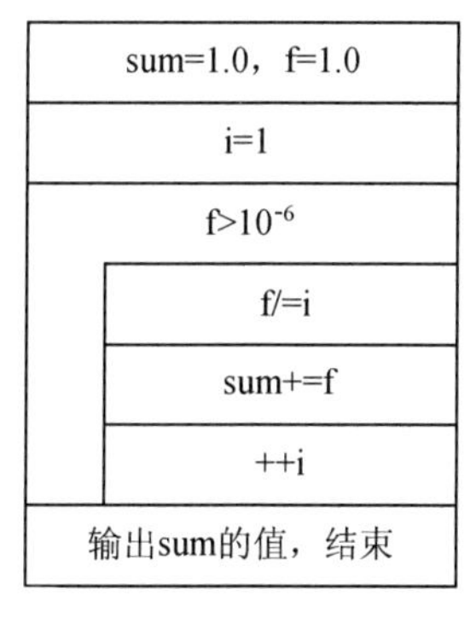

图 4.16　例 4.14 的 N-S 图

基于 N-S 图描述的算法，编写程序如下。

```
#include<stdio.h>
void main()
{   double sum=1.0, f=1.0;
    int i=1;
    while(f>1.0E-6)
    {   f/=i;
        sum+=f;
        ++i;
    }
    printf("%lf ", sum);
}
```

程序运行结果：

```
2.718282
```

【例 4.15】编写程序，输出如下图形。

```
      *
     ***
    *****
   *******
```

算法如图 4.17 所示。

基于 N-S 图描述的算法，编写程序如下。

```
#include<stdio.h>
void   main()
   {  int i,j;
      for(i=1;i<=4;i++)
         {  for(j=1;j<=20-i;j++)
               printf("   ");
            for(j=1;j<=2*i-1;j++)
               printf("*");
            printf("\n");
         }
   }
```

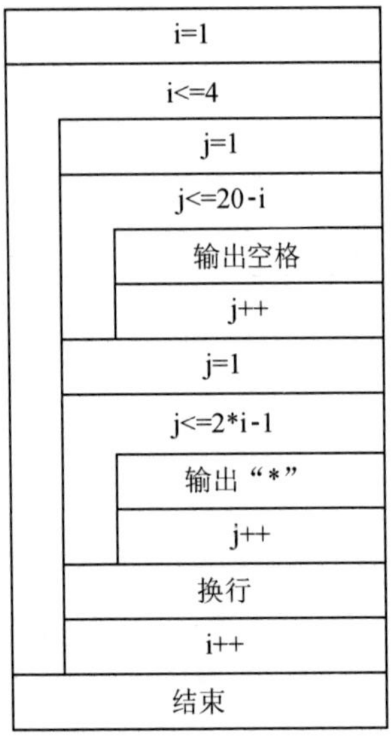

i=1
i<=4
j=1
j<=20-i
输出空格
j++
j=1
j<=2*i-1
输出“*”
j++
换行
i++
结束

图 4.17　例 4.15 的 N-S 图

习　题　4

一、单项选择题

1．语句“while(!G);”中，循环体能执行的条件“!G”等价于（　　）。

A．G == 0　　B．G! = 1　　C．G! = 0　　D．~G

2．设 n 为整型变量，则循环语句 for(n=10;n>0;n--)的循环次数最多是（　　）。

A．9　　B．11　　C．10　　D．12

3．设有程序段

```
int k='0';
while(k==0)   k=k-1;
```

则以下描述中正确的是（　　）。

A．while 循环体执行 10 次　　B．循环是无限循环

C．循环体语句一次也不执行　　D．循环体语句执行一次

二、阅读程序题（写出程序的运行结果）

1．

```
#include <stdio.h>
void main()
{   int m=21,n=14,temp;
    while(m!=0)
    {   temp=m%n;
        n=m/n;
        m=temp;
    }
    printf("%d",n);
}
```

2．

```
#include <stdio.h>
void main()
{   int i;
    for(i=1;i<=5;i++)
    {   if(i%2)
            printf("*");
        else
            continue;
    }
    printf("$\n");
}
```

三、完善程序题（根据下列程序的功能描述，在程序的空白横线处填入适当的内容，使程序完整、正确）

1．以下程序的功能是在两位数中统计所有能被 3 整除的数的个数。

```
#include <stdio.h>
void main()
{   int i,num=0;
    for(i=10;i<100;i++)
        if(__________)
        num++;
    printf("%d\n",num);
}
```

2．以下程序的功能是输出100以内个位数为6且能够被3整除的所有数。

```
#include <stdio.h>
void main()
{   int i,j;
    for(i=0;i<10;i++)
    {   j=i*10+6;
        if(j%3!=0)
            ______________;
        printf("%d",j);
    }
    printf("\n ");
}
```

四、程序改错题

（每小题只有一个错误，找出错误的行号并改正。每行语句前的序号只标注行号，非程序本身的内容）

求1+2+3+…+100的值。

```
（1）#include <stdio.h>
（2） void main()
（3） { int i=1,sum=0;
（4）    do
（5）       { sum+=i;i++;
（6）       }
         while(i>100);
（7）    printf("%d\n",sum);
（8） }
```

五、编程题

1．输出300～500之间的第一个能被9整除的数。

2．输出所有的“水仙花数”。“水仙花数”是指一个三位数，其各位数的立方和等于该数本身。例如，$153=1^3+5^3+3^3$，因此153是一个水仙花数。

3．求出1/1+1/2+1/3+1/4+1/5+…+1/99+1/100的值。

六、拓展练习题

任意输入一个大于2的整数，输出其内的所有质数及质数的个数。

第 5 章　数　　组

在程序设计中，经常需要处理大量相互关联的数据，例如每月的开支情况，每日的气温、降水量等。如果还使用基本数据类型来定义这些数据，则需要大量标识符来命名变量。另外各自独立的变量也无法体现数据之间的相互关联，采用数组可以有效地处理这种相互关联的同类型数据。

在 C 语言中，把按顺序排列的相同类型数据元素的集合称为数组。数组属于构造数据类型，一个数组可以分解为多个数组元素，这些数组元素可以是基本数据类型或构造数据类型。因此，按数组元素类型的不同，数组可以分为数值数组、字符数组、指针数组、结构体数组等各种类别。C 语言支持一维数组和多维数组。

5.1　一 维 数 组

一维数组是数组中最简单的，它可以看成是同一类型变量的一个线性排列，具有数组的最基本特性。

5.1.1　一维数组的定义

一维数组的定义

C 语言中使用数组时必须先定义。一维数组是指只有一个下标的数组，其定义的一般形式如下。

```
类型标识符 数组名[常量表达式];
```

其中，类型标识符是任意一种基本数据类型或构造数据类型，数组名是用户定义的数组标识符，方括号中的常量表达式表示数据元素的个数，也称为数组的长度。例如：

```
int a[5];           //数组 a，有 5 个元素，每个元素均为整型数据
float b[10];        //数组 b，有 10 个元素，每个元素均为实型
char ch[20];        //数组 ch，有 20 个元素，每个元素均为字符型
```

定义数组应注意以下几点。

（1）数组的类型是指数组元素的取值类型。对于同一个数组，其所有元素的数据类型都是相同的。

（2）数组名应遵循标识符的命名规则。

（3）方括号中常量表达式表示数组元素的个数。例如，a[5]表示数组 a 有 5 个元素，注意 C 语言的数组下标是从 0 开始的，5 个元素分别为 a[0]、a[1]、a[2]、a[3]、a[4]。数组的最大下标值=常量表达式值-1，因此不存在数组元素 a[5]。

（4）C 语言中不允许定义动态数组，即在方括号中不能用变量来表示元素的个数，但是可以用符号常量或常量表达式表示。例如：

```
#define M 5
int a[3+2], b[7+M];
```

是合法的，但是

```
int n=5;
int a[n];
```

是不合法的。

经过前面的数组定义（int a[5];），编译器会在内存中开辟一块连续的存储空间，用于存放 5 个整型的数组元素（在 Visual C++ 2010 环境下，这块存储空间的大小为 4×5=20 字节），如图 5.1 所示。可见，int a[5]相当于定义了 5 个整型变量，并且它们在内存中是连续存储的，这使得程序对大量相关数据的操作变得简捷、方便。

int a[5] （注：每个 int 类型数据占 4 个字节）

45	100	78	85	10
a[0]	a[1]	a[2]	a[3]	a[4]

图 5.1 内存中的 int 数组

5.1.2 一维数组元素的引用

一维数组元素的引用

数组一经定义后，数组元素即可被引用。数组元素引用可以使用下标法，也可以使用指针法。本节介绍下标法，指针法在第 8 章指针中进行详细介绍。

数组元素使用下标法引用的一般形式如下。

```
数组名[下标]
```

其中，下标可以为整型常量、整型变量或整型表达式。若下标为小数，C 语言编译时将自动取整。例如：

```
a[2]        //对数组 a 的第 2 个元素进行引用
a[i+3]      //i 是整型变量并已经赋值
```

都是合法的数组元素。

C 语言规定，只能逐个引用数组元素，而不能将数组作为一个整体引用。例如，定义数组 a[5]，a[0]、a[1]、a[2]、a[3]、a[4]对数组 a 元素的引用都是合法的，而单独使用数组名 a 是不合法的。

一维数组的定义和引用实例

注意： 数组下标不要溢出，如定义数组 a[5]，使用 a[5]、a[6]即为溢出。C 编译器不检查下标是否越界，但如果越界访问数组元素会导致程序结果无法预料，甚至出现严重错误。

输入/输出有多个元素的数组，一般使用循环语句逐个输入/输出数组元素。

【例 5.1】 编写程序，使用 for 语句为每个数组元素赋值，并将数组元素逆序输出。

```
#include<stdio.h>
int main()
{
    int i, a[10];
    for(i=0;i<=9;i++)
        a[i]=i;
    for(i=9;i>=0;i--)
        printf("%d ", a[i]);
```

```
        printf("\n");
    return 0;
    }
```

程序运行结果：

```
9 8 7 6 5 4 3 2 1 0
```

5.1.3　一维数组的初始化

数组初始化是指在数组定义时给数组元素赋初值。数组初始化是在编译阶段进行的，这样将减少运行时间，提高效率。数组初始化的一般形式如下。

```
类型标识符 数组名[常量表达式] = { 值,值,...,值 };
```

其中，花括号中的各数据值即为各元素的初值，各数值之间用逗号间隔。

一维数组的初始化

例如：

```
int a[10]={0,1,2,3,4,5,6,7,8,9};
```

相当于“a[0]=0; a[1]=1; …;a[9]=9;”。

C 语言对数组的初始化有以下几点规定。

（1）可以只给部分元素赋初值。当花括号中的值的个数少于元素个数时，只给前面部分元素赋值，其余元素自动赋 0 值（字符型为'\0'）。例如：

```
int a[10]={0,1,2,3,4};
```

表示只给 a[0]～a[4]5 个元素赋值，而 a[6]～a[9]5 个元素自动赋值 0。

（2）只能给元素逐个赋值，不能给数组整体赋值。例如，给 10 个元素全部赋值 1，只能写为“int a[10]={1,1,1,1,1,1,1,1,1,1};”，而不能写为“int a[10]=1;”。

（3）若给全部元素赋值，由于数据的个数已经确定，故在数组定义时，可以省略数组元素的个数。例如，“int a[5]={1,2,3,4,5};”可写为“int a[]={1,2,3,4,5};”。

【例 5.2】一维数组初始化程序举例。

```
#include<stdio.h>
int main()
{
    int i, a[5]={1,2,3,4,5};            //数组全部元素赋初值
    int b[5]={1,1};                     //数组部分元素赋初值，其余元素值为 0
    char c[]={'A','B','C','D','E'};     //数组全部元素赋初值，省略数组长度
    for(i=0;i<=4;i++)
        printf("%d    %d      %c\n", a[i], b[i], c[i]);
    return 0;
}
```

程序运行结果：

```
1    1    A
2    1    B
3    0    C
4    0    D
5    0    E
```

5.1.4　一维数组程序应用举例

【例 5.3】用一维数组求斐波那契（Fibonacci）数列的前 20 项。

程序分析：斐波那契数列指的是数列 1、1、2、3、5、8……即第 1 项是 1，第 2 项是 1，从第 3 项开始，每一项都等于前两项之和，其可以用下列表达式表示。

```
f[i]=f[i-1]+f[i-2];
```

根据上述分析，编写程序如下。

```
#include<stdio.h>
int main()
{
    int f[20]={1,1};                //定义数组 f，同时赋值 f[0]=1，f[1]=1
    int i;
    for(i=2;i<20;i++)
        f[i]=f[i-1]+f[i-2];         //从斐波那契数列第 3 项开始，每一项都是前两项的和
    for(i=0;i<20;i++)
    {
        printf("%-8d", f[i]);
        if((i+1)%5==0)              //输出 5 个数后换行
          printf("\n");
    }
    return 0;
}
```

程序运行结果：

```
1       1       2       3       5
8       13      21      34      55
89      144     233     377     610
987     1597    2584    4181    6765
```

【例 5.4】编写程序，输入 10 个整数，求其最大值。

程序分析：定义一个数组 a[10]，将 10 个数存放在数组中。定义一个存放最大值的变量 max，将数组元素 a[0]的值赋给 max，然后使用 for 循环语句，将 a[1]～a[9]逐个与 max 比较，如果 max<a[i]，则执行 max=a[i]，循环结束时最大的数保存在 max 中。

N-S 图如图 5.2 所示。

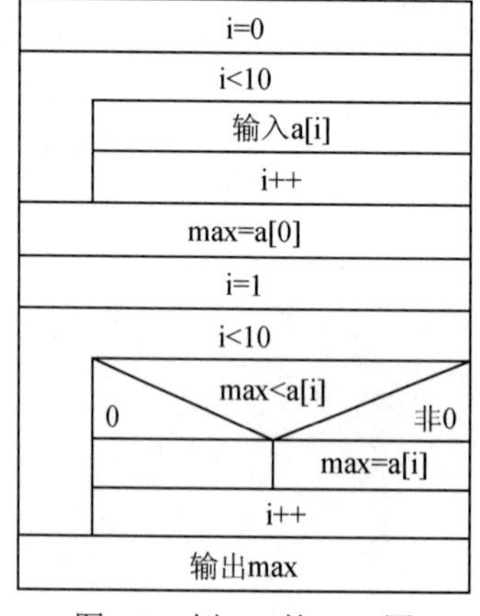

图 5.2　例 5.4 的 N-S 图

基于 N-S 图描述的算法，编写程序如下。

```
#include<stdio.h>
int main()
{
    int i, a[10], max;
    for(i=0;i<10;i++)
      scanf("%d", &a[i]);
    max=a[0];
    for(i=1;i<10;i++)
      if(max<a[i])              //如果 max<a[i]，则执行 max=a[i]，这是求最大值的方法
            max=a[i];
    printf("max is %d\n", max);
    return 0;
}
```

程序运行时输入：

```
45 90 76 60 35 81 77 68 99 30
```

程序运行结果：

```
max is 99
```

【例 5.5】编写程序，输入 10 个学生的成绩，求最高分、最低分和平均分。

程序分析：定义一个数组 a[10]，将 10 个数存放在数组中，为变量 max、min、sum 赋初值。然后使用 for 循环语句，输入 10 个数，分别与 max、min 进行比较，并进行累加求和。如果 max<a[i]，则执行 max=a[i]，循环结束时最大的数保存在 max 中；如果 min>a[i]，则执行 min=a[i]，循环结束时最小的数保存在 min 中。累加和保存在 sum 中，总和除以人数，得出平均分。

根据上述分析，编写程序如下。

```
#include<stdio.h>
int main()
{
    int i, max=0, min=100, sum=0, a[10];
    float avg;
    for(i=0;i<10;i++)
    {   scanf("%d",&a[i]);
        sum=sum+a[i];                 //求累加和
        if(max<a[i])                  //求最大值
          max=a[i];
        if(min>a[i])                  //求最小值
          min=a[i];
    }
    avg=sum/10.0;                     //求平均分
    printf("max=%-5d", max);
    printf("min=%-5d", min);
    printf("avg=%-7.1f", avg);
    return 0;
}
```

程序运行时输入：

```
45 90 76 60 35 81 77 68 99 30
```

程序运行结果：

```
max=99    min=30    avg=66.1
```

【例 5.6】 输入 10 个整数，用冒泡排序法对 10 个数进行升序排列。

程序分析： 冒泡排序法是排序算法中广为人知，也是较简单的一种算法。从数组的一端开始，依次对相邻两个元素进行比较，当发现它们不符合顺序时就进行一次交换，每次完成一轮的比较，就可以找到数组中最大或最小的数据，这个数据就会从另一端冒出来。然后在剩余的数据中再两两比较确定次大者，以此类推直至完成全部数据的排序。

例如，5 个数据升序排序，将 5 个数存放在数组元素 a[0] ~ a[4]中。将相邻的两个元素进行比较，即 a[0]与 a[1]、a[1]与 a[2]……a[3]与 a[4]，若前一个数比后一个数大，则将这两个数互换。比较一轮就可以找到最大数，存放在 a[4]中。然后进行第二轮比较，找到第二大的数，存放在 a[3]中。以此类推，比较 4 轮，完成 5 个数的排序，排序过程如图 5.3 所示。

根据上述分析可以推知，5 个数需要比较 4 轮，第 1 轮需要进行 4 次两两比较，第 2 轮比较 3 次，以此类推，第 4 轮中只需比较 1 次。如果 n 个数排序，则需要比较 $n-1$ 轮，第 1 轮要进行 $n-1$ 次，第 j 轮需要进行 $n-j$ 次两两比较。

具体算法如图 5.4 所示。

	原顺序	第1轮	第2轮	第3轮	第4轮
a[0]	7	6	4	4	2
a[1]	6	4	6	2	④
a[2]	4	7	2	⑥	⑥
a[3]	8	2	⑦	⑦	⑦
a[4]	2	⑧	⑧	⑧	⑧

图 5.3　5 个数的冒泡排序过程

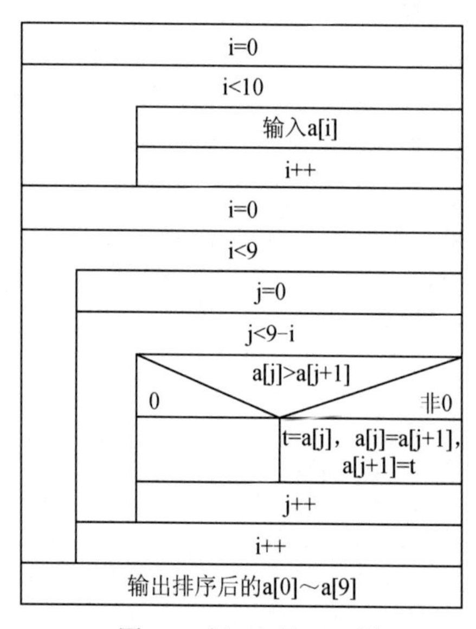

图 5.4　例 5.6 的 N-S 图

基于 N-S 图描述的算法，编写程序如下。

```
#include<stdio.h>
int main()
{
    int i, j, t, a[10];
    for(i=0;i<10;i++)
      scanf("%d", &a[i]);
    for(i=0;i<9;i++)                    //外层循环控制比较轮次
```

```
        for(j=0;j<9-i;j++)              //内层循环控制每一轮两两比较次数
            if(a[j]>a[j+1])             //相邻两个数进行比较，条件成立，两个数互换
            { t=a[j];
              a[j]=a[j+1];
              a[j+1]=t;}
    for(i=0;i<10;i++)
        printf("%5d", a[i]);
    return 0;
}
```

程序运行时输入：

```
45 90 76 60 35 81 77 68 99 30
```

程序运行结果：

```
30 35 45 60 68 76 77 81 90 99
```

【例 5.7】输入 10 个整数，用选择排序法对 10 个数进行升序排列。

程序分析：选择排序法也是一种简单直观的排序方法，首先在未排序的数列中找到最小（或最大）的数据，将其存放到数列的起始位置；然后从剩余的未排序元素中继续查找最小（或最大）的数据，将其放到已排序序列的末尾，以此类推，直到所有数据均排序完毕。

以上例中的 5 个数据为例，选择排序的过程如图 5.5 所示，第 1 轮在 a[0]～a[4]这 5 个数组元素中依次比较找出最小值，第 1 轮比较结束后，将最小值置换到 a[0]中；然后在剩余 4 个数中进行第 2 轮比较，找到第二小的数，与 a[1]置换，以此类推，经过 4 轮查找和置换，完成升序排序。

10 个数选择排序的算法如图 5.6 所示。

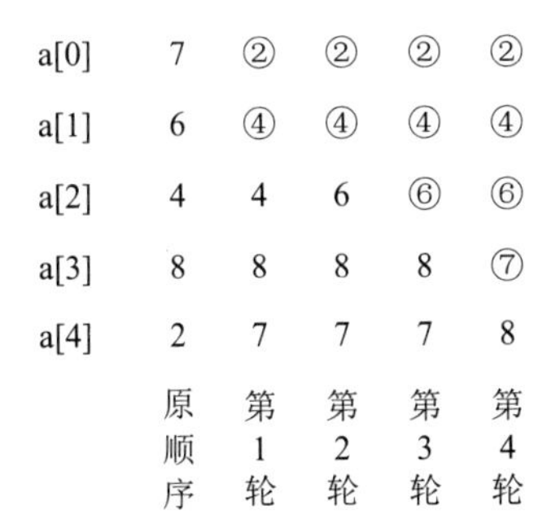

图 5.5　5 个数的选择排序过程

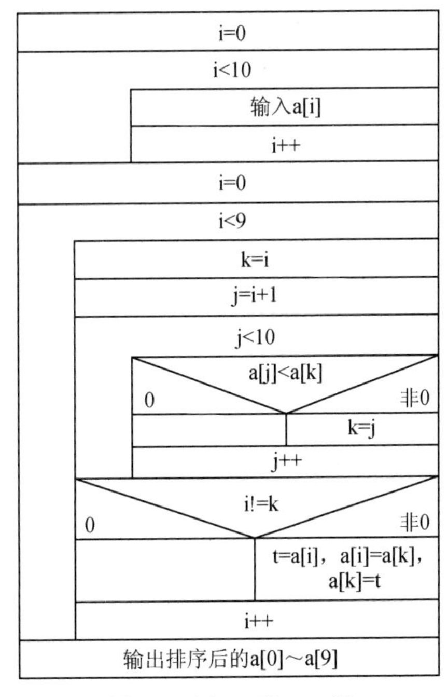

图 5.6　例 5.7 的 N-S 图

基于 N-S 图描述的算法，编写程序如下。

```
#include<stdio.h>
int main()
```

```
{
    int i, j, k, t, a[10];
    for(i=0;i<10;i++)
      scanf("%d", &a[i]);
    for(i=0;i<9;i++)                    //外层循环控制比较轮次
    {   k=i;
        for(j=i+1;j<10;j++)             //内循环控制每轮比较次数
        {   if(a[j]<a[k])
              k=j;}
        if(i!=k) {
            t=a[i];
            a[i]=a[k];
            a[k]=t;}
    }
    for(i=0;i<10;i++)
      printf("%5d", a[i]);
    return 0;
}
```

程序运行时输入：

```
45 90 76 60 35 81 77 68 99 30
```

程序运行结果：

```
30 35 45 60 68 76 77 81 90 99
```

注意：选择排序法比较次数与冒泡排序法比较次数一样，选择排序法数据交换的次数比冒泡排序法少。

5.2 二 维 数 组

一维数组只有一个下标，其数组元素称为单下标变量。但是很多实际问题涉及二维的或多维的数据，为解决此类问题，C 语言允许构造多维数组。多维数组元素有多个下标，以标识其在数组中的位置，所以也称为多下标变量。本节只介绍二维数组，多维数组可由二维数组类推而得到。

5.2.1 二维数组的定义

二维数组定义的一般形式如下。

```
类型标识符 数组名[常量表达式 1][常量表达式 2];
```

二维数组的定义

其中，常量表达式 1 表示第 1 维下标的长度，常量表达式 2 表示第 2 维下标的长度。例如：

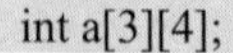

```
int a[3][4];
```

上例定义了一个 3 行 4 列的数组，数组名为 a，其数组元素的类型为整型。该数组元素共有 3×4 个，即

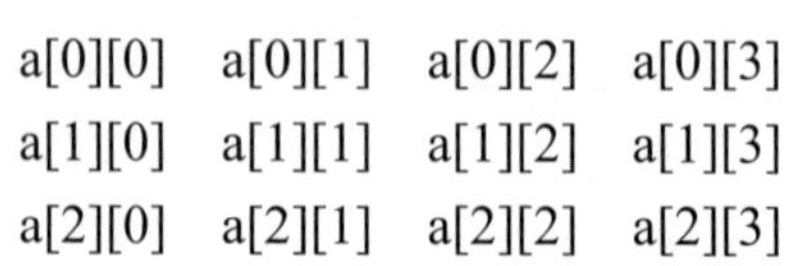

a[0][0]　a[0][1]　a[0][2]　a[0][3]
a[1][0]　a[1][1]　a[1][2]　a[1][3]
a[2][0]　a[2][1]　a[2][2]　a[2][3]

二维数组在概念上是二维的，即其下标在两个方向上变化，下标变量在数组中的位置也处于一个平面之中，而不像一维数组只是一个向量。但是，实际上存储器是连续编址的，即存储单元是按一维线性排列的。在一维存储器中存放二维数组有两种方式：一种是按行排列，即放完一行之后顺次放入第 2 行；另一种是按列排列，即放完一列之后再顺次放入第 2 列。

在 C 语言中，二维数组是按行排列的。对于上面的二维数组 a，先存放 a[0]行，再存放 a[1]行，最后存放 a[2]行。每行中的 4 个元素也是依次存放的。由于数组 a 定义为整型，该类型占 4 字节的内存空间，因此每个元素占有 4 字节。其在内存中的存储顺序如图 5.7 所示。

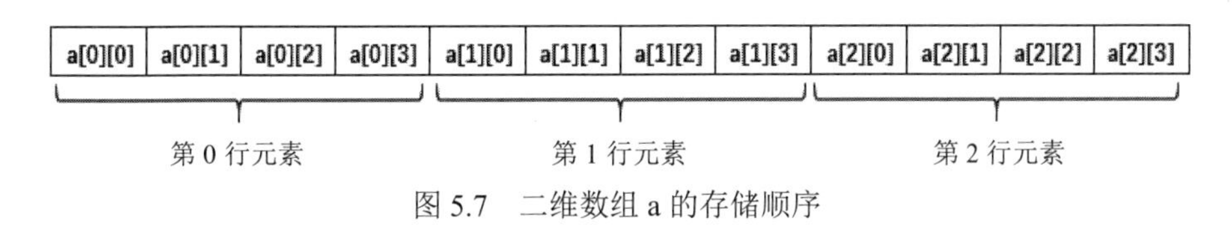

图 5.7　二维数组 a 的存储顺序

5.2.2　二维数组元素的引用

二维数组的元素也称为双下标变量，其表示的形式如下。

```
数组名[下标][下标]
```

其中，下标应为整型常量、整型变量或整型表达式。例如，a[3][4]表示数组 a 序号为 3 的行中序号为 4 的元素。

二维数组元素的引用可以出现在表达式中，也可以被赋值，例如：

```
int a[3][5];        //定义二维数组 a
a[0][0]=5;
a[1][2]=a[0][0]*2
```

二维数组元素的引用和初始化

另外，引用二维数组元素时也要注意下标溢出问题。按照上面定义的数组 a，其行下标的取值范围为 0~2，列下标的取值范围为 0~4，而数组元素 a[3][5]是不存在的。

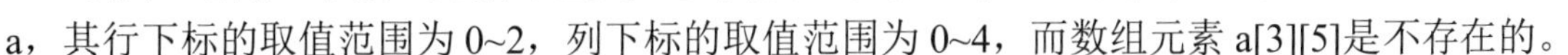

5.2.3　二维数组的初始化

二维数组的初始化是指在数组定义时给各数组元素赋初值。二维数组可分行赋值，也可按顺序赋值。

例如，对数组 a[2][3]，分行赋值可写为如下形式。

```
int a[2][3]={ {80,75,92},{61,65,71} };
```

按顺序赋值是指按照数组在内存中的存储顺序赋值，可写为如下形式。

```
int a[2][3]={ 80,75,92,61,65,71 };
```

二维数组定义和初始化实例

这两种赋初值形式的结果是完全相同的。

说明：

（1）可以只对部分元素赋初值，未赋初值的元素，数值数组自动取值 0，字符数组自动取值'\0'。例如：

```
int a[3][3]={{1},{2},{3}};
```

上例是对每一行的第 1 列元素赋值，未赋值的元素取值 0。赋值后各元素的值如下。

1 0 0
2 0 0
3 0 0

```
int a[3][3]={{0,1},{0,0,2},{3}};
```

赋值后的元素值如下。

0 1 0
0 0 2
3 0 0

（2）若对全部元素赋初值，则第 1 维的长度可以省略不写。例如：

```
int a[3][3]={1,2,3,4,5,6,7,8,9};
```

可以写为

```
int a[][3]={1,2,3,4,5,6,7,8,9};
```

（3）数组是一种构造类型数据，二维数组可以看作由一维数组嵌套而成。设一维数组的每个元素又是一个数组，这样就组成了二维数组（前提是各元素类型必须相同）。因此，一个二维数组也可以分解为多个一维数组。

例如，二维数组 a[3][4]可分解为 3 个一维数组，其数组名分别为 a[0]、a[1]、a[2]，对这 3 个一维数组不需另作说明即可使用。这 3 个一维数组都有 4 个元素，如一维数组 a[0]的元素为 a[0][0]、a[0][1]、a[0][2]、a[0][3]。

注意：a[0]、a[1]、a[2]不能当作下标变量使用，因为 a[0]、a[1]、a[2]是数组名，不是一个下标变量。

5.2.4 二维数组程序应用举例

【例 5.8】编写程序，要求从键盘上输入二维数组的值，并以矩阵的形式输出二维数组。

程序分析：二维数组有两个下标，需要用到两层循环，即循环嵌套。一层循环用来控制行数，另一层循环用来控制列数。

根据上述分析，编写程序如下。

```
#include<stdio.h>
int main()
{
    int i, j, a[3][4];                    //定义 3 行 4 列数组
    for(i=0;i<3;i++)                      //控制数组行数
      for(j=0;j<4;j++)                    //控制数组列数
        scanf("%d", &a[i][j]);            //输入数组元素值
    for(i=0;i<3;i++)
      {   for(j=0;j<4;j++)
              printf("%5d", a[i][j]);     //输出数组元素值
          printf("\n"); }                 //每行输出结束后换行
    return 0;
}
```

程序运行时输入：

```
45 90 76 60 35 81 77 68 99 30 56 85
```

程序运行结果：

```
45    90    76    60
35    81    77    68
99    30    56    85
```

【例 5.9】将一个二维数组的行和列互换，存放到另一个二维数组中。

程序分析：数组行和列互换也称为矩阵转置，即原来数组的行变为列，列变为行。

根据上述分析，编写程序如下。

```
#include<stdio.h>
int main()
{
    int i, j, a[2][3], b[3][2];
    for(i=0;i<2;i++)
      for(j=0;j<3;j++)
          scanf("%d", &a[i][j]);            //原数组 a 输入
    printf("原数组：\n");
    for(i=0;i<2;i++)
    {   for(j=0;j<3;j++)
            printf("%5d", a[i][j]);         //原数组 a 输出
        printf("\n");}
    for(i=0;i<2;i++)
        for(j=0;j<3;j++)
            b[j][i]=a[i][j];                //数组 a 转置运算
    printf("转置数组：\n");
    for(i=0;i<3;i++)
    {   for(j=0;j<2;j++)
            printf("%5d", b[i][j]);         //显示转置数组 b
        printf("\n");}
    return 0;
}
```

程序运行时输入：

```
45 90 76 60 35 81
```

程序运行结果：

```
原数组：
45    90    76
60    35    81
转置数组：
45    60
90    35
76    81
```

【例 5.10】编写程序，求 a[M][N]矩阵中元素的最大值及其所在的行号和列号。

程序分析：此题是求二维数组的最大值，例 5.4 是求一维数组的最大值，这两个题目非常相似。定义一个存放最大值的变量 max，将数组元素 a[0][0]的值赋给 max，然后使用 for 循环语句，将 a[0][0]～a[M-1][N-1]的元素逐个与 max 比较。如果 max<a[i][j]，则执行 max=a[i][j]，

同时把a[i][j]元素的位置坐标i和j保存到相应的变量row和col中，循环结束后的max、row和col即为所求。

根据上述分析，编写程序如下。

```
#include<stdio.h>
#define M 3                          //定义符号常量M=3
#define N 4
int main()
{
    int i, j, max=0, row=0, col=0, a[M][N];
    for(i=0;i<M;i++)
        for(j=0;j<N;j++)
        {   scanf("%d", &a[i][j]);
            if(max<a[i][j])
            {   max=a[i][j];
                row=i;
                col=j;
            }
        }
    printf("max=%-5d,row=%-5d,col=%-5d\n", max ,row, col);
    return 0;
}
```

程序运行时输入：

```
45 90 76 60 35 81 77 68 99 30 56 85
```

程序运行结果：

```
max=99, row=2, col=0
```

【例 5.11】编写程序，输入5个学生的学号和3门课的成绩，求每个学生的平均成绩。要求输出每个学生的学号和所有成绩。

程序分析：该程序需要建立一个5行5列的数组a[5][5]，每行存放一个学生的数据，数组的a[i][0]存放学号，a[i][1]、a[i][2]、a[i][3]存放3门课成绩，a[i][4]存放平均成绩。

根据上述分析，编写程序如下。

```
#include<stdio.h>
int main()
{
    int i,j;
    float a[5][5];
    for(i=0;i<5;i++)
        for(j=0;j<4;j++)
            scanf("%f", &a[i][j]);          //输入每个学生数据
    for(i=0;i<5;i++)
    {   a[i][4]=0;                          //把每个人的平均值置初值0
        for(j=1;j<4;j++)
            a[i][4]+=a[i][j];               //计算每个学生3门课总分
        a[i][4]=a[i][4]/3;}                 //计算每个学生3门课平均分
```

```
    for(i=0;i<5;i++)
    {   for(j=0;j<5;j++)
            printf("%7.2f", a[i][j]);
        printf("\n");
    }
    return 0;
}
```

程序运行时输入：

```
1 78 65 90
2 72 80 66
3 60 76 62
4 88 91 83
5 74 61 67
```

程序运行结果：

```
1.00   78.00    65.00    90.00    77.67
2.00   72.00    80.00    66.00    72.67
3.00   60.00    76.00    62.00    66.00
4.00   88.00    91.00    83.00    87.33
5.00   74.00    61.00    67.00    67.33
```

5.3　字符数组

字符型是应用最广泛的数据类型之一，尤其是以字符串的形式使用。C 语言库中提供了众多的函数来实现对字符串的操作，这些操作包括读写字符串、复制字符串、比较字符串、组合字符串等。

但是 C 语言中没有字符串类型，对于字符串的处理都是通过字符数组来完成的。因此本小节专门对字符数组和字符串加以讨论，希望读者熟练掌握本节内容。

5.3.1　字符数组的定义

字符数组是用于存放字符数据的数组，字符数组中的一个元素存放一个字符。字符数组定义的形式与数值数组相同，具体如下。

```
char 数组名[数据长度];
```

字符数组

例如：

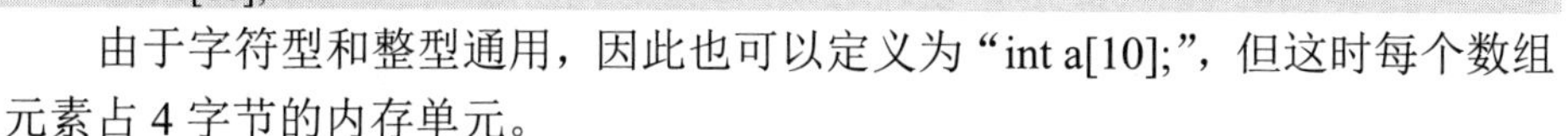

```
char c[10];
```

由于字符型和整型通用，因此也可以定义为“int a[10];”，但这时每个数组元素占 4 字节的内存单元。

字符数组也可以是二维或多维数组，如“char c[5][10];”即为二维字符数组。

5.3.2　字符数组元素的引用

同基本数据类型构成的数组一样，编程者可以通过数组名加下标的形式引用字符数组中的一个元素，得到一个字符。字符数组元素引用的一般形式如下。

```
数组名[下标]
```

5.3.3 字符数组的初始化

字符数组的初始化与数值数组初始化没有本质区别，可以将字符依次赋值给数组中各元素，例如：

```
char a[8]={'i','l','o','v','e','y','o','u'};
```

与数值数组一样，字符数组也可以进行完全赋初值及不完全赋初值，但是不完全赋初值时没有给定初值的元素将自动赋初值为空字符，即'\0'。

当对全体元素赋初值时也可以省去数组长度。例如：

```
char c[]={'C',' ','p','r','o','g','r','a','m'};
```

此时，系统会自动根据初值个数确定数组 c 的长度为 9。赋值后数组的存储状态如图 5.8 所示。

c[0]	c[1]	c[2]	c[3]	c[4]	c[5]	c[6]	c[7]	c[8]
C		p	r	o	g	r	a	m

图 5.8 字符数组 c 初始化后的存储状态

【例 5.12】编写程序，输出已知的字符数据。

程序分析：首先定义一个字符数组，并对其初始化，然后用循环逐个输出字符数组中的元素。

根据上述分析，编写程序如下。

```
#include<stdio.h>
int main()
{
    char c[]={'C',' ','p','r','o','g','r','a','m'};
    int i;
    for(i=0;i<9;i++)
        printf("%c", c[i]);
        printf("\n");
    return 0;
}
```

程序运行结果：

```
C program
```

5.3.4 字符串与字符数组

字符串常量是用双引号括起来的若干有效字符的序列。在 C 语言系统中，字符串是通过字符数组来实现的。C 编译器在存储字符串时，在字符串的有效字符末尾自动添加一个字符串结束标志'\0'，因此可以说字符串本质上是以空字符'\0'结尾的字符数组。

综上，字符数组的初始化也可以采用字符串常量赋值的方法。例如，上面字符数组 c 的初始化也可以写成：

字符串

```
char c[]={"C program"};
```

或去掉花括号写为

```
char c[]="C program";
```

此时数组 c 的长度会自动设置为 10。原因是用字符串常量赋值比用字符逐个赋值要多占用 1 字节，用于存放字符串的结束标志'\0'。数组 c 在内存中的实际存放状态如图 5.9 所示。用字符串给字符数组初始化时也可以指定数组的元素个数，但要注意，应保证字符数组的元素个数大于字符串的有效字符个数。

c[0]	c[1]	c[2]	c[3]	c[4]	c[5]	c[6]	c[7]	c[8]	c[9]
C		P	r	o	g	r	a	m	\0

图 5.9　字符数组 c 的存储状态

请注意字符数组和字符串两个术语的定义和区别，字符串都是以字符数组的形式存储的，但并不是所有的字符数组都可以作为字符串来使用。

5.3.5　字符数组的输入/输出

字符数组的输入/输出

字符数组除了可以逐个输入/输出数组元素外，还可以直接输入/输出字符串。直接输入/输出字符串是字符数组特有的特征，但需要保证字符数组元素中含有字符串的结束标志。

（1）使用 getchar()函数和 putchar()函数输入/输出字符。

【例 5.13】按字符逐个输入/输出字符数组。

```
#include<stdio.h>
int main()
{
    int i;
    char ch[5];
    for(i=0;i<=4;i++)
        ch[i]=getchar();
    for(i=0;i<=4;i++)
        putchar(ch[i]);
    return 0;
}
```

程序运行时输入：

```
ABCDE↙
```

程序运行结果：

```
ABCDE
```

（2）使用 scanf()函数和 printf()函数中的格式符“%c”输入/输出字符。

【例 5.14】按字符逐个输入/输出字符数组。

```
#include<stdio.h>
int main()
{
    int i;
    char ch[5];
    for(i=0;i<=4;i++)
```

```
        scanf("%c", &ch[i]);
    for(i=0;i<=4;i++)
        printf("%c", ch[i]);
    return 0;
}
```

程序运行时输入：

```
ABC D↙
```

程序运行结果：

```
ABC D
```

（3）使用 scanf()函数和 printf()函数中的格式符“%s”，整体输入/输出字符串。

【例 5.15】以字符串形式整体输入/输出字符数组。

```
#include<stdio.h>
int main()
{
    char ch[15];
    scanf("%s", ch);
    printf("%s", ch);
    return 0;
}
```

程序运行时输入：

```
How are you!
```

程序运行结果：

```
How
```

说明：

1）当用 scanf()函数输入字符串时，字符串中不能含有空格。这是由于 scanf 函数输入字符串时是以空格或回车符作为字符串之间的分隔符，因此若字符串中有空格，程序只会将空格前的字符送到字符数组中，所以本程序的运行结果只输出字符串“How”。

为了解决 scanf()函数不能完整输入含有空格符的字符串的问题，C 语言提供了一个专门用于读取字符串的函数 gets()，在下一小节中介绍。

2）scanf()函数中的输入项如果是字符数组名，不要再加地址符&，因为在 C 语言中数组名代表该数组的起始地址。

3）使用格式符“%s”输入/输出字符时，输入/输出对象名均为数组名，而不是数组元素。

5.3.6 常用的字符串处理函数

C 语言提供了丰富的字符串处理函数，大致可分为字符串的输入、输出、合并、修改、比较、转换、复制、搜索等，使用这些函数可大大减轻编程的负担。在使用输入/输出的字符串函数前，应引入头文件 stdio.h，使用其他字符串函数则应引入头文件 string.h。

（1）字符串输出函数 puts()。格式如下：

```
puts(字符数组名)
```

功能：输出字符数组中的字符串，即在显示器上输出该字符串，并将'\0'转换成'\n'，即输出字符串后换行。

【例 5.16】puts()函数的应用。

```
#include<stdio.h>
int main()
{
    char c[]="BASIC\ndBASE";
    puts(c);
    return 0;
}
```

程序运行结果：

```
BASIC
dBASE
```

从程序中可以看出 puts()函数可以使用转义字符，因此输出结果为两行。puts()函数完全可以被 printf()函数取代。当结果需要按一定格式输出时，通常使用 printf()函数。

（2）字符串输入函数 gets()。格式如下：

```
gets(字符数组名)
```

功能：从键盘上输入一个字符串到字符数组，按 Enter 键结束输入，并将其转换为'\0'存入字符串尾部。

【例 5.17】gets()函数的应用。

```
#include<stdio.h>
int main()
{
    char ch[15];
    gets(ch);          //从键盘上输入一个字符串，按 Enter 键结束输入
    puts(ch);          //输出字符数组 ch 中的字符，遇'\0'结束输出
    return 0;
}
```

程序运行时输入：

```
How are you!
```

程序运行结果：

```
How are you!
```

从程序中可以看出，当输入的字符串中含有空格时，输出仍为全部字符串。这说明 gets()函数并不以空格作为字符串输入结束的标志，而只以按 Enter 键结束输入，与 scanf()函数不同。

（3）字符串连接函数 strcat()。格式如下：

```
strcat(字符数组 1,字符数组 2 或字符串常量)
```

功能：把字符数组 2 或字符串常量中的字符串连接到字符数组 1 中字符串的后面，并删除字符数组 1 中字符串后的结束标志'\0'。该函数返回值是字符数组 1 的首地址。

【例 5.18】strcat()函数的应用。

```
#include<stdio.h>
#include<string.h>
int main()
{
    char st1[30]="My name is ";
    char st2[10];
```

```
    gets(st2);
    strcat(st1, st2);
    puts(st1);
    puts(st2);
    return 0;
}
```

程序运行时输入：

```
Mary
```

程序运行结果：

```
My name is Mary
Mary
```

本程序用于连接初始化赋值的字符数组与动态赋值的字符串。

注意：字符数组 1 应定义足够的长度，否则不能全部装入被连接的字符串。连接后字符数组 2 的内容不改变。“strcat(st1,st2);”语句执行前后，字符数组的存储状态如图 5.10 所示。

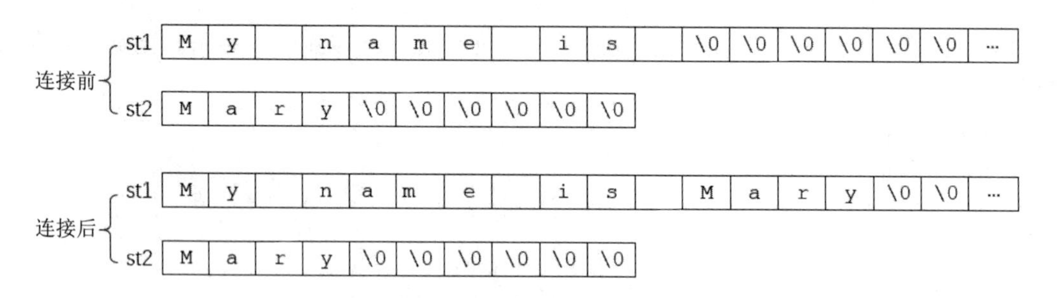

图 5.10　连接前后字符数组的存储状态

（4）字符串复制函数 strcpy()。格式如下：

```
strcpy(字符数组 1,字符数组 2 或字符串常量)
```

功能：把字符数组 2 或字符串常量中的字符串复制到字符数组 1 中，字符串结束标志'\0'也一同复制。字符数组 1 中原来的内容被覆盖，字符数组 2 内容不变，相当于把一个字符串赋值给一个字符数组。

【例 5.19】strcpy()函数的应用。

```
#include<string.h>
#include<stdio.h>
int main()
{
    char st1[15]="C Language";
    puts(st1);
    strcpy(st1, "Python");
    puts(st1);
    return 0;
}
```

程序运行结果：

```
C Language
Python
```

执行“strcpy(st1, "Python");”语句前后，st1 数组中的内容如图 5.11 所示。复制后 st1 数组中有两个结束标志'\0'，执行字符串输出语句时，则会输出“Python”（第一个结束标志'\0'之前的内容），后面的内容不输出。

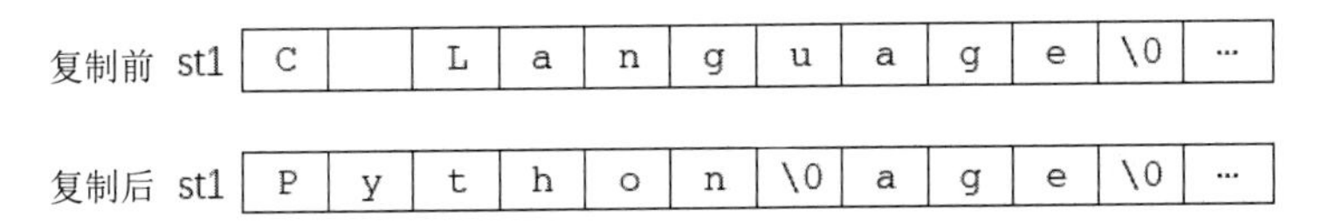

图 5.11　复制前后字符数组的存储状态

strcpy()函数要求字符数组 1 有足够的长度，否则不能全部装入所复制的字符串。字符数组只能通过该函数赋值，以下语句均是错误的。

```
st1 = "Python";
st1 = st2;
```

（5）字符串比较函数 strcmp()。格式如下：

```
strcmp(字符数组 1,字符数组 2)
```

功能：按照从左向右的顺序依次比较两个数组中对应字符的 ASCII 码值，直到出现第一个不同字符或遇到'\0'结束，并由函数返回值返回比较结果。字符串比较函数有以下 3 种返回值。

1）当字符串 1=字符串 2 时，返回值为 0。

2）当字符串 1>字符串 2 时，返回值为 1。

3）当字符串 1<字符串 2 时，返回值为-1。

【例 5.20】strcmp()函数的应用。

```
#include<string.h>
#include<stdio.h>
int main()
{
    int k;
    char st1[10]="American", st2[]="China";
    k=strcmp(st1, st2);
    if(k==0) printf("st1=st2\n");
    if(k>0) printf("st1>st2\n");
    if(k<0) printf("st1<st2\n");
    return 0;
}
```

程序运行结果：

```
st1<st2
```

本程序中把数组 st1、数组 st2 的对应字符进行比较，比较结果返回到 k 中，根据 k 值再输出结果。

C 语言中只能用字符串比较函数比较字符数组元素的大小，不能使用关系运算符进行比较，如 if(st1>st2)是错误的。strcmp()函数也可用于比较两个字符串常量，或者比较字符数组和字符串常量。

（6）测字符串长度函数 strlen()。格式如下：

```
strlen(字符数组或字符串常量)
```

功能：测字符串的实际长度（不含字符串结束标志'\0'），并作为函数返回值返回。

【例 5.21】strlen()函数的应用。

```
#include<stdio.h>
#include<string.h>
int main()
{
    int len1, len2;
    char ch[20]="Hello\0student!";
    len1=strlen(ch);
    len2=sizeof(ch);
    printf("%d    %d\n", len1, len2);
    return 0;
}
```

程序运行结果：

```
5    20
```

计算长度时，只需计算结束标志'\0'之前的字符个数，不计算结束标志'\0'之后的字符。同时注意该函数与sizeof运算符的区别。

习　题　5

一、单项选择题

1．以下数组的定义中，错误的是（　　）。

A．int a[10]={'L','I','A','O','N','I','N','G'};

B．char b[10]={65,98,67,56,108,66};

C．char s[100]="TURBO　C　LANGUAGE";

D．int n=5,d[n];

2．若有如下定义，则以下叙述中正确的是（　　）。

```
char x[]= "abcdefg";
char y[]={'a','b','c','d','e','f','g'};
```

A．数组 x 和数组 y 等价　　B．数组 x 和数组 y 的长度相同

C．数组 y 的长度大于数组 x 的长度　　D．数组 x 的长度大于数组 y 的长度

3．已定义“int a[10];”，以下对 a 数组元素的引用正确的是（　　）。

A．a[10]　　B．a(6)　　C．a{6}　　D．a[10−10]

4．执行“char str[10]="China\0";”后，strlen(str)的结果是（　　）。

A．5　　B．6　　C．10　　D．9

5．若有定义“int a[3][4];”，则对 a 数组元素的非法引用是（　　）。

A．a[0][2*1]　　B．a[1][3]　　C．a[4-2][0]　　D．a[0][4]

6．在执行“int a[][3]={1,2,3,4,5,6};”语句后，a[1][0]的值为（　　）。

A．4　　B．1　　C．2　　D．5

二、阅读程序题（写出程序的运行结果，第 2 题的运行时输入数据为 142）

1．

```
#include <math.h>
#include <stdio.h>
void main()
{   int i,j;
    static int s[11];
    for(i=2;i<=10;i++)        s[i]=i;
    for(i=2;i<=sqrt(10);i++)
        if(s[i])
            for(j=i+i;j<=10;j+=i)
                s[j]=0;
            for(i=2;i<=10;i++)
                if(s[i])    printf("%3d",i);
}
```

2．

```
#include <stdio.h>
void main()
{   char a[10],i=0,sum;
    printf("Please input a data string:\n");
    scanf("%s",a);
    sum=a[i]-'0';
    while(a[i+1]!='\0')
    {   sum=sum*8+a[i+1]-'0';
        i=i+1;
    }
    printf("%d",sum);
}
```

3．

```
#include <stdio.h>
void main()
{   int a[3][4]={{1,2,3,4},{5,6,7,8},{9,10,11,12}};
    int i, j, sum=0;
    for(i=0;i<3;i++)
        for(j=0;j<4;j++)
            if(j>i)
                sum+=a[i][j];
    printf("%d",sum);
}
```

4．

```
#include <stdio.h>
#include <string.h>
void main()
{   char p1[50],str[20]="abc";
```

```
    strcpy(p1,"mnk");
    strcat(p1,str);
    printf("%s",p1);
}
```

三、完善程序题（根据下列程序的功能描述，在程序的空白横线处填入适当的内容，使程序完整、正确）

1．以下程序的功能是将字符串 s1 复制到字符串 s2 中。

```
#include <string.h>
#include <stdio.h>
void main()
{   char s1[80],s2[80];
    int i;
    gets(s1);
    for(i=0;i<=strlen(s1);i++)
        __________;
    printf("%s",s2);
}
```

2．以下程序的功能是将输入的十进制数以八进制形式输出。

```
#include <stdio.h>
void main()
{   int n,c[8],i=0;
    printf("Please input a number:\n");
    scanf("%d",&n);
    do{__________;
        i++;
        n=n/8;
}while (n!=0);
    for(--i;i>=0;--i)
        printf("%d",c[i]);
}
```

3．以下程序的功能是用冒泡排序法对数组中的元素值按由大到小的顺序排序。

```
#include <stdio.h>
void main()
{   int a[10],i,j,k;
    for(i=0;i<10;i++)
        scanf("%d",&a[i]);
    for(k=0;k<9;k++)
        for(i=0;i<9-k;i++)
          if(__________)
          {   j=a[i]a[i]=a[i+1]; a[i+1]=j;}
    for(i=0;i<10;i++)
        printf("%d",a[i]);
}
```

4．以下程序的功能是在数组中顺序查找输入值为 x 的元素，如果找到该元素，输出其下标。

```
#include <stdio.h>
void main()
{   int a[10]={25,74,32,50,6,1,5,6,9,10};
    int i,x;
    printf("Input x:\n");
    scanf("%d",&x);
    for(i=0;i<10;i++)
        if(__________)
        {   printf("Found! The index is %d \n",i);
            break;
        }
        if(i>=10) printf("Can't found!");
}
```

5．将数组中最大的数与最后一个数交换位置。

```
#include <stdio.h>
void main()
{   static int a[5]={2,9,-1,6,3};
    int max=a[0],i,k;
    for(i=1;i<5;i++)
        if(max<a[i])
        {   max=a[i];
            k=i;
        }
    __________
    a[4]=a[k];
    a[k]=max;
    for(i=0; i<5; i++)
        printf("%4d",a[i]);
}
```

6．将数组 a 的元素按行求和并且存储到数组 s 中，数学形式如下。

$$s[i]=\sum_{j=0}^{3}a[i,j] \qquad (i=0,1,2)$$

```
#include <stdio.h>
void main()
{   static int s[3]={0,0,0},a[3][4]={{1,2,3,4},{5,6,7,8},{9,10,11,12}};
    int i,j;
    for(i=0;i<3;i++)
    {   for (j=0;j<4;j++)
            s[i]+= __________;
        printf("%d",s[i]);
    }
    printf("\n");
}
```

四、程序改错题（每小题只有一个错误，找出错误的行号并改正。每行语句前的序号只标注行号，非程序本身的内容）

1．统计字符串中大写字符的个数。

```
（1）#include <stdio.h>
（2）void main()
（3）{     char str[20];
（4）        int i,n=0;
（5）        gets(str);
（6）        for(i=0; str[i]!='\n'; i++)
（7）            if(str[i]>='A' && str[i]<='Z') n++;
（8）        printf("%d\n",n); }
```

2．以下程序的功能是计算3×3阶矩阵的主对角线元素之和。

```
（1）  #include <stdio.h>
（2）  void main()
（3）  {  int i,sum=0,a[3][3]={1,2,3,4,5,6,7,8,9};
（4）      for(i=0;i<=3;i++)
（5）          sum+=a[i][i];
（6）      printf(" sum=%d\n ",sum);   }
```

3．以下程序的功能是输出3个字符串中的最大字符串。

```
（1）#include <stdio.h>
（2）#include <string.h>
（3）void main()
（4）  {  char s[80],str[3][80];
（5）      int i;
（6）      for(i=0;i<3;i++)
（7）           gets(str);
（8）      if(strcmp(str[0],str[1])>0)
（9）           strcpy(s,str[0]);
（10）     else
（11）          strcpy(s,str[1]);
（12）      if(strcmp(str[2],s)>0)
（13）          strcpy(s,str[2]);
（14）      printf("%s\n",s);
（15）  }
```

4．以下程序的功能是删除字符串s中的所有数字字符。

```
（1）  #include <stdio.h>
（2）  void main()
（3）  { char s[100];
（4）     int n=0,i;
（5）     gets(s);
（6）     for(i=0; s[i]; i++)
（7）        if(s[i]>=0&&s[i]<=9)
（8）           s[n++]=s[i];
```

（9）　s[n]='\0';
（10）　puts(s);
（11）}

五、编程题

1．编写程序，定义含有 10 个元素的数组，并将数组中的元素按逆序重新存放然后输出。

2．编写程序，输入一个 4×4 整型矩阵，然后求次对角线上元素的最大值。

3．编写程序，输入 3 个字符串，找出其中最大的字符串并输出。

六、拓展练习题

1．请结合本章内容，编写一个程序，模拟选举投票系统。有 30 个人参与投票，候选人为 3 人，要求统计每位候选人的得票数和弃权票数，并将结果打印出来。

【思路分析】可定义一个数组“int candidate[4];”，用于保存弃权票数（candidate[0]）和每位候选人的得票数(candidate[1]～candidate[3])；定义数组“int votes[30];”保存 30 个投票人的投票结果，投票的结果值 i 分别代表投票给第 i 个候选人。当 i 不属于 1、2、3 中的值时，表示弃权。

2．输入一段英文句子（不超过 80 个字符），统计其中的单词个数。单词之间用空格（一个或多个）分隔。

第 6 章　函　　数

6.1　函 数 概 述

C 语言又称为“函数式语言”，是因为 C 语言将函数作为程序的构成模块。函数（function）是用于完成特定功能的程序代码的封装体。

下面程序的功能是输入一个数，输出其绝对值。左侧程序中 if 语句的功能可以使用求绝对值函数 abs()替代，右侧是使用了该函数的程序。

```
/*求绝对值程序*/
#include <stdio.h>
int main(void)
{   int x,y;
    scanf("%d",&x);
    if(x<0)
        y=x*(-1);
    else
        y=x;
    printf("|x|=%d\n",y);
    return 0;
}
```

```
y=abs(x);
```

```
/*使用了求绝对值函数的程序*/
#include <stdio.h>
#include <math.h>
int main(void)
{   int x,y;
    scanf("%d",&x);
    y=abs(x);
    printf("|x|=%d\n",y);
    return 0;
}
```

通过上面的程序，可以将使用函数的好处归纳为以下几点。

（1）封装代码。函数的使用者可以将其看成是一个“黑盒子”，即对应一定的输入会产生特定的结果或返回值，不用关心实现函数功能的代码是什么。黑盒子内部的实现过程是函数编写者要考虑的问题。

（2）避免代码的重复编写。如果程序中要多次使用某种特定的功能，只需编写一个合适的函数，通过调用函数可以反复使用其功能，不用在程序中重复编写实现该功能的代码。

（3）使程序结构简洁清晰，便于程序的编写、阅读和调试。函数式的模块化结构使程序的层次结构清晰，符合结构化程序设计的思想。

6.1.1　C 语言程序的结构

实际应用中，典型的商业软件通常有数十万、甚至超过数百万行代码。此时采用结构化程序设计思想，将程序进行模块化是非常有必要的。也就是说，为了降低解决问题的复杂度，将大的问题逐步向下分解为若干个小问题，实现“分而治之”的模块化处理，是解决复杂问题的一种常用方法。在结构化程序设计中，主要采用功能分解的方法来实现模块化程序设计。功能分解是一个自顶向下、逐步求精的过程，即一步一步地把大功能分解为小功能，从上到下、逐步求精、各个击破，直到完成最终的程序。

函数是 C 语言中模块化程序设计的最小单位，既可以把每个函数都看作一个模块，也可以将若干个相关函数合并成一个模块。从模块化理论到编程实践，首先要理解函数与 C 语言源文件以及从应用软件角度定义的 C 语言程序之间的关系。

C 语言程序的基本结构由头文件和源文件构成。头文件通常由一些声明语句构成，源文件由函数构成，如图 6.1 所示。复杂的 C 语言程序往往要包含若干个头文件和若干个源文件，如图 6.2 所示。一个 C 语言程序有多个函数，但是有且只有一个 main()函数，程序的执行从 main()函数开始，到 main()函数的出口结束，中间循环、迭代地调用一个又一个函数，每个函数分工明确，各司其职。

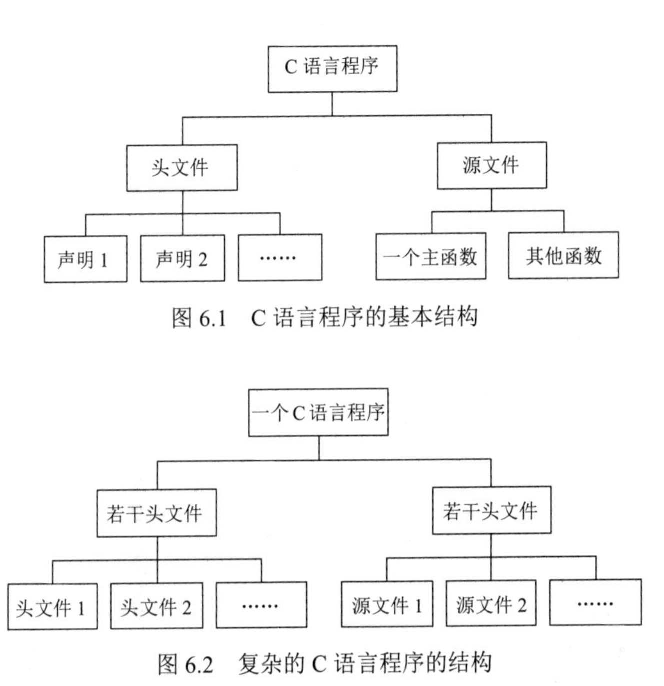

图 6.1　C 语言程序的基本结构

图 6.2　复杂的 C 语言程序的结构

6.1.2　函数的分类

在 C 语言中除了 main()函数具有特殊性，其他函数可从不同的角度进行分类。

（1）从函数定义的角度，函数可分为库函数和用户自定义函数两种。

库函数是已经被定义好，并存放在某种函数库中的函数，用户只需考虑如何使用它们。例如，前面使用过的 printf()、scanf()、sqrt()、abs()、strcpy()、strcat()等函数，都是标准的库函数。只要符合 ANSI C 标准的 C 语言编译器都必须提供标准库函数。此外，还有第三方库函数，它们不在 ANSI C 标准的范围内，是由其他厂商自行开发的，如扩充 C 语言在图形、数据库等方面的功能，是对 ANSI C 未提供功能的扩充。书中提到的库函数主要指标准库函数。使用库函数时，必须在程序的开头把该函数所在的头文件包含进来。例如，使用 printf()函数的程序中要将 stdio.h 包含进来。

如果库函数不能满足编程时的需要，就需要用户自己编写函数实现所需的功能。这类函数就是用户自定义函数，本章所介绍的函数主要指用户自定义函数。本章将详细介绍如何定义函数，如何调用函数，以及函数执行过程中的数据传递等相关知识。

（2）从输出的角度，函数可分为有返回值函数和无返回值函数两种。

函数运行后一般要返回一个执行结果，此结果称为函数的返回值，如 sqrt()函数，此时返回值就是函数的输出。但也可以定义一个函数，执行后无需返回一个确定的值，执行过程中有特定的输出，如调用函数在屏幕上打印一行星号，程序多次调用该函数在屏幕上将一行星号作为分隔符。

（3）从输入的角度，函数可以分为无参函数和有参函数两种。

函数的参数一般是运行某函数的必要条件，如 abs(-5)是求-5 的绝对值，-5 就是该函数的实际参数（简称“实参”）。如果定义一个函数是求圆的面积，则该函数需要有一个半径值作为参数。而如一个输出一行星号的函数，可以没有参数。

6.2 函数的定义

定义函数是为了让编译器知道函数的功能，一般要让编译器了解函数返回值的数据类型、函数名、需要参数的个数和数据类型、函数体中代码的功能。用户自定义函数在使用之前要先定义。

6.2.1 函数定义的形式

函数定义的一般形式如下。

```
返回类型 函数名(形式参数表列)          //函数首部
{                                      //最外层花括号之间的代码为函数体
   声明部分
   语句
}
```

如图 6.3 所示，函数的结构包括函数首部和函数体两部分。

函数首部包含了函数的返回值类型、函数名、形式参数以及参数的数据类型（形参类型）。函数首部的信息对于使用该函数非常重要。用户使用函数名调用函数，调用函数时还要考虑传递参数的问题，以及函数的返回值是什么。

函数体是实现函数功能的代码块，是定义函数时设计和编码的主要工作，即如何编写代码从形参等输入条件得到函数的返回值等输出结果，实现函数的功能。

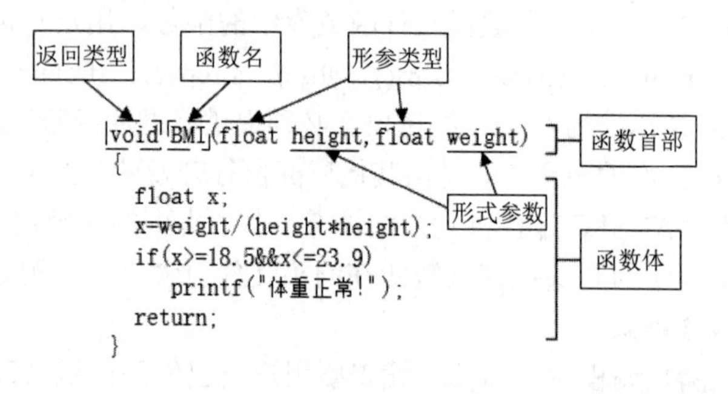

图 6.3　函数的结构和构成要素

说明：

（1）返回类型指该函数返回值的数据类型，省略时默认返回值是整型（int）。若函数无返回值，类型标识符应为 void。

（2）函数名由用户自己定义，必须符合 C 语言的标识符命名规则。

（3）形式参数（简称“形参”）之间用逗号间隔，每个形参都要有类型说明。函数可以没有形参，但函数名后的圆括号不能省略。

6.2.2　函数的参数与返回值

1. 函数的参数

函数的参数分为形参和实参两种。形参在函数定义时使用，起到占位的作用；实参在调用函数时使用，需要有确定的值。有关函数参数的具体说明如下。

（1）在函数定义时，形参不占内存。只有函数被调用时，系统才为形参分配内存单元。调用结束时，所分配的内存单元就被释放。因此，形参只在函数内部有效，函数调用结束返回主调函数后则不能再使用。

（2）实参是与形参对应的具体值，可以是常量、变量、表达式等，在函数调用时使用，实现实参向形参的数据传递。进入被调函数后，实参变量也不能使用。

（3）实参和形参在数量、类型、顺序上应严格一致，否则传递数据时会发生不匹配的错误。

2. 函数的返回值

函数的返回值（函数值）是指函数被调用之后，执行函数体中的程序段所取得的并返回给主调函数的值。如果函数有返回值，则函数体中必需有返回语句 return，即函数值只能通过 return 语句返回给主调函数。

return 语句的一般形式如下。

```
return 表达式;
```

或

```
return(表达式);
```

或

```
return;
```

说明：

（1）return 语句的功能是计算表达式的值，并返回给主调函数。在函数中允许有多条 return 语句，但每次调用只能有一条 return 语句被执行，因此只能返回一个函数值。

（2）return 语句中表达式的类型应该与函数的数据类型保持一致。如果两者不一致，则以函数类型为准，自动进行类型转换，即函数类型决定返回值的类型。

（3）无返回值的函数可以明确定义为空类型，类型标识符为 void。一旦函数被定义为空类型后，就不能在主调函数中使用被调函数的函数值。为了使程序有良好的可读性并减少出错，C 语言规定不要求有返回值的函数都应定义为空类型。

（4）函数被定义为空类型后，可以省略 return 语句，或写成“return;”。

【例 6.1】自定义一个函数，根据 x 的值，返回 y 值，x 与 y 的数学关系如下。

$$y=\begin{cases}x+3 & x>0\\ x & x=0\\ x-5 & x<0\end{cases}$$

```
方法一：
float fun(float x)
{   if(x>0)
        return x+3;
    else if(x<0)
        return (x-5);
    else
        return x;
}
```

```
方法二：
float fun(float x)
{   float y=x;
    if(x>0)
        y=x+3;
    else if(x<0)
        y=x-5;
    return y;
}
```

本例中将 x 设置为函数的形参，根据 x 的不同取值，返回相应表达式的值，方法一的程序段中使用了 3 条 return 语句，调用函数时只能有一条 return 语句被执行。方法二中引入了一个变量 y，将程序改写为只有一条 return 语句，使程序更易于理解和维护。本例中函数返回值和形参 x 的数据类型都设置为了 float 型。

6.3 函数的使用

在 C 语言中，除了主函数 main()，使用其他函数都必须通过函数调用来执行。在调用函数之前一般要加上函数的声明语句。

6.3.1 函数的调用

在 C 语言中，通过对函数的调用来执行函数体，其调用过程与其他语言的子程序调用过程相似。函数调用的一般形式如下。

```
函数名(实参表);
```

其中，实参表中的参数可以是常数、变量等有确定值的表达式。各实参之间用逗号分隔。对无参函数调用时则无实参表。

【例 6.2】用函数调用的方法求两个数的最大值。

```
#include<stdio.h>
float max(float x, float y)     //定义 max()函数，其中 x、y 是两个形参
{
    float z;
    z=(x>y)?x:y;                //把 x 和 y 中的较大者赋值给 z
    return z;                   //把 z 作为 max()函数的返回值
}
float main()
{
    float a,b,c;
    printf("请输入两个整数：");
    scanf("%f %f",&a,&b);
    c=10*max(a,b);              //调用函数 max()，其中 a、b 是两个实参
    printf("%f\n",c);
    return 0;
}
```

自定义函数的使用

程序运行时输入：

```
2 3↙
```

程序运行结果：

```
30.000000
```

本例中程序从 main()函数开始执行，输入实参变量 a、b 的值，然后执行“c=10*max(a,b);”语句进行函数调用，将实参变量 a、b 的值按照顺序依次传递给形参变量 x、y，即变量 a 的值传递给变量 x，变量 b 的值传递给变量 y，执行 max()函数。函数的最后结果由“return z;”语句返回并乘 10 后赋值给变量 c，退出 max()函数，继续执行 main()函数，输出程序运行结果。

本例中 main()函数为主调函数，max()为被调函数，执行过程如图 6.4 所示。

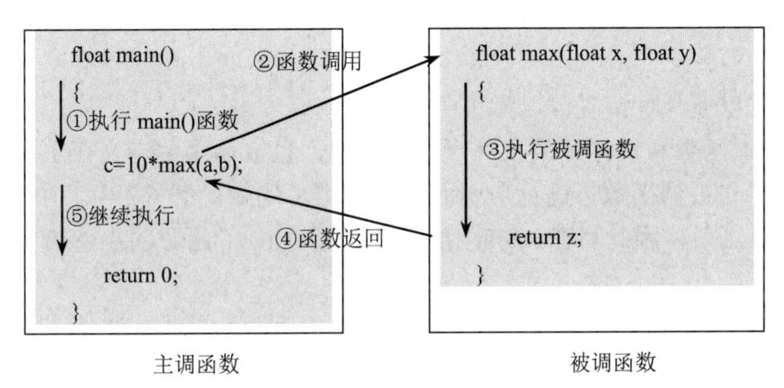

图 6.4　函数调用的执行过程

在 C 语言中，可以用以下 3 种方式调用函数。

1. 函数表达式

函数出现在表达式中，以函数返回值参与表达式的运算。这种方式要求函数有返回值。例如：

```
z=max(x,y);
```

上例是一个赋值表达式，此表达式把 max()函数的返回值赋予变量 z。

2. 函数语句

函数的调用是一个单独的语句。函数调用的一般形式加上分号即构成函数语句。例如：

```
scanf("%d",&a);
printf("%d\n",a);
```

上例是以函数语句的方式调用函数。

3. 函数参数

函数作为另一个函数调用的实际参数出现。这种情况是把该函数的返回值作为实参进行传递，因此要求该函数必须有返回值。例如：

```
printf("%d",max(x,y));
```

上例把调用 max()的返回值又作为 printf()函数的实参来使用。

6.3.2　函数的声明

调用用户自定义函数时，一般在主调函数中或程序的头部要先对被调函数进行声明。声明的目的是使编译系统知道被调函数返回值的数据类型，形参个数及数据类型，这样编译系统就能检查出形参和实参是否匹配，是否需要类型转换等，以保证函数调用的成功。

函数声明的一般形式如下。

```
类型标识符 被调函数名( 类型 形参, 类型 形参...);
```

或

```
类型标识符 被调函数名( 类型, 类型...);
```

括号内给出形参的类型和形参名，或只给出形参类型，便于编译系统进行检错，防止可能出现的错误。

例如，对例 6.2 中的 max()函数进行声明的语句如下。

```
float max(float x,float y);
```

从形式上看，函数声明与函数定义时的首部的写法只差一个分号。这正说明了函数声明是一条说明性质的语句，分号是必不可少的。函数声明与函数定义是完全不同的概念，要注意区别。

C 语言中规定以下几种情况可以省去函数声明。

（1）如果主调函数和被调函数在同一个文件中，且被调函数定义在主调函数之前时，在主调函数中可以不对被调函数再进行声明而直接调用。例如，例 6.2 中，由于函数 max()的定义放在 main()函数之前，因此可在 main()函数中省去对 max()函数的声明语句“float max(float x,float y);”。

（2）如果在所有函数定义之前，或在文件开头所有函数外预先声明了被调函数，则在后面的各主调函数中，可不再对被调函数进行声明。

（3）对库函数的调用不需要再进行声明，但必须把包含该库函数的头文件用“#include”命令包含在源文件头部。如“#include <stdio.h>”。

6.4 函数的调用方式

C 语言中函数的定义是平行的、独立的。也就是说，一个函数内不能再定义另一个函数，即不能嵌套定义。但调用函数时，是允许嵌套调用的，甚至可以在函数中直接或间接地以递归方式调用自身。

6.4.1 函数的嵌套调用

函数的嵌套调用是指在一个被调函数中又调用另一个函数，其调用关系如图 6.5 所示。

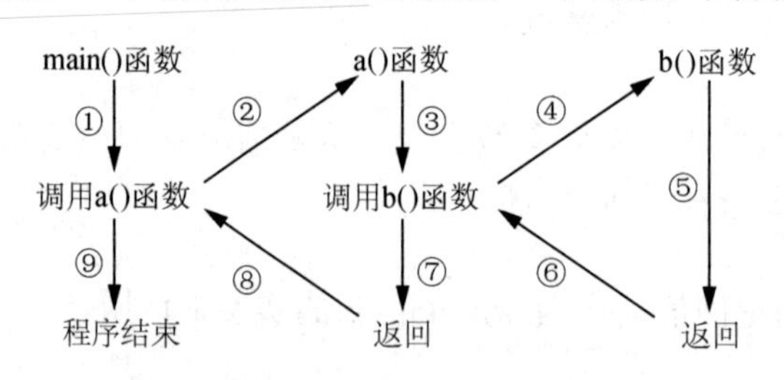

图 6.5 函数的嵌套调用

图 6.5 所示为两层嵌套的情形。其执行过程：执行 main()函数中调用 a()函数的语句时，即转去执行 a()函数，在 a()函数中执行到调用 b()函数时，又转去执行 b()函数，b()函数执行完毕返回 a()函数的断点继续执行，a()函数执行完毕返回 main()函数的断点继续执行。

【例 6.3】函数的嵌套调用。

```
#include<stdio.h>
void b()
{
    printf("A\n");
}
void a()
{
    b();
    printf("BB\n");
}

void main()
{
    a();
    printf("CCC\n");
}
```

程序运行结果：

```
A
BB
CCC
```

6.4.2　函数的递归调用

一个函数在其函数体内调用其自身称为递归调用，这种函数称为递归函数。C 语言允许函数的递归调用。在递归调用中，主调函数也是被调函数。执行递归函数将反复调用其自身，每调用一次就进入新的一层。

需要注意的是，递归函数必须有一个明确的递归结束条件，该条件称为递归出口，否则该函数将无休止地调用其自身，所以应谨慎处理递归。下面举例说明递归调用的执行过程。

【例 6.4】用递归方法计算 $n!$。

程序分析： 用递归方法计算 $n!$可用下述数学公式表示。

函数的递归调用

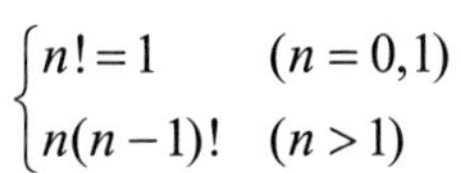

$$\begin{cases} n! = 1 & (n = 0,1) \\ n(n-1)! & (n > 1) \end{cases}$$

```
#include<stdio.h>
long fact(int n)
{   long f;
    if(n<0) printf("n<0,input error");
    else if(n==0||n==1) f=1;
    else f=fact(n-1)*n;
    return(f);
}
void main()
{   int n;
    long y;
```

```
    printf("\ninput n=");
    scanf("%d",&n);
    y=fact(n);
    printf("%d!=%ld",n,y);
}
```

程序运行时输入：

```
5
```

程序运行结果：

```
5!=120
```

程序中给出的函数 fact()是一个递归函数，因为在函数体内调用了自身，相当于“fact(n)=fact(n-1)*n”，且函数的终止条件为当 n 为 0 或 1 时，函数的返回值为 1。主函数 main()调用 fact()后即进入函数 fact()执行，递归函数的执行过程分为两个阶段，如图 6.6 所示。

第一个阶段是递推过程。运行程序时输入为 5，即求 5!，在主函数中的调用语句为“y=fact(5);”。进入 fact()函数后，由于 n=5，因此应执行“f=fact(n-1)*n;”，即 f= fact(5-1)*5。该语句对 fact()进行递归调用即需要求解 fact(4)。而求解 fact(4)需要求解 fact(3)，递推到需要求解 fact(1)时，得到 fact(1)的返回值 1，递归结束，不再继续递归调用。

接下来进入第二阶段的回归过程。fact(1)函数的返回值为 1，代入 fact(2)=fact(1)*2，得到 fact(2)的返回值为 1×2=2。继续回归，得到 fact (3)的返回值为 2×3=6，fact (4)的返回值为 6×4=24，最后返回值 fact (5)为 24×5=120。

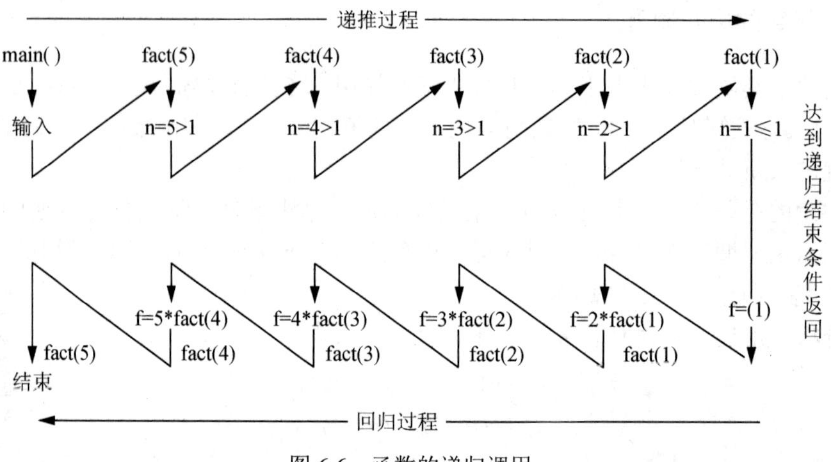

图 6.6 函数的递归调用

递归不是简简单单的自己调用自己，而是一种解题的方法和思想。即把目前无法解决的问题，有规律地向已知方向递推，生成和原来的问题解法相同，但更小的问题。当递推到已知结果（递归结束条件），便开始从已知向求解的问题层层回归，最终解决问题。

递归的优势是代码简洁、结构清晰。递归的劣势是层层调用函数时会占用内存，且有堆栈溢出的风险，而且容易出现重复计算，影响程序的执行效率。因此，有些用循环结构能解决的问题，用递归来做反而增加了空间和时间复杂度，降低了程序的执行效率。下面的例子就说明了这一点。

【例 6.5】输出斐波那契数列的前 40 项。

（1）递归的方法：斐波那契数列第 n 项的递归函数 fib(n)的数学公式如下。

$$\begin{cases} \text{fib}(1)=1, \text{fib}(2)=1 & (n=1,2) \\ \text{fib}(n)=\text{fib}(n-1)+\text{fib}(n-2) & (n \geqslant 3, n \in N) \end{cases}$$

```
/*使用递归方法计算斐波那契数列的前 40 项之和*/
#include <stdio.h>
long fib(int n)
{
    long f;
    if(n==1||n==2)
        f=1;
    else
        f=fib(n-1)+fib(n-2);
    return f;
}
void main()
{
    int i;
    for(i=1;i<=40;i++)
        printf("fibonacci(%2d)=%-10ld\n",i,fib(i));
}
```

采用递归的方法，每计算数列中的一项（如 fib(n)），都相当于把前 n−1 项（fib(1)到 fib(n−1)）全部重新计算一遍，计算量是以指数规律增长的。相比下面要介绍的数组加循环的方法，递归程序重复计算量大，调用函数次数多，运行效率低。

（2）使用数组加循环的方法：数组 f[N]用于存放斐波那契数列前 40 项。

```
/*使用数组加循环的方法计算斐波那契数列的前 40 项之和*/
#include<stdio.h>
#define N   40
void main()
{
    int i;
    long f[N]={1,1};
    for(i=2;i<N;i++)
        f[i]=f[i-1]+f[i-2];
    for(i=1;i<=N;i++)
        printf("fibonacci(%2d)=%-10ld\n",i,f[i-1]);
}
```

这两个程序在 Intel i7 2.6 GHz 处理器 16G 内存的笔记本电脑上运行，递归程序输出斐波那契数列前 40 项大约需要 5～8 秒，而使用数组加循环程序会立刻出结果。上面的例子说明了递归的方法虽然简单，但在以计算效率优先的前提下，要小心使用递归。

无论怎样，递归是一种重要的编程思想，应用也非常广泛。很多数据结构和算法的编码实现都要用到递归，比如深度优先搜索、前中后序二叉树遍历等。本书重点介绍递归函数的概念，有关递归的实际应用不再举例。

6.5 函数的参数传递方式

函数的参数分为形参和实参两种。形参出现在函数定义中，在整个函数体内都可以使用，离开该函数则不能使用。实参出现在主调函数中，进入被调函数后，实参也不能使用。形参和实参的功能是数据传递，发生函数调用时，主调函数把实参的值传递给被调函数的形参，从而实现主调函数向被调函数的数据传递。

6.5.1 单向值传递方式

以普通变量或数组元素为函数参数时，函数调用中发生的数据传递是单向的，即只能把实参的值传递给形参变量。即使实参与形参是同名的变量，它们在内存中占用的存储空间也是各自独立的。如果函数调用过程中，形参的值发生了改变，实参的值不会变。

【例 6.6】以普通变量作为函数参数的单向值传递。

```
#include<stdio.h>
f(int x, int y)
{
    printf("x=%-5d y=%-5d\n",x,y);    //显示形参 x、y 的值
    x=10;y=15;
    printf("x=%-5d y=%-5d\n",x,y);    //显示形参 x、y 赋值后的值
}
void main()
{
    int a,b;
    a=2;b=3;
    printf("a=%-5d b=%-5d\n",a,b);    //显示实参 a、b 的值
    f(a,b);
    printf("a=%-5d b=%-5d\n",a,b);    //显示调用 f 函数后实参 a、b 的值
}
```

程序运行结果：

```
a=2     b=3
x=2     y=3
x=10    y=15
a=2     b=3
```

如图 6.7 所示，a、b 为实参，x、y 为形参，值由实参 a、b 传递给形参 x、y。a、b 的值改变，x、y 的值发生相同的改变。反之形参 x、y 的值改变，实参 a、b 的值不变。

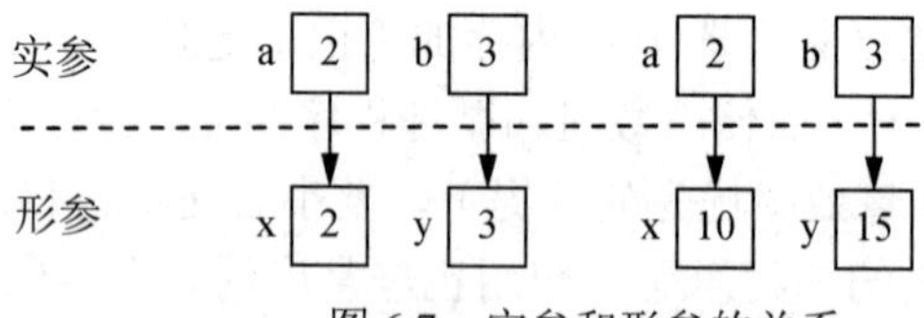

图 6.7 实参和形参的关系

数组元素就是下标变量，其与普通变量并无区别。因此，数组元素作为函数实参时与普

通变量是完全相同的，在发生函数调用时，把作为实参的数组元素的值传递给形参，实现单向的值传递。

【例 6.7】以数组元素作为函数参数的单向值传递。

```
#include<stdio.h>
void fun(int b)                    //形参是普通变量，形参 b 为整型变量
{
    b=b+10;
    printf("%3d",b);
}
void main()
{
    int a[5],i;
    for(i=0;i<5;i++)
        {scanf("%d",&a[i]);
         fun(a[i]);}               //数组元素作为实参，a[i]为整型数组元素
    printf("\n");
    for(i=0;i<5;i++)
         printf("%3d",a[i]);
}
```

程序运行时输入：

```
1 2 3 4 5
```

程序运行结果：

```
11 12 13 14 15
1  2  3  4  5
```

单向值传递的优点在于，被调函数不能改变主调函数中实参变量的值，而只能改变其局部的临时副本——形参变量。形参变量在调用函数时被临时分配内存空间，函数执行结束后空间就被收回。这样就不用担心调用函数时，对主调函数中的变量产生影响。

6.5.2　地址传递方式

地址传递方式是指实参向形参传递的是地址值，这样会出现实参变量与形参变量共用同一地址空间的情况，相当于实参与形参是同一变量。这样在调用函数时，形参的值发生变化后，实参变量也会随之变化。

数组名是数组元素在内存空间中的首地址，是一个地址值。当用数组名作为函数参数时，就是地址传递。此时，要求形参和对应的实参必须是数据类型相同的数组，都要有明确的数组说明。

【例 6.8】以数组名作为函数参数的地址传递。要求输入不超过 30 个学生的成绩，存放在数组中，使用函数计算学生的平均成绩。

```
#include <stdio.h>
void inputdata(float a[],int n)      /*输入学生成绩的函数 inputdata()，
函数无返回值，形参 a[]为占位数组，形参 n 为普通变量*/
{
    int i;
    for(i=0;i<n;i++)
```

```
        scanf("%f",&a[i]);
}

float average(float a[],int n)      /*计算学生平均成绩的函数 average(),
函数返回值 float 型，形参 a[]为占位数组，形参 n 为普通变量。*/
{
        int i;
        float sum=0,ave;
        for(i=0;i<n;i++)
                sum=sum+a[i];
        return sum/n;
}

int main()                                      //主函数 main()
{
        float score[30];
        int datanum;
        printf("请输入学生成绩的数量（1-30）：");
        scanf("%d",&datanum);
        printf("请输入%d 个学生成绩：\n",datanum);
        inputdata(score,datanum);      /*调用函数时实参 score 为数组名，
将 score[30]数组的首地址传递给数组 a[]。实参 datanum 向形参 n 单向传递学生数量值*/
        printf("平均成绩为：%.1f\n",average(score,datanum));
/*同样调用 average()函数时，参数 score 为地址传递，参数 datanum 为值传递。
数组名 a 和 score 的地址值是相同的，所以 average()函数中的
数组 a[]就是 main()函数中的数组 score[30]*/
        return 0;
}
```

函数参数传递

程序运行时输入/输出过程如下。

```
请输入学生成绩的数量（1-30）：5
请输入 5 个学生成绩：
97 78 75 68 85
平均成绩为：80.6
```

本程序中一共有 3 个函数：输入成绩的函数 inputdata()，计算平均分的函数 average()和主函数 main()。主函数运行时用户输入学生的数量，调用 inputdata()函数输入学生成绩，再调用 average()函数返回学生平均成绩，在主函数中输出。被调函数中的第 1 个形参数组 a[]，只起到占位的作用，元素个数可以省略，调用函数时将主函数中数组 score[30]的地址传递给 a，这样在被调函数执行时，使用的数组 a 就是主调函数中的数组 score[30]，数组名 a 相当于 score 在被调函数中的一个化名。被调函数中的第 2 个形参 n 为普通变量，其作用是将主函数运行时输入的学生数（存储在实参变量 datanum 中）的数值传递给被调函数，决定在被调函数中使用多少个数组元素。

以数组名为实参实现地址传递是一种较常用的方法，需要注意的是，对应的形参数组的数据类型要与实参数组匹配。此外，还有用指针变量为参数实现地址传递等其他方法。

6.6 变量的作用域与存储类别

对于 C 语言程序中的任何变量，系统会在适当的时间为其分配内存单元。每一个变量都有两个属性，即数据类型和存储类别。变量的数据类型决定变量在内存中所占的字节数及数据的表示方法，变量的存储类别决定变量的作用域（空间）和生存期（时间）。例如，形参只在函数被调用期间才被分配内存单元，调用结束立即释放。这表明形参只有在函数内才是有效的，离开该函数便不能再使用，这种变量有效性的范围称为变量的作用域。

6.6.1 变量的作用域

C 语言中的变量按作用域范围可分为两种，即局部变量和全局变量。变量定义的位置不同，其作用域也不同。

局部变量也称为内部变量，是在函数或复合语句内定义说明的，其作用域仅限于函数内部或复合语句内部，离开该函数或复合语句后再使用局部变量是非法的。

全局变量也称为外部变量，是在函数外部定义的变量。全局变量不属于某一个函数，它属于一个源程序文件，其作用域是整个源程序。

如图 6.8 所示，u、v、w 是在函数外部定义的外部变量，属于全局变量，从定义处到程序结束一直有效。其余均为局部变量，只在定义的函数内或复合语句内有效。在函数 f1()内定义了 5 个变量，其中 x、n 为形参，j、k、y 为一般变量。在函数 f1()的范围内 x、n、j、k、y 有效，或者说 x、n、j、k、y 的作用域限于函数 f1()内。同理，a、b、j、k、d 的作用域限于函数 f2()内，而 c 定义于复合语句内，因此只在复合语句内有效。m、n、a 的作用域限于主函数 main()内。不同函数中的同名变量是不同变量，如函数 f(2)的变量 a 与主函数 main()中的变量 a 是不同变量。

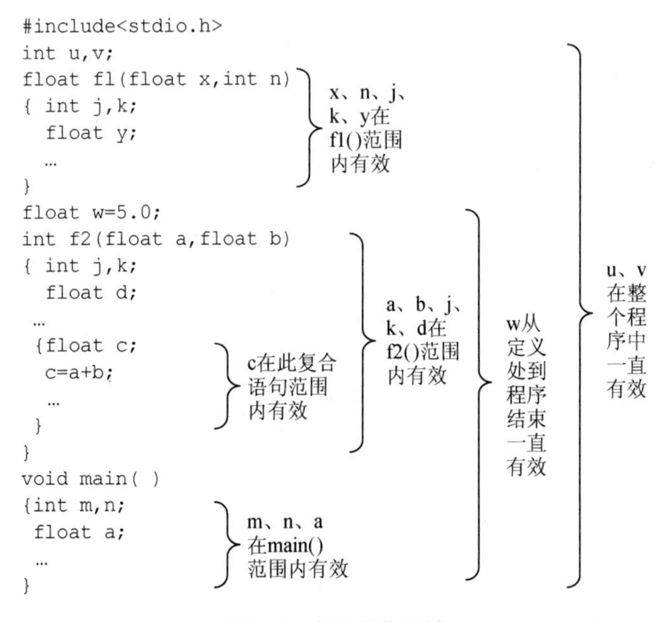

图 6.8 变量的作用域

有关变量作用域的说明如下。

（1）主函数中定义的变量只能在主函数中使用，不能在其他函数中使用。同时，主函数中也不能使用在其他函数中定义的变量，因为主函数也是一个函数，与其他函数是平行关系。这一点是与其他语言不同的，应予以注意。

（2）形参属于被调函数的局部变量，实参属于主调函数的局部变量。

（3）在复合语句中也可以定义变量，其作用域只在复合语句范围内。

（4）允许在不同的函数中使用相同的变量名，它们代表不同的对象，被分配不同的内存空间，互不干扰，也不会发生混淆。

（5）如果在同一个源文件中，全局变量与局部变量同名，则在局部变量的作用范围内，全局变量被屏蔽，即全局变量不起作用。

【例 6.9】局部变量和全局变量同名时，分析各变量的作用域及程序的运行结果。

```
#include<stdio.h>
int a=3, b=5;                  //定义全局变量 a、b
int max(int a,int b)           //a、b 为局部变量，只在 max()函数内有效
{
    int c;
    c=a>b?a:b;
    return c;
}
void main()
{
    int a=8;
    printf("%d\n",max(a,b));        //局部变量 a 的值为 8，全局变量 b 的值为 5
}
```

程序运行结果：

```
8
```

（6）全局变量的作用域是从定义处开始至本文件的结束。如果要在定义处之前引用它们的函数，需要在函数内对被引用的全局变量使用 extern 进行说明。外部变量只能被定义一次，但可以在多个使用它的函数中说明。

全局变量说明的一般形式如下。

```
extern  类型标识符  变量名 1,变量名 2,…;
```

（7）全局变量增加了函数之间数据联系的通道。由于同一个文件中的所有函数都能引用全局变量的值，因此如果在一个函数中改变了全局变量的值，就能影响其他函数。由于函数调用时只能有一个返回值，因此有时可以利用全局变量增加函数之间的数据传输通道，从函数得到一个以上的返回值。

【例 6.10】全局变量的应用，输入 10 名同学的成绩并保存在一个数组中，求学生的平均分、最高分和最低分。

```
#include<stdio.h>
#define NUM 10
float max,min;                 //定义了全局变量 max 和 min
float avg(float x[])           //定义了 avg()函数
{
```

变量的作用域

```
        float sum;
        int k;
        max=min=sum=x[0];          //在函数中开始使用全局变量 max 和 min
        for(k=1;k<NUM;k++)
        {   if(x[k]>max)
                max=x[k];          //max 用于存放最高分
            if(x[k]<min)
                min=x[k];          //min 用于存放最低分
            sum=sum+x[k];
        }
        return sum/NUM;            //函数的返回值为平均分
}
void main()
{
        int j;
        float cj[NUM],aver;
        printf("input score:");
        for(j=0;j<NUM;j++)
            scanf("%f",&cj[j]);
        aver=avg(cj);              //将函数 avg()的返回值赋值给变量 aver
        printf("max=%-7.2f min=%-7.2f average=%-7.2f\n",max,min,aver);
}
```

程序运行时输入：

```
67 98 80 76 56 73 90 60 83 70
```

程序运行结果：

```
max=98.00   min=56.00   average=75.30
```

本例题中函数返回值是学生的平均分，每次调用函数只能执行一条 return 语句，只有一个返回值。使用 max、min 这两个全局变量后，调用函数 avg()时就能得到最高分、最低分和平均分这 3 个值。

6.6.2　变量的存储类别

变量的存储类别决定了变量在空间上的作用域和时间上的生存期，变量的生存期是指变量占用存储空间的时限。例如，全局变量的生存期较长，在整个程序的生存期内占有固定的存储空间，其值一直被保存；而形参这样的局部变量，其所在函数被调用时为它分配存储空间，返回到主调函数空间就被收回，形参的值也就不存在了。

变量的存储方式可以分为静态存储方式和动态存储方式。静态存储方式是指在程序运行期间分配固定的存储空间的方式，动态存储方式是在程序运行期间根据需要动态地分配存储空间的方式。用户存储空间可以分为 3 个部分，即程序区、静态存储区、动态存储区。其中，程序代码存放在程序区；全局变量全部存放在静态存储区；动态存储区存放形参、自动变量、函数调用时的现场保护和返回地址，这些变量在函数开始调用时被分配动态存储空间，函数结束时释放这些空间。

在 C 语言中，具体的存储类别有自动（auto）存储、寄存器（register）存储、静态（static）存储及外部（extern）存储 4 种。静态存储类别变量与外部存储类别变量存放在静态存储区，自动存储类别变量存放在动态存储区，寄存器存储类别变量直接送至寄存器。

一个完整的变量声明格式如下。

```
存储类别 变量类型 变量名表
```

例如：

```
static float x,y;                  //声明静态实型变量 x、y
auto int a,b; 或 int a,b;          //声明 a、b 为自动变量
```

1. 自动变量

自动变量存储类型是 C 语言程序中使用最广泛的一种类型。C 语言规定，函数内凡未加存储类型标识符的变量均视为自动变量，即自动变量可省略标识符 auto。

自动变量具有以下特点。

（1）自动变量的作用域仅限于定义该变量的范围内，在函数中定义的自动变量，只在该函数内有效。在复合语句中定义的自动变量，只在该复合语句中有效。

（2）自动变量属于动态存储方式，只有在使用该变量，即定义该变量的函数被调用时才为其分配存储单元，开始该变量的生存期。函数调用结束，释放存储单元，结束生存期。因此函数调用结束之后，自动变量的值不能保留。

（3）如果未赋初值，则自动变量的值是一个不确定值，是无意义的。

2. 静态变量

静态变量分为静态局部变量和静态全局变量。

（1）静态局部变量。静态局部变量与局部变量的区别在于，在函数退出时，静态局部变量始终存在，但不能被其他函数使用；当再次进入该函数时，将保存上次的结果。

【例 6.11】静态局部变量和自动变量的应用举例。

```
#include<stdio.h>
int f(int a)
{   auto int b=0;
    static int c=3;              //c 是静态局部变量，只赋一次初值
    b=b+1;
    c=c+1;
    return (a+b+c);
}
void main()
{   int a=2,i;
    for(i=0;i<3;i++)
        printf("%5d",f(a));
}
```

程序运行结果：

```
7    8    9
```

本例中静态局部变量赋初值“static int c=3;”，此初值只在第 1 次调用 f()函数时执行一次，第 2 次、第 3 次调用 f()函数时不执行，而是把第 1 次调用的结果作为第 2 次的初值，第 2 次调用的结果作为第 3 次的初值。

【例 6.12】静态局部变量的应用：打印 1～5 的阶乘值。

```
#include<stdio.h>
int fac(int n)
{   static int f=1;
    f=f*n;
    return f;
}
void main()
{   int i;
    for(i=1;i<=5;i++)
        printf("%d!=%d\n",i,fac(i));
}
```

变量的存储类别

程序运行结果：

```
1!=1
2!=2
3!=6
4!=24
5!=120
```

静态局部变量与自动变量的比较如下。

1）静态局部变量属于静态存储类别，在静态存储区内分配存储空间，在程序整个运行期间都不释放存储空间。而自动变量（即动态局部变量）属于动态存储类别，占用动态存储空间，函数调用结束后即释放。

2）静态局部变量在编译时赋初值，即只赋初值一次；而对自动变量赋初值是在函数调用时进行，每调用一次函数重新赋一次初值，相当于执行一次赋值语句。

3）如果在定义局部变量时不赋初值，则对于静态局部变量来说，编译时自动赋初值 0（数值型变量）或空字符（字符型变量）。自动变量不赋初值时，其值是不确定的。

（2）静态全局变量。静态全局变量只在定义它的源文件中可见，而在其他源文件中不可见。静态全局变量与全局变量的区别是，全局变量可以被其他源文件使用，而静态全局变量只能被所在的源文件使用。

例如下面的程序代码中，在源文件 file1.c 中定义了静态全局变量 a，因此 a 的作用域仅限 file1.c 文件内部。file2.c 文件中的变量 a 与 file1.c 中的静态全局变量 a 无关。

```
/*源文件 file1.c*/
static int a;
void main()
{…}
/*源文件 file2.c*/
void fun()
{   …
    a=a*n;
}
```

在实际工作中，往往由多人共同开发一个程序，各自负责自己的模块。为了各模块间的全局变量不互相干扰，可以在自己开发的源文件中将全局变量设置为 static 类型。

3. 外部变量

外部变量也称全局变量，是在函数的外部定义的，它的作用域为从变量定义处开始，到本程序文件的末尾处结束。全局变量在作用域内使用时，以下两种情况需要进行外部变量的声明。

（1）同一源文件中，若在全局变量定义点之前的函数中引用该全局变量，则应该在引用之前用关键字 extern 对该变量进行外部变量声明。

（2）一个程序如果由多个源文件构成，一个源文件要使用另一个源文件中定义的全局变量，则应该在引用该变量的文件中用 extern 进行声明。

【例 6.13】用 extern 声明全局变量，扩展全局变量的作用域。

```
/*源文件 file1.c*/
#include<stdio.h>
void input();
{   extern int num;             //在全局变量 num 的定义点之前使用时需要进行 extern 声明
    …
}
int num;                        //在 file1.c 中定义了全局变量 num
void main()
{   …
    scanf("%d",&num);
    input();
    …
}

/*源文件 file2.c*/
int add()
{   extern int num;             //声明了 num 为外部变量后，才可以在 file2.c 中使用
    num++;
    …
}
```

本程序由两个源文件（file1.c 和 file2.c）组成。在 file1.c 中定义了全局变量 num。input() 函数在 num 的定义点之前，因此使用该变量前要有 extern 声明语句。在另一个源文件 file2.c 中要使用全局变量 num，也需要用 extern 进行声明。外部变量声明之后，就可以从声明处起合法地使用全局变量 num。

4. 寄存器变量

为了提高效率，C 语言允许将局部变量的值放在中央处理器（简称 CPU）中的寄存器中，这种变量称为寄存器变量，用关键字 register 声明。由于寄存器的存取速度远高于内存，因此将程序运行过程中频繁使用的极少数变量设置为寄存器变量，可以提高程序的执行效率。寄存器变量只能用于整型变量和字符型变量。定义一个整型寄存器变量可写为如下形式。

```
register int a;
```

说明：

（1）只有局部变量和形参可以作为寄存器变量。

（2）一个计算机系统中的寄存器数目有限，不能定义任意多个寄存器变量。

（3）局部静态变量不能定义为寄存器变量。

（4）由于现在计算机的运行速度越来越快，性能越来越高，优化的编译系统能够识别使

用频繁的变量，从而自动地将这些变量放在寄存器中，而不需要程序设计者指定。因此，实际上用 register 声明变量的必要性不大，读者只需了解有这种类型变量即可。

对于以上 4 种变量，寄存器变量存储在 CPU 的寄存器中，自动变量存储在内存的动态存储区中，静态变量及外部变量存储在内存的静态存储区中。4 种变量中需要特别注意的是静态变量，加上 static 后无论是局部变量还是全局变量，其生存期或作用域会发生变化，甚至会影响程序的运行结果。

6.7　内部函数和外部函数

6.7.1　内部函数

如果一个函数只能被本文件中其他函数调用，则该函数称为内部函数。内部函数与静态全局变量的使用规则类似，在定义内部函数时，在函数名和类型标识符的前面加 static，形式如下。

```
static 类型标识符  函数名(形参表)
{
    函数体
}
```

例如：

```
static int fun(int a,int b)
```

使用内部函数，可以使得函数的作用域只局限在本文件中，不同文件中同名的内部函数之间互不干扰。这样不同的用户可以分别编写不同的函数，而不必担心所用函数是否会与其他文件中函数同名。通常把只能由同一文件使用的函数和全局变量放在一个文件中，在它们前面都加 static，其他文件不能引用。

6.7.2　外部函数

外部函数是一种在自身所处的源文件及其他源文件中都能被调用的函数。外部函数的作用域是整个源程序。

在定义外部函数的时候，在函数首部的最左端加关键字 extern，形式如下。

```
extern 类型标识符  函数名(形参表)
{
    函数体
}
```

例如：

```
extern int fun(int a,int b);
```

表示此函数是外部函数，可供其他文件调用，在需要调用此函数的文件中，用 extern 对函数进行声明，表示该函数是在其他文件中定义的外部函数，在本文件中可以对其进行调用。C 语言规定，定义函数时若省略了 extern，则系统默认其为外部函数，可被其他文件调用。

习　题　6

一、阅读程序题（写出程序的运行结果）

1.

```
#include <stdio.h>
unsigned fun(unsigned num)
{   unsigned k=1;
    do
    {   k*=num%10;num/=10;} while(num);
        return k;
}
void main()
{   unsigned n=26;
    printf("%d\n",fun(n));
}
```

2.

```
#include <stdio.h>
int ff(int n)
{   if(n==1)
        return 1;
    else
        return ff(n-1)+1;
}
void main()
{   int i,j=0;
    for(i=1;i<3;i++)
        j+=ff(i);
    printf("%d",j);
}
```

3.

```
#include <stdio.h>
int fib(int g)
{   switch(g)
    {   case 1:
        case 2: return 1;
    }
    return(fib(g-1)+fib(g-2));
}
void main()
{   int k;
    k=fib(5);
    printf("%d\n",k);
}
```

4．

```
#include <stdio.h>
int f(int a)
{   auto int b=0;
    static int c=3;
    b=b+1;c=c+1;
    return(a+b+c);
}
void main()
{   int a=1,i;
    for(i=0;i<3;i++)
        printf("%3d",f(a));
}
```

5．

```
#include <stdio.h>
int a=1,k=10;
int sub(int x,int y)
{   int n=0;
    static int m=1;
    m=m+a;
    return(m+x*y);
}
void main()
{   int a=5,b;
    b=sub(a,k);
    printf("%d",b);
}
```

二、完善程序题（根据下列程序的功能描述，在程序的空白横线处填入适当的内容，使程序完整、正确）

1．以下程序的功能是输入一个 ASCII 码值，输出从该 ASCII 码开始的连续 10 个字符。

```
#include <stdio.h>
void put(char n)
{   int i,a;
    for(i=0;i<=9;i++)
    {   a=n+i;
        putchar(a);
    }
    return;
}
void main()
{   int ascii;
    scanf("%c",&ascii);
    __________;
}
```

2．以下函数的功能是将两个字符串 s1 和 s2 连接起来。

```
void con(char s1[],char s2[])
{   int i=0,j=0;
    while(s1[i]!='\0')      i++;
    while(s2[j]!='\0')
        s1[i++]=__________;
    s1[i]='\0';
}
```

3．以下函数的功能是用选择排序法将数组中的 n 个元素按由小到大的顺序排序。

```
void sort(int s[],int n)
{   int i,j,k,t;
    for(i=0;i<n-1;i++)
    {   k=i;
        for(j=i+1;j<n;j++)
            if(__________)         k=j;
        if(k!=i)
            { t=s[i];     s[i]=s[k];      s[k]=t;   }
    }
}
```

4．计算当 n=5 时下面递归公式的值。

$$\mathrm{tz}(n)=\begin{cases}3 & (n==1)\\ \mathrm{tz}(n-1)+2 & (n>1)\end{cases}$$

```
#include <stdio.h>
int tz(int n)
{   int c;
    if(n==1)    c=3;
    else c=__________;
    return(c);
}
void main()
{   printf("tz(5)=%d\n",tz(5));
}
```

三、程序改错题（每小题只有一个错误，找出错误的行号并改正。每行语句前的序号只标注行号，非程序本身的内容）

1．以下 fun() 函数的功能是求两个参数的和，并将和的值返回给调用函数。

```
（1） #include <stdio.h>
（2） int fun( int x ,y)
（3） {   int c;
（4）       c=x+y;
（5）       return c; }
（6） void main()
（7） {   int x=8,y=10;
（8）     printf(" %d ",fun(x,y));
（9） }
```

2．以下程序中 fact()函数的功能是用递归调用的方法求 m 的 n 次方。

```
（1）#include <stdio.h>
（2）int fact(int m,int n)
（3）{   int answer;
（4）    if(n==0)   answer=1;
（5）    else
（6）        answer=fact(m,n)*m;
（7）    return answer;   }
（8）void main()
（9）{   printf("%d",fact(2,5));
（10）}
```

3．以下函数的功能是将字符串 str 按逆序存放。

```
（1）  void fun(char str[])
（2）  {   char m;
（3）      int i,j;
（4）      j=strlen(str);
（5）      for(i=0;i<j;i++,j--)
（6）          {   m=str[i];
（7）              str[i]=str[j];
（8）              str[j]=m;
（9）          }
（10）      printf("%s",str);
（11）}
```

四、编程题

1．编写程序，通过函数调用方式计算 $y=|x|$。

2．通过调用函数求任意两个整数的平方和。

五、拓展练习题

1．身体质量指数（Body Mass Index，BMI）是国际上常用的衡量人体肥胖程度和是否健康的重要标准，主要用于统计分析。BMI=体重（公斤）÷身高^2（米），并用这个参数所处范围衡量身体质量，如表 6.1 所示。请编写一个程序，在主函数中输入某人的身高（米）和体重（公斤）值后，调用用户自定义函数 BMI()输出其体重的级别。

表 6.1　成年人数值标准对照表

分级	BMI
过轻	BMI<18.5
正常	18.5≤BMI≤23.9
过重	24≤BMI≤27.9
肥胖	28≤BMI≤32

2．很多地方执行一户一表的阶梯电价，就是根据使用的电量档次来决定电价，某市居民

用电阶梯电费收费标准如下。

第一档：用电量为210度/户/月及以下的，电价维持不变，为0.5469元/度。

第二档：用电量在210～400（不含）度/户/月的，在第一档电价的基础上，每度加价0.05元，即电价为0.5969元/度。

第三档：用电量为400度/户/月以上的，在第一档电价基础上，每度加价0.3元，即电价为0.8469元/度。

编写函数根据用电量计算电费，并编写程序实现输入某户的实际用电量，输出其应缴纳的电费。

第 7 章　编译预处理

在前面章节的 C 语言程序源代码中，经常有以“#”号开始的编译指令，如“#include <stdio.h>”或“#include<math.h>”，以及“#define PI 3.1415927”，这些指令统称为预处理命令。虽然它们实际上不是 C 语言程序的一部分，但却扩展了 C 语言程序的功能。

所谓预处理从理论上讲是编译过程中单独进行的第一个步骤。在这一步骤中首先对源程序中的预处理命令进行识别和处理，产生一个新的源程序，然后再由编译程序对预处理后的源程序进行通常的编译，得到可执行的目标代码，所以也叫作编译预处理。

编译预处理命令是用户开发大型程序的有力工具。合理地使用编译预处理命令，可以提高程序的可读性和可移植性，使程序容易实现模块化，易于维护和调试。编译预处理命令主要有 3 类：宏定义、文件包含和条件编译。

7.1　宏　定　义

宏定义是包括 C 语言在内的高级语言编译器提供的常用语法，其目的是利用某一标识符标识某个文本字符串。在编写程序时，如果程序中反复地使用某个数据或某个程序片段，就可以考虑将这个数据或程序片段定义为宏，然后将每个出现该数据或程序片段的地方用宏名替代。这样做的好处是程序简洁，可读性好，而且当需要修改这些相同的程序片段时，只要修改宏定义中的字符串即可，不需要修改多处。

C 语言中宏定义的命令为 define，一般格式如下。

```
#define 标识符 字符串
```

其中的标识符就是所谓的符号常量，也称为“宏名”，字符串称为“宏体”。预处理（预编译）工作叫作“宏展开”或“宏替换”，就是将宏名替换为宏体的字符串。掌握“宏”概念的关键是“替换”。一切以替换为前提，做任何事情之前先要替换，准确理解之前就要替换，即在对相关命令或语句的含义和功能作具体分析之前就要替换。

1. 不带参数的宏定义

不带参数的宏定义的一般形式如下。

```
#define 宏名 宏体
```

宏定义

注意：在宏名和宏体之间可以有任意一个空格，宏体一旦开始，仅由一个新行结束；宏定义末尾没有分号。

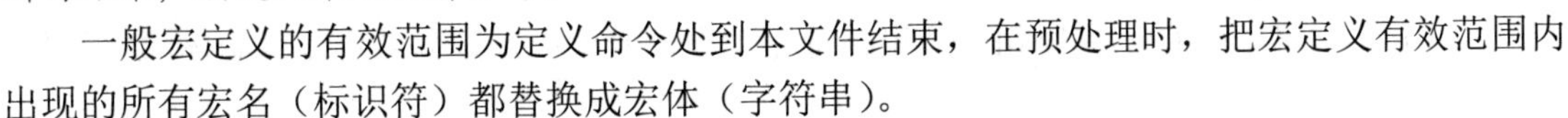

一般宏定义的有效范围为定义命令处到本文件结束，在预处理时，把宏定义有效范围内出现的所有宏名（标识符）都替换成宏体（字符串）。

【例 7.1】输入一个圆的半径，计算圆的直径、面积以及同样半径的球的体积。

```
#define PI 3.1416                  //定义一个不带参数的宏 PI
#include<stdio.h>
void main()
{   float r,l,s,v;
```

```
    printf("Input radius:");
    scanf("%f",&r);
    l=2.0*PI*r;
    s=PI*r*r;
    v=4.0/3*PI*r*r*r;
    printf(" L=%f\n S=%f\n V=%f\n",l,s,v);
}
```

程序运行时输入：

```
Input radius：3↙
```

程序运行结果：

```
L=18.849600
S=28.274401
V=113.097603
```

上述程序中命令“#define PI 3.1416”的作用是定义了一个宏 PI（符号常量），从宏名可知 PI 代表 π。在预处理时，将程序中所有的宏名 PI 都用 3.1416 来代替，程序中包含宏的语句宏展开后的程序代码如表 7.1 所示。

表 7.1　例 7.1 中的宏展开

源程序语句	宏展开以后
l=2.0*PI*r;	l=2.0*3.1416*r;
s=PI*r*r;	s=3.1416*r*r;
v=4.0/3*PI*r*r*r;	v=4.0/3*3.1416*r*r*r;

这样一来，如果以后程序要求更高的精度，只需要修改宏定义的 PI 值即可，比如“#define PI 3.1415927”。使用宏定义要注意以下几点。

（1）一般宏名用大写字母（非规定，也可以用小写字母）表示，以区别于一般的变量名。

（2）使用宏定义可以提高程序的通用性和易读性，减少不一致性，对程序的修改和维护很有好处。例如，若需要提高 π 的精度，只要将宏定义命令中的 3.1416 改成 3.1415926，而不需要更改程序中的其他部分。

使用一个简单的容易理解的名字 PI 代替一个长的字符串 3.1415926，可以减少程序中重复书写长字符串的工作量，减少出错的机会。

（3）预处理时的宏替换只进行字符串的替换，不进行语法检查。如果将“#define PI 3.l4l6”中的数字“1”写成小写字母“l”，预处理时也用小写字母“l”进行替换，在编译宏展开后的源程序中，会发现错误并报错。

（4）宏体结束后一定要换行。

（5）宏定义不是 C 语言语句，如果在行尾加了分号（;），则分号也作为宏体的一部分。例如有宏定义：

```
#define PI 3.1416;
```

引用宏名 PI 的语句“area=PI*r*r;”宏展开后为“area=3.1416; *r*r;”，导致编译错误。

（6）宏定义可以出现在程序中的任何位置，一般情况下宏定义写在文件的开头位置。宏定义的有效范围是定义命令处到本文件结束，但也可以用“#undef 宏名”命令终止宏定义的作用范围。

（7）宏定义可以嵌套，即在一个宏定义的宏体中可以含有前面宏定义的宏名。

【例 7.2】 宏定义的嵌套应用。

```
#include<stdio.h>
#define N 5              //不带参数的宏定义
#define M N+3            //嵌套宏定义
void main()
{   int a;
    a=M*N;               //宏展开后为 a=5+3*5;
    printf(" M=%d,N=%d\n a=%d\n",M,N,a); //双引号中的 M 和 N 不进行宏替换
}
```

程序运行结果：

```
M=8,N=5
a=20
```

2. 带参数的宏定义

带参数的宏定义的一般形式如下。

```
#define   宏名(形参表列)   宏体
```

其中，形参表列是用逗号分隔的标识符序列，每个标识符称为一个形参；宏体是包含形参的字符串。

在程序中使用带参数的宏定义的一般形式如下。

```
宏名(实参表列)
```

其中的实参可以是任意数据类型，多个实参之间用逗号分隔。编译预处理宏展开（宏替换）时，分别用实参替换宏定义中对应的形参，而宏定义中不是形参的其他字符保留。

在使用带参数的宏定义时，要注意以下几点。

（1）在带参数的宏定义中，“宏名”与“(形参表列)”之间不应加空格，否则就成为不带参数的宏定义了。

例如，有下列宏定义：

```
#define s (a,b) a*b
```

则宏名为“s”，宏体为“(a,b) a*b”。

（2）若实参是表达式，宏展开时实参表达式替换形参，不能求解实参表达式的值。为了能够正确地进行宏替换，一般将宏体和各形参都用圆括号括起来，以免发生运算错误。例如：

```
#define S(r) 3.14*r*r
area=S(a+b);
```

经过宏替换，用实参 a+b 替换形参 r 后的语句如下：

```
area=3.14*a+b*a+b;
```

显然，该语句无法实现圆面积的计算，其原因就是在宏定义中没有对形参 r 加括号。那么，为了得到 area=3.14*(a+b)*(a+b)，就必须将宏定义改为

```
#define S(r) 3.14*(r)*(r)
```

请比较以下两个例子的运行结果。

【例 7.3】 编写程序，输出两个数的乘积。

```
#include <stdio.h>
#define MUL1(a,b) ((a)*(b))
```

```
void main()
{   int a,b,c;
    c=MUL1(1+2,2+3);
    printf("%d\n",c);
}
```

程序运行结果：

```
15
```

【例 7.4】编写程序，输出两个数的乘积（错误写法）。

```
#include <stdio.h>
#define MUL2(a,b) (a*b)
void main()
{   int a,b,c;
    c=MUL2(1+2,2+3);
    printf("%d\n",c);
}
```

程序运行结果：

```
8
```

【例 7.5】从键盘给 a、b 两个数赋值，求 a 是 b 的百分之几。

```
#include <stdio.h>
#define PER(a,b)((a)/(b))
void main()
{   float a, b;
    printf("输入两个数：");
    scanf("%f,%f",&a,&b);
    printf("PER=% .2f\n",100.0*PER(a,b));
}
```

程序运行示例：

```
输入两个数：30，84
```

程序的运行结果：

```
PER=35.71
```

思考：

将宏定义宏体中形参的括号去掉，改为如下两个程序（例 7.6 和例 7.7），如果输入数据是 30、84，输出结果分别是多少，为什么？

【例 7.6】

```
#include <stdio.h>
#define PER(a,b)(a/b)
void main()
{   float a, b;
    printf("输入两个数：");
    scanf("%f,%f",&a,&b);
    printf("PER=% .2f",100.0*PER(a+5,b+5));
}
```

【例 7.7】

```
#include <stdio.h>
#define PER(a,b) a/b
```

```
void main()
{   float a, b;
    printf("输入两个数：");
    scanf("%f,%f",&a,&b);
    printf("PER=% .2f",100.0*PER(a+5,b+5));
}
```

7.2　文 件 包 含

文件包含

文件包含是一种模块化程序设计手段，有助于代码的重用。通常将函数的声明、经常使用的常量（用宏定义命令定义）等写在一个或多个源文件中，在需要的时候使用文件包含命令将文件包含进来。

“#include”为文件包含命令，用于在编译期间把指定文件的内容包含进当前文件中。

文件包含的一般使用格式如下。

```
#include "文件名" 或 #include <文件名>
```

其中，文件名为被包含的源程序文件，其扩展名为“.h”或“.c”。

上述两种格式都能使编译系统把指定的文件嵌入带有“#include”命令的源文件中，但两者搜索被包含文件路径的方式不完全相同。

如果指明被包含文件的路径和文件名，则两种格式进行预处理时都在所指定的目录中查找被包含的文件。如果没有明确地给出文件的路径，使用命令“#include "文件名"”时，先在当前工作目录中查找，若找不到指定的文件，再到 C 语言编译环境指定的标准目录中查找；而使用命令“#include <文件名>”时，直接到系统指定的标准目录中查找，并不搜索当前目录。

因此，一般使用第二种格式进行系统“.h”头文件的包含；使用第一种格式包含用户自己编写的源文件。图 7.1 为文件包含处理的示意图。

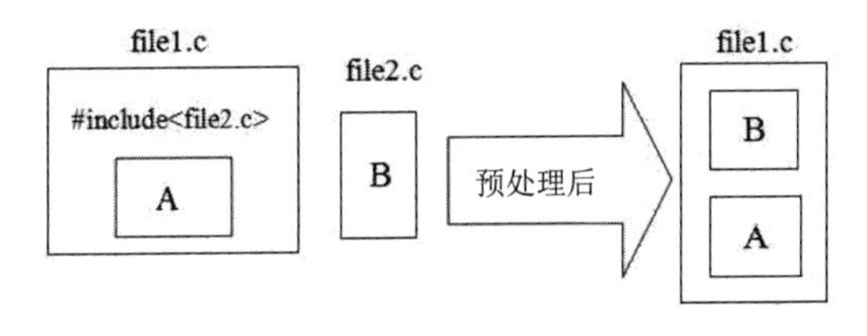

图 7.1　文件包含处理的示意图

C 语言系统提供了许多实用的库函数及宏定义，它们的使用声明按类别存放在以“.h”为扩展名的文件（称为头文件）中。系统提供的“.h”头文件位于 C 编译系统的 include 子目录中。如果源程序要使用某种类型的系统函数，那么在程序中就要使用预处理命令 include 将该函数对应的头文件包含进来。例如，数学类库函数的声明放在头文件 math.h 中，在程序中要调用某个数学库函数，必须使用文件包含预处理命令“#include<math.h>”，将数学头文件包含到源程序文件中。

【例 7.8】编写程序，输入角度，求相应的正弦值。

```
#include<stdio.h>
#include<math.h>
void main()
{   double x,y;
    scanf("%lf",&x);
    y=sin(x);
    printf("Result:  %lf",y);
}
```

程序运行时输入：

```
0.5235987757        #这个数为30度角的弧度值，即π/6
```

程序运行结果：

```
Result:  0.500000
```

【例 7.9】求平面上任意两点间的距离。

```
#include<stdio.h>
#include<math.h>
void main()
{   float x1,x2,y1,y2,dist;
    printf("Input the first point:");
    scanf("%f%f",&x1,&y1);
    printf("Input the second point:");
    scanf(" %f%f",&x2,&y2);
    dist=sqrt(pow(x1-x2,2)+pow(y1-y2,2));     //调用数学库函数 sqrt()、pow()
    printf("dist=%f\n",dist);
}
```

程序运行示例：

```
Input the first point: 0  0
Input the second point: 3  4
```

程序运行结果：

```
dist=5.000000
```

提示：sqrt(x)实现数学中的开平方计算，即对应数学表达式$\sqrt{x}$；pow(x,y) 实现数学中的幂运算，即对应数学表达式x^y。

使用“#include”命令要注意以下几点。

（1）一个“#include”命令只能指定一个被包含文件，如果要包含 *n* 个文件，要用 *n* 个“#include”命令。

（2）文件包含可以嵌套。例如，文件 file1.c 中有命令“#include "file2.c"”，而文件 file2.c 中有命令“#include "file3.c"”，那么，文件 file1.c 把 file2.c 中包含的文件 file3.c 也包含进来。

（3）若“#include”命令指定的文件内容发生变化，则应该对包含此文件的所有源文件重新编译处理。

【例 7.10】编写程序，输入两个字符串，输出连接后的字符串。

```
#include<stdio.h>
#include<string.h>
void main()
{   char s1[40], s2[20];
    gets(s1);
```

```
    gets(s2);
    strcat(s1,s2);
    puts(s1);
}
```

程序运行时输入：

```
ABC
DEF
```

程序运行结果：

```
ABCDEF
```

【例 7.11】 编写程序，输入一个字母，如果输入大写字母，则输出小写字母；如果输入小写字母，则输出大写字母。

```
#include<stdio.h>
#include<ctype.h>
void main()
{   char c,flag;
    scanf("%c", &c);
    flag=isupper(c);
    if(flag)
        {   c=tolower(c);
            printf("%c\n",c);}
    else
        {   c=toupper(c);
            printf("%c\n",c);}
}
```

程序运行时输入：

```
a↙
```

程序运行结果：

```
A
```

再次运行程序时输入：

```
B↙
```

程序运行结果：

```
b
```

【例 7.12】 宏定义、文件包含应用。

（1）创建头文件 pro.h。

```
#define PR printf
#define NL "\n"
#define D "%d"
#define D1 D NL
#define D2 "%d%d\n"
#define D3 "%d%d%d\n"
#define D4 "%d%d%d%d\n"
#define S "%s"
```

（2）创建 C 源文件 f1.c。

```
#include "stdio.h"
#include "pfo.h"
```

```
void main()
{   int a,b,c,d;
    char string[]="STUDENT";
    a=1;b=2;c=3;d=4;
    PR(D1,a);
    PR(D2,a,b);
    PR(D3,a,b,c);
    PR(D4,a,b,c,d);
    PR(S,string);
}
```

程序运行结果：

```
1
12
123
1234
STUDENT
```

提示：执行该程序时，首先建立一个头文件，命名为 pfo.h，保存后关闭。再创建扩展名为".c"的源文件（注意保存位置要与扩展名为".h"的头文件在同一个文件夹内），然后编译、链接、执行即可。

7.3 条件编译

一个源程序中的所有语句并不一定要全部编译执行，通过条件编译预处理命令可以指定编译系统根据条件有选择地编译部分代码，这样可以避免生成不必要的程序代码，从而减少目标程序的长度。条件编译命令常用以下几种形式。

1. #ifdef 标识符

```
#ifdef 标识符
       程序段 1
#else
       程序段 2
#endif
```

作用：当标识符已经被#define 命令定义过，则编译程序段 1，否则编译程序段 2。可以根据需要省略#else 分支。即

```
#ifdef 标识符
       程序段
#endif
```

作用：若标识符已经被#define 命令定义过，则编译程序段，否则不编译程序段。

2. #ifndef 标识符

```
#ifndef 标识符
       程序段 1
#else
       程序段 2
#endif
```

作用：若标识符未被"#define"命令定义过，则编译程序段 1，否则编译程序段 2。可以根据需要省略#else 分支。

3. #if 整型常量表达式

```
#if 整型常量表达式
    程序段 1
#else
    程序段 2
#endif
```

作用：当整型常量表达式值为真（非 0）时，编译程序段 1，否则编译程序段 2。可以根据需要省略“#else”分支。

【例 7.13】从键盘输入两个数，输出较小的数。

```
#include<stdio.h>
#define FLAG 0
void main()
{   int a,b,m;
    scanf("%d%d", &a, &b);
    #if FLAG
        m=a>b?a:b;
    #else
        m=a<b?a:b;
    #endif
    printf("m=%d\n", m);
}
```

程序运行时输入：

```
3   8↙
```

程序运行结果：

```
3
```

上述程序在编译时，由于定义了符号常量 FLAG 的值为 0，因此编译语句“m=a<b?a:b;”，而不编译语句“m=a>b?a:b;”。如果将例 7.13 程序中的宏定义命令改为“#define FLAG 1”，则编译语句“m=a>b?a:b;”，而不编译语句“m=a<b?a:b;”。

习　题　7

一、阅读程序题（写出程序的运行结果）

1．

```
#include <stdio.h>
#define S(x) x*x
void main()
{   int a,k=3;
    a=S(k+4);
    printf("%d\n",a);
}
```

2．

```
#include <stdio.h>
#define M(x,y,z)   x*y-z
void main()
```

```
{   int a=1,b=2,c=3;
    printf("%d",M(a+b,b+c,c+a));
}
```

3.

```
#include <stdio.h>
#define M(x,y)    x/y
void main()
{   int a=20,b=16,c=5;
    printf("%d",M(a+b,c-b));
}
```

4.

```
#define PI 3.14
#define R 3.0
#define S PI*R*R
#include <stdio.h>
void main()
{   printf("S=%.2f\n",S);   }
```

二、完善程序题（根据下列程序的功能描述，在程序的空白横线处填入适当的内容，使程序完整、正确）

以下程序的功能是通过带参数的宏定义求圆的面积。

```
#include <stdio.h>
#define PI 3.1415926
#define AREA(r) _________
void main()
{   float r=5;
    printf("%f",AREA(r));
}
```

三、程序改错题（每小题只有一个错误，找出错误的行号并改正。每行语句前的序号只标注行号，非程序本身的内容）

求圆的面积和周长。

```
（1）#include <stdio.h>
（2）#define PI=3.14159
（3）  void main()
（4）      {   float r=5.0,s,z;
（5）          s=PI*r*r;
（6）          z=2*PI*r;
（7）          printf("s=%6.2f,z=%6.2f\n",s,z);   }
```

四、拓展练习题

编写程序，利用带参数的宏定义，判断一元二次方程是否有实根。

【提示】判断一元二次方程是否有实根可以根据“b*b-4*a*c”是否大于等于 0 来判断，用带参数的宏来替换“b*b-4*a*c”，要注意什么位置需要加括号。

第 8 章　指　　针

指针是 C 语言中的一个重要概念，运用指针编程也是 C 语言的主要特色之一。准确而灵活地运用指针可以有效地表示复杂的数据结构，动态分配内存，方便灵活地使用字符串和数组；利用指针可以在调用函数时获得多个结果值，还可以直接处理内存地址，从而编写简洁精练而又高效的程序，丰富 C 语言的功能，可以说，没有掌握指针就不算真正地掌握了 C 语言编程。

由于指针是直接对内存地址进行数据处理，理解和处理数据时比较复杂，使用方式灵活多变，初学时请特别注意。

8.1　地址与指针的概念

8.1.1　地址与指针

计算机内所有的数据都是存放在存储器中的。通常存储器中的存储单元以字节为单位，一个字节则称为一个内存单元。在程序中如果定义了一个变量，在编译时系统会为其分配相应的内存单元。不同数据类型所占用的内存单元数量（需要的字节数）不同。为了准确地访问这些内存单元，系统必须为每个内存单元进行编号，这个编号就是地址，就如同一个酒店为所有的房间进行编号一样，而地址所标志的内存单元中存放的数据就如同酒店房间中居住的客人一样。系统（酒店）根据某个内存单元（房间）的编号（门牌号码），就可以准确地找到该内存单元（房间），从而访问内存单元数据（找到此房间中的客人）。

由于根据内存单元的地址就可以找到所需的内存单元，因此通常也把这个地址称为指针。不同类型的数据在内存中存储时，往往需要的存储单元个数（字节数）不相同，此时提到的某数据在内存单元中的存储地址则主要是指其所占的存储单元中起始单元的地址，即第一个字节的地址。

8.1.2　变量的指针

C 语言的变量必须先定义后使用，定义变量的目的就是让编译系统为变量在内存中分配相应的内存单元（一个字节或多个字节）用来存放变量的值，即每个变量在内存中都会有固定的位置，有具体的地址。

编译系统为每个变量分配的内存单元所占的字节数由变量的数据类型决定，而数据类型由变量的定义来声明。例如，为整型变量分配 4 字节，为字符型变量分配 1 字节，为单精度型变量分配 4 字节，为双精度型变量分配 8 字节。存储在变量对应内存单元中的数据称为变量的值。

例如：

```
char a='*';
int b=15;
```

```
float c=3.4;
double d=3.14159;
```

假设系统为各变量分配的存储空间是从 1000 开始的，则以上各变量在内存中的存放情况如图 8.1 所示，变量 a 占用的内存地址是 1000（1 字节），变量 b 占用的内存地址为 1001～1004（占 4 字节），变量 c 占用的内存地址为 1005～1008（占 4 字节），变量 d 占用的内存地址为 1009～1016（占 8 字节）。系统中各变量与其指针的对应关系如表 8.1 所示。

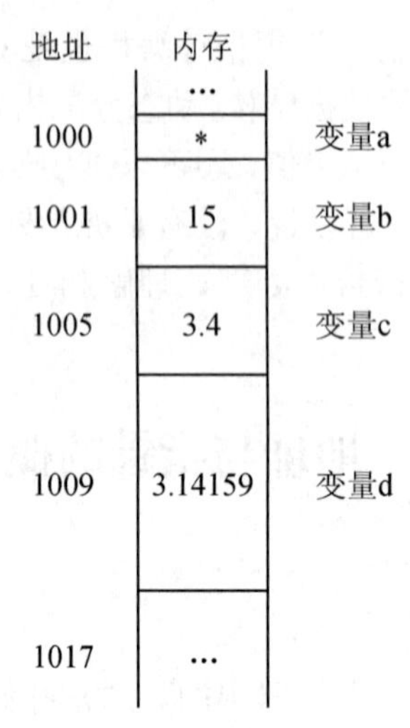

图 8.1 内存地址示意图

表 8.1 变量与指针的对应关系

变量名	指针（内存单元的起始地址）	数据类型
a	1000	char
b	1001	int
c	1005	float
d	1009	double

注意： 由于一个数据往往占用多个字节，前面提到某数据在内存单元中的存储地址是指其所占的存储单元中起始单元的地址，也就是第一个字节的地址，所以指针也就是用编译系统为变量分配的内存单元的第一个字节的地址来表示。变量的存储地址（指针）是系统分配的，用户不能改变，所以变量的指针是地址常量。

8.2 指针变量

8.2.1 指针变量的定义及初始化

1. 指针变量的定义

C 语言规定所有的变量在使用前必须先定义，系统根据其定义类型分配内存单元。如果定义一个变量，其内存只能用来存放另一个变量的地址，则该变量就是指针变量。指针变量也和其他变量一样，在使用之前要先定义。

指针变量定义的形式如下。

```
类型标识符 *变量名;
```

说明：

（1）类型标识符是该指针变量可以指向的变量的类型，此类型的指针变量可用于指向同种类型的数据。

（2）指针变量名前的“*”表示该变量是一个指针类型的变量，“*”并不是指针变量名的一部分，指针变量名需要符合用户自定义标识符的命名规则。

例如：

```
char *p1;        //p1 存放字符型变量的指针（地址）
int *p2;         //p2 存放整型变量的指针（地址）
float *p3;       //p3 存放单精度型变量的指针（地址）
```

表示 p1、p2、p3 是 3 个指针变量，即 p1、p2、p3 分别指向字符型变量、整型变量和浮点型变量。

另外需要注意的是，在不同字体中，“*”可能表现为五星形状。

由于 p1、p2、p3 分别指向字符型变量、整型变量和浮点型变量，为了简化理解和记忆，上述指针变量的定义也可以理解为 p1、p2、p3 分别是字符型指针变量、整型指针变量和浮点型指针变量。

2. 指针变量的初始化

指针变量同普通变量一样，使用之前不仅要定义说明，而且必须赋予具体的值。未经赋值的指针变量不能使用，否则将造成系统混乱，甚至死机。

对指针变量只能赋予地址，绝不能赋予任何其他数据，否则将引起错误。在 C 语言中，变量的地址是由编译系统分配的，对用户完全不透明，用户不知道变量的具体地址。

C 语言中提供了地址运算符（&）来表示变量的地址，其一般形式如下。

```
&变量名;
```

如&a 表示变量 a 的地址，&b 表示变量 b 的地址。变量本身必须预先说明。

设有指向整型变量的指针变量 p，如要把整型变量 a 的地址赋予 p，可以有以下两种方式。

（1）定义指针变量的同时对指针变量初始化：

```
int a; int *p=&a;    //可以简写为 int a, *p=&a;
```

（2）先定义，后赋值：

```
int a; int *p; p=&a;
```

注意：

- 无论哪种写法，对于被引用地址的变量 a，其定义一定要写在指针变量 p 之前，特别在第一种情形下，如果简写成“int a,*p=&a;”，则变量 a 名字必须写在前。
- 第二种方法中被赋值的指针变量前不能再加“*”说明符，如写为*p=&a 是错误的。
- 不允许把一个数赋予指针变量，故下面的赋值是错误的。

```
int *p; p=1000;
```

- 相同类型的指针变量间也可以相互赋值，例如：

```
char a ='c',*p1=&a;         //在定义变量的同时进行初始化
char *p;
p=p1;                       //用指针变量 p1 为指针变量 p 赋值
```

将p1所保存的地址赋予指针变量p，使得p和p1两个指针变量同时指向变量a，如图8.2所示。

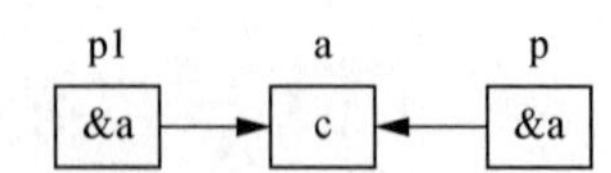

图8.2 两个指针变量同时指向普通变量示意图

指针变量的定义及赋值

使用指针变量时需注意以下几点。

（1）为指针变量赋值时，数据类型一定要匹配。

```
char *p;    float x=2.7182, *q;
p=&x;
q=&x;
```

赋值语句“p=&x;”为非法操作，因为*p只能访问字符型（1字节）的内容；而赋值语句“q=&x;”是合法的，因为*q可以访问单精度型（4字节）的内容。以下示例为正确的引用形式。

```
char a='c',*p1=&a;
int b=12,*p2=&b;
float c=2.3,*p3=&c;
```

其中，指针变量分别初始化为“p1=&a; p2=&b; p3=&c;”，即p1指向a，p2指向b，p3指向c，示意图如图8.3所示。

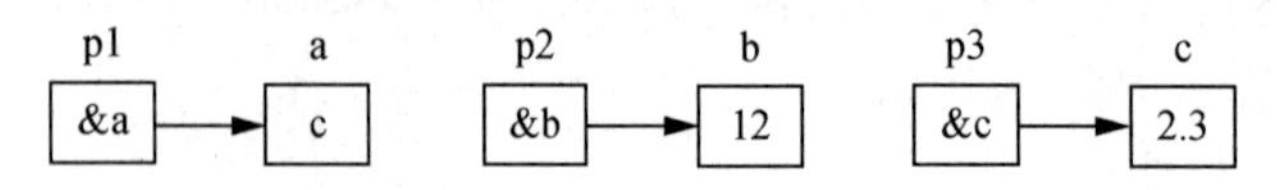

图8.3 指针变量指向普通变量示意图

（2）指针变量在使用前一定要赋予地址值，如果指针变量在使用前没有赋值，则其值不确定，即指向不确定的某个单元，使用时容易出错，严重时会造成系统瘫痪。

3. 取地址运算符

在为指针变量赋值时经常用到“&”运算符，&作为取地址运算符时，用于取得变量在内存中的地址，表示引用此变量的地址。

在语句“p1=&a;”中，&a表示取得变量a的地址（指针），通过赋值运算将变量a的地址赋值给指针变量p1，使得指针变量p1指向变量a。

在输入函数scanf("%d%f",&a,&x) 中，&a、&x就是内存中变量地址的表示方式，函数的调用是按照变量的地址将数据输入地址所指向的内存单元。

【例8.1】查看整型变量的内存地址，通过指针变量访问变量。

```
#include<stdio.h>
void main()
{
    int a=10;
    int *p;                          //*表示p是一个指针变量
    p=&a;                            //为p赋值，即p指向变量a
    printf("a=%d\n",a);              //通过变量名直接访问变量a
    printf("a=%d\n",*p);             //通过指针变量p间接访问变量a，*p表示p所指向的变量a
    printf("a-add=%#x\n",&a);        //以十六进制格式输出变量a的地址
    printf("a-add=%#x\n",p);         //以十六进制格式输出变量p的值
}
```

程序运行结果：

```
a=10
a=10
a-add=0xfef768
a-add=0xfef768
```

说明：

（1）变量的地址是一个无符号整数，输出时除了用“%x”格式，即用十六进制格式输出地址，也可以用“%u”“%d”等格式。如果使用“%#x”格式，则输出十六进制数的前导符 0x。

（2）由于不同的编译系统分配给变量的地址因时而异，因此上述程序在不同的集成环境下，甚至同一台系统在不同的时间运行输出的地址可能都不同。

8.2.2　指针变量的引用

指针变量只能用于保存其他变量的地址，不能将任何非地址类的数据赋值给指针变量。当一个指针变量中存储了其他变量的地址时，我们就说这个指针变量与其他变量之间建立起了指向关系，即这个指针变量指向了其他变量，通过指针变量可以对其所指向变量进行访问。指针对所指向变量的访问对变量本身而言是一种间接访问，也称为对指针变量的引用。对指针变量的引用形式如下。

```
*指针变量
```

其含义是指针变量所指向的变量的值。其中，“*”运算符称为指针运算符，只用于访问指针变量所指向的变量。

例如：

```
char *p1,a;
p1=&a;
*p1='c';
```

“*p1='c';”等价于“a='c';”，因指针变量 p1 指向变量 a，所以*p1 就是对变量 a 的间接访问，在指定“p1=&a”之后的程序处理中，凡是可以写&a 的地方，都可以替换为 p1，而 a 也可以用*p1 来表示。

【例 8.2】 用指针变量进行输入/输出。

```
#include<stdio.h>
void main()
{   int *p,a;
    scanf("%d",&a);
    p=&a;                        //指针变量 p 指向变量 a
    printf("%d",*p);             //*p 是指针所指向变量的引用形式，与 a 意义相同
}
```

指针变量的引用

程序运行时输入：

```
123
```

程序运行结果：

```
123
```

【例 8.3】 例 8.2 也可修改为如下程序。

```
#include<stdio.h>
void main ()
```

```
{   int *p,a;
    p=&a ;
    scanf("%d",p) ;              //p 是变量 a 的地址，可以替换&a
    printf("%d",a);
}
```

程序运行时输入：

```
123
```

程序运行结果：

```
123
```

例 8.2 和例 8.3 的运行结果完全相同。

【例 8.4】思考一下，若将程序修改为如下形式，会产生什么样的结果？

```
#include<stdio.h>
void main()
{   int *p,a;
    scanf("%d",p) ; //p 变量还没有指定其指向的内存单元（变量 a），此时是否危险？
    p=&a ;
    printf("%d",a);
}
```

【例 8.5】阅读下列程序，写出程序运行结果。

```
#include<stdio.h>
void main()
{   int a=10,b=20;
    int *p1=&a,*p2=&b,*p;
    printf(" a=%d,b=%d,*p1=%d,*p2=%d\n",a,b,*p1,*p2);
    p=p1;
    p1=p2;
    p2=p;
    printf("a=%d,b=%d,*p1=%d,*p2=%d\n",a,b,*p1,*p2);
}
```

程序运行结果：

```
a=10,b=20,*p1=10,*p2=20
a=10,b=20,*p1=20,*p2=10
```

说明：

（1）程序最初的定义使 p1、p2 分别指向 a、b，所以 a 与*p1、b 与*p2 的值分别相同，如图 8.4（a）所示。

（2）执行语句“p=p1; p1=p2; p2=p;”后，p1 指向 b，p2 指向 a，所以 a 与*p2 的值相同，b 与*p1 的值相同，如图 8.4（b）所示。

图 8.4　指针变量 p1、p2 的指向变化

8.3　指针与数组

在 C 语言中，系统不但为变量分配存储空间，使其有一个固定的地址，对于构造类型数组，系统也为其分配一段连续的存储空间，作为数组成员的每一个元素也有各自的内存地址。指针变量既可以指向一个普通的变量，也可以指向一个数组中的元素，即将一个数组元素的地址存入一个指针变量中，令此指针变量指向这个元素。指针与数组在形式和操作上有着十分密切的关系。由于数组的元素在内存中是连续存放的，因此用指针访问数组中的元素会更方便，比如，可以通过改变指针值来指向数组中不同的元素，利用指针的自加或自减来指向数组中前后两个相邻的元素。

8.3.1　数组的指针和指针变量

一个数组包含多个元素，每个元素都分别占用各自的内存单元，编译系统为整个数组分配的是一段连续的存储空间，因而数组中每个元素都有相应的地址。在访问数组时可以利用每个元素的地址（即指针）来完成操作。数组的指针是指数组的起始地址（首地址），即下标为 0 的元素的地址。在 C 语言中，数组名本质上表示的就是数组的首地址。

指针变量可以指向变量，也可以指向数组或数组中某一个元素，只要把数组的首地址或某个元素的地址赋值给一个指针变量即可。指向数组的指针变量的定义与指向变量的指针变量的定义相同。例如：

```
int a[10] , *ptr;        //定义数组与指针变量
```

进行赋值操作“ptr=a;”或“ptr = &a[0] ;”，则 ptr 中存入数组的首地址。由于 a 代表数组的首地址，&a[0]是数组元素 a[0]的地址，a[0]的地址就是数组的首地址，因此这两个赋值操作等价。指针变量 ptr 就是指向数组 a 的指针变量。

假设定义指针变量 ptr 并指向了一维数组 a，则可以用以下方法表示指针对数组元素的引用。

（1）ptr+i 与 a+i 都表示数组元素 a[i]的地址，即&a[i]。

（2）*(ptr+i)和*(a+i)表示数组的各元素，等价于 a[i]。

（3）指向数组的指针变量可借用数组的下标形式表示数组中各元素，即 ptr[i]等价于*(ptr+i)。

8.3.2　指针运算

指针是内存中的一个地址，虽然其本质上是一个整数（大家可以考虑一个问题：无论何种类型的指针变量，其占用的存储空间应该是多少个字节？），但是又不同于一般的整数，指针因其表示的是不同类型数据的地址而使得其运算具有一定的特殊性。

C 语言规定：如果指针变量 p 被设置成指向数组中的一个元素，则 p+1 指向同一数组中下一个相邻的元素，而不是简单地将 p 变量作为一个整数加 1。例如，数组元素是整型，每个元素占 4 字节，则 p+1 意味着使 p 的值（地址编号）增加了 4（字节），表示指向下一元素。由此可知，如果 d 是一个数组的元素所占的字节数，则 p+1 代表的内存单元的地址实际上为[p 的值（地址）]+1×d，感兴趣的同学可以自行编程尝试一下用指针变量输出一个数组中各元素的地址。

除了指针的赋值运算、间接引用运算外，指向数组的指针变量可以进行的运算主要包括以下几种。

1. 指针变量加减一个整数

指针变量与整数相加减运算包括几种形式：指针+整数、指针-整数、指针变量++、指针变量--，其运算结果仍表示一个指针。需要注意的是，一个数组中元素个数有限，因而，一个指针与整数相加减时，所得结果仍需要在此数组范围内，超出数组则指向未知数据，而非本数组中的元素，此时虽然编译系统不报错，但没有实际意义，我们视这种情况为数组下标越界。

假设指针变量 p 已指向一个数组，n 为一个正整数，则指针 p+/-n 指向当前元素后/前的第 n 个元素。

指向数组元素的指针变量进行自加运算后，该指针指向原来指向元素的后一个相邻元素；进行自减运算后指向原来指向元素的前一个相邻元素。无论自加还是自减运算，仍需要注意下标越界问题。表 8.2 所示为两组数组的指针分别进行自加运算和自减运算后指针的指向举例。

表 8.2 数组的指针进行自加（减）运算举例

p++运算	p--运算
int a[10],*p; p=&a[5];　　　//p 指向 a[5] p++;　　　　//p 指向 a[6]	int a[10],*p; p=&a[5];　//p 指向 a[5] p--;　　　//p 指向 a[4]

以自加运算为例（自减运算的操作有相似情形），如有定义“int a[10],*p=a;”，则对指针变量的运算还需要注意以下几种比较复杂的运算情况。

（1）*(p++)与*p++等价。由于“++”和“*”的运算优先级相同，结合方向为右结合，因而这两个表达式的作用是先使用 p 当前的值（当前指针），其值与“*”结合表示指针当前所指向的元素值，即*p，而后再使 p 自增指向下一个元素 a[1]，即 p=p+1。

（2）*(++p)与*++p 等价。表示先进行（++p）运算，使 p 先指向下一个元素 a[1]，再使用指针所指向的元素值，即使用 a[1]。

（3）(*p)++的作用是先使用 p 指向的元素 a[0]，然后将 a[0]的值加 1，即 a[0]=a[0]+1，而非指针值加 1（p 指针变量没有改变，仍指向原来那个元素）。

（4）++(*p)的作用是先将 p 指向的元素值加 1，然后使用 p 指向的元素值，相当于元素值的自增。p 指针值维持原值并没有加 1，没有指向其他元素。

2. 指针变量间相减

如有两个指针分别指向同一个数组的两个元素，则两个指针可以进行减法运算，即“指针-指针”，其结果为整数，其正负性可以表示出两个元素在数组中的位置关系：正数表示被减数指针变量指向较为靠后的元素，反之，若为负数则表示被减数指针变量指向较为靠前的元素，若为 0，则表示两个指针指向同一个元素。对差值整数取绝对值，其含义为两个指针之间数组元素的个数。例如：

```
int a[10],*p=&a[5],*q=a+7;
```

表达式“p-a”的值为 5，5 表示 a 到 p 之间有 5 个元素。而表达式“p-q”的值为-2，则表示

p 指向较为靠前的元素（a[5]）；表达式“q-p”的值为 2，则表示 q 指向较为靠后的元素（a[7]）。

3. 指针变量间的关系运算

若两个指针指向同一个数组的两个元素，则两个指针可以进行关系运算，其意义是比较两个指针位置。如同前面两个指针变量的减法运算一样，差的正负性可以表示出两个指针所指元素之间的前后位置关系。例如。

```
int a[10],*p=&a[2],*q=a+7;
```

表达式“p<q”的值为真，表明指针变量 p 所指元素位置在前，指针变量 q 所指元素位置在后。

8.3.3 通过指针引用数组元素

若有定义“int a[10],*p=a;”，由于&a[i]、a+i 和 p+i 都表示元素 a[i]的地址，彼此等价，而 a[i]、*(a+i)和*(p+i)也互相等价，表示下标为 i 的元素。故而对一维数组的元素除了可以使用下标法引用外，也可以借用指针。通过指针引用数组元素具体如下。

1. 通过数组名计算数组元素地址

通过数组名计算数组元素地址，引用数组的元素，其一般形式如下。

```
*(数组名+整型表达式)
```

值得注意的是，整型表达式的值一般为非负整数，其取值范围为数组元素的下标的取值范围（0～数组长度-1），以防止引用数组元素时下标越界。例如，*(a+5-2)表示数组元素 a[3]。

【例 8.6】从键盘上任意输入 10 个数，然后逆序输出。

```
#include<stdio.h>
void main()
{   int a[10], i, t;
    for(i=0;i<10;i++)                //输入 10 个整数存入数组 a 中
       scanf("%d",a+i);
    for(i=0;i<5;i++)                 //交换对应元素的值,实现逆序
    {   t=*(a+i);
        *(a+i)= *(a+9-i);
        *(a+9-i)=t; }
    for(i=0;i<10;i++)                //输出数组 a 中 10 个元素
        printf("%4d",*(a+i));
}
```

2. 用指针变量指向数组元素

指针与一维数组

用指针变量指向数组元素的方式来引用数组元素，其一般形式如下。

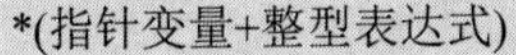

```
*(指针变量+整型表达式)
```

或

```
指针变量[整型表达式]
```

其中，指针变量为指向一维数组元素的指针变量；整型表达式的取值范围为 0～数组长度-1。例如：

```
int a[10],*q=a,*p=&a[3];
*p=50;
*(p+4)=10;
q[5]=20;
```

其中，“*p=50;”的作用相当于“a[3]=50;”，“*(p+4)=10;”的作用相当于“a[7]=10;”，而“q[5]=20”则相当于“a[5]=20”。

由于q指向数组a的首元素，从某种角度可以理解成q是数组a的另外一个名字。而指针变量p由于从一开始指向数组a中下标为3的元素，因此可以将p看成是数组a的一个子数组（其中p[0]～p[6]分别对应a[3]～a[9]元素）。

【例8.7】 采用指针变量表示的地址法输入/输出数组各元素。

（1）指针变量的值不变。

```
#include<stdio.h>
void main()
{   int a[10],i,t,*p;
    p=a;
    for(i=0;i<10;i++)                          //输入10个整数存入数组a中
        scanf("%d",p+i);
    for(i=0;i<5;i++)                           //交换对应元素的值，实现逆序
        {   t=*(p+i);
            *(p+i)= *(p+9-i);
            *(p+9-i)=t; }
    for(i=0;i<10;i++)                          //输出数组a中10个元素
            printf("%4d",*(p+i));
}
```

此程序中使用指针变量访问数组元素，相当于用数组a的另外一个名字p来表示数组中元素，因而其执行效率与直接下标法、数组名表示地址法的效率是相同的，将下标法表示的元素a[i]转换为*(a+i)，即由数组的起始地址先计算出元素地址，再从内存中读取内容。

（2）指针变量的值随循环的进行而改变。

```
#include<stdio.h>
void main()
{   int a[10],t,*p,*q;
    for(p=a;p<a+10;p++)      //每一次执行p++表示都使得p指向下一个元素
        scanf("%d",p);       //输入10个整数存入数组p中（p即为数组a的别名）
    p=a;                     //指针变量p重新指向数组首地址，即指向a[0]
    q=a+9;                   //q指向a[9]
    for( ;p<q;p++,q--)       //每执行一次循环，p指向下一个元素，q指向前一个元素
        {   t=*p;
            *p=*q;
            *q=t;}           //交换对应元素的值，实现逆序
    for(p=a;p<a+10;p++)      //p重新指向a[0]，依次输出数组a中各元素
        printf("%4d",*p);
}
```

由于指针变量直接指向元素，不必每次都重新计算下一个元素的地址，因而这种有规律地改变地址值的方法（p++在内存中执行效率很高）能大大提高程序的执行效率。然而，执行p++操作时会令指针变量发生变化，因此难以迅速地判断当前指针变量指向哪一个元素，而用下标法比较直观，能直接判断当前处理的元素。

另外，由于指针的改变，往往在引用时需要特别注意指针越界（是否超出数组表示的元素范围）。此例中，执行第一个 for 循环语句时改变了指针变量 p 的值，因而循环语句结束后，指针变量 p 不再指向数组中任何一个元素（实际上指向数组最后一个元素 a[9]的下一个相邻单元，一个没有意义的所谓的 a[10]，即为下标越界，这种方式将得到预想不到的结果，应该避免此时引用*p），需要再次执行 p=a 使指针变量 p 重新指向数组首地址，即指向 a[0]。在实际编程中，若使用指针变量指向数组元素时，指针变量发生变化，则需要时刻留意下标越界，如有必要，可执行指针重置操作。

3. 指针变量的下标法

指针变量的下标法也可以引用数组的元素，即 p[i]与*(p+i)等价。[ ]是下标运算符，即将 p[i]按 p+i 计算地址，然后找出该地址中的值。

【例 8.8】用指针变量表示的下标法输入/输出数组各元素。

```
#include<stdio.h>
void main()
{   int a[10],i,t,*p;
    p=a;
    for(i=0;i<10;i++)
            scanf("%d",&p[i]);
    for(i=0;i<5;i++)
        {   t=p[i];
            p[i]= p[9-i];
            p[9-i]=t;
        }
      for(i=0;i<10;i++)
            printf("%4d",p[i]);
}
```

在使用指针变量引用数组元素时，应注意以下几种情况。

（1）指针变量的值是可以改变的，在上述程序中重复执行 p++，使 p 的值不断改变；而数组名是数组的首地址，其值为地址常量，因此 a++是非法操作。

（2）C 语言对数组元素的下标不进行越界检查，在使用指针变量引用数组元素时，应该保证指针指向数组的元素，特别是指针发生改变时要留意数组下标越界的情况，采取必要的措施保证指针变量能正确引用数组中元素。

【例 8.9】阅读下列程序，对比使用指针变量引用数组元素的各种情况。

```
#include<stdio.h>
void main()
{     int a[]={10,20,30,40},*p;
      p=a+2;                            //p 指向 a[2]
      printf("1) %d\n",*(p++));         //输出 a[2]的值，p 下移指向 a[3]
      printf("   *p=%d\n",*p);          //输出 a[3]的值
      p=a+2;
      printf("2)%d\n",*p++);
      printf("   *p=%d\n",*p);
      p=a+2;
      printf("3)%d\n",*(++p));          //p 先下移指向 a[3]，然后输出 p 所指的 a[3]的值
```

```
    p=a+2;
    printf("4)%d\n",(*p)++);
        //输出 p 指向的 a[2]，然后 p 所指向元素值加 1，即 a[2]的值加 1，p 仍指向 a[2]
    printf("    *p=%d\n",*p);
    a[2]=30;
    printf("5)%d\n ",++ (*p));
    //p 指向的元素值加 1，即++ (a[2])，然后输出 a[2]的值 31
}
```

程序运行结果：

```
1）30
        *p=40
2）30
        *p=40
3）40
4）30
        *p=31
5）31
```

8.3.4 指针与二维数组

指针变量可以指向一维数组中的各元素，也可以指向二维数组甚至多维数组中的元素，但要理解多维数组的指针往往要比理解一维数组的指针难。

1. 二维数组的指针

C 语言编译系统为数组的所有元素分配的是一段连续的内存空间，而二维数组的元素在内存中是按行存放的，即先存放第 1 行的各元素，再存放第 2 行的各元素，依此类推。二维数组的指针就是该连续空间的起始地址，可以用数组名来表示。例如：

```
short int a[3][4]={{1,2,3,4},{5,6,7,8},{9,10,11,12}};
```

表示二维数组 a 有 3 行 4 列共 12 个元素，在内存中按行存放，存放形式如图 8.5 所示。二维数组 a 包含 3 行元素，也可以看作其包含 3 个元素，即 a[0]、a[1]和 a[2]。而每个元素 a[0]、a[1]和 a[2]又是一个一维数组，每个数组由 4 个元素（4 列元素）构成，如 a[0]所表示的一维数组则包含了 a[0][0]、a[0][1]、a[0][2]和 a[0][3]这 4 个元素。

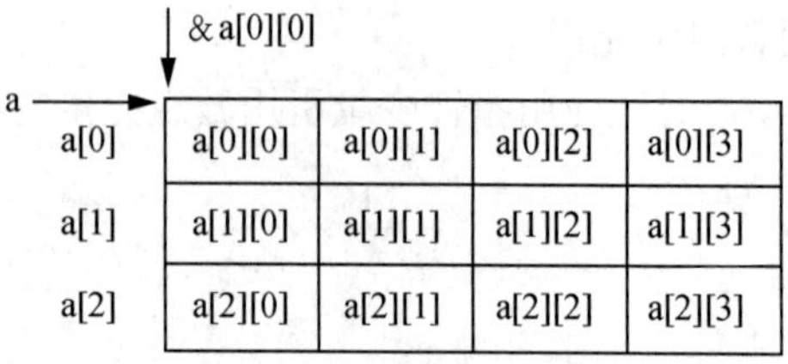

&a[0][0]；a →

a[0]	a[0][0]	a[0][1]	a[0][2]	a[0][3]
a[1]	a[1][0]	a[1][1]	a[1][2]	a[1][3]
a[2]	a[2][0]	a[2][1]	a[2][2]	a[2][3]

图 8.5 二维数组在内存中的存放

数组名 a 是二维数组的首地址，&a[0][0]既可以看作数组 0 行 0 列的首地址，也可以看作是二维数组的首地址，a[0]是第 0 行的首地址，也是数组的首地址。同理 a[n]就是第 n 行的首地址，&a[n][m]就是数组元素 a[n][m]的地址。

由于二维数组每行的首地址都可以用 a[n]来表示，因此就可以把二维数组看成是由 n 行一维数组组成，将每行的首地址传递给指针变量，行中的其余元素均可以由指针来表示。指针与二维数组的关系如图 8.6 所示。

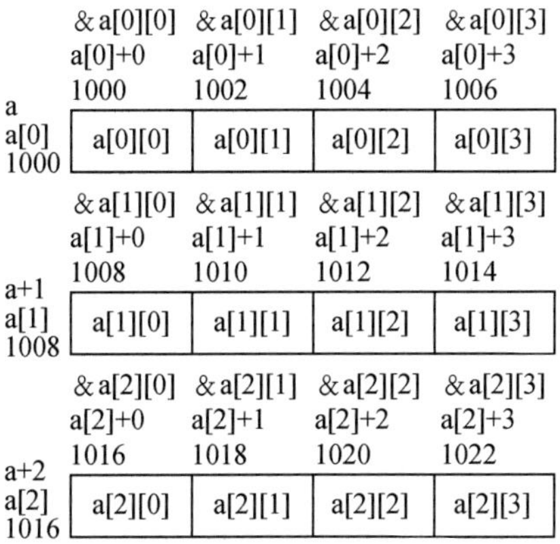

	&a[0][0] a[0]+0 1000	&a[0][1] a[0]+1 1002	&a[0][2] a[0]+2 1004	&a[0][3] a[0]+3 1006
a a[0] 1000	a[0][0]	a[0][1]	a[0][2]	a[0][3]
	&a[1][0] a[1]+0 1008	&a[1][1] a[1]+1 1010	&a[1][2] a[1]+2 1012	&a[1][3] a[1]+3 1014
a+1 a[1] 1008	a[1][0]	a[1][1]	a[1][2]	a[1][3]
	&a[2][0] a[2]+0 1016	&a[2][1] a[2]+1 1018	&a[2][2] a[2]+2 1020	&a[2][3] a[2]+3 1022
a+2 a[2] 1016	a[2][0]	a[2][1]	a[2][2]	a[2][3]

图 8.6　指针与二维数组的关系

二维数组 a 的元素类型为短整型，每个元素在内存中占据 2 字节。假设二维数组从地址 1000 处开始存放，则全部数组元素在内存的存放地址如图 8.6 所示。

对于元素 a[1][2]来说，&a[1][2]是其地址，a[1]+2 也是其地址。分析 a[1]+1 与 a[1]+2 的地址关系，其地址之间的差值并非整数 1，而是一个数组元素所占的字节数 2（每个数组元素占 2 字节）。

对 0 行首地址 a 与 1 行首地址 a+1 来说，地址间的差值同样也并非整数 1，而是一行 4 个元素占的字节总数 8。

2. 二维数组元素的表示方法

（1）用地址法表示数组各元素。由一维数组可知，在二维数组中 a[0]与*(a+0)等价（a[0]是 a[0][0]的地址），a[1]与*(a+1)等价，a[2]与*(a+2)等价。因此，a[0]+1 与*(a+0)+1 等价，都是地址&a[0][1]；a[0]+2 与*(a+0)+2 等价，都是地址&a[0][2]，依此类推。因此，当 i、j 满足条件 0≤i≤2 和 0≤j≤3 时（保证行下标与列下标不越界的前提下）有 a[i]+j 与*(a+i)+j 等价，都是地址&a[i][j]；*(a[i]+j)和*(*(a+i)+j)等价，都是元素 a[i][j]。

（2）用指针法表示数组各元素。由于数组元素在内存连续存放，为指针变量赋值为二维数组的首地址，则该指针指向二维数组。例如：

```
int *ptr, a[3][4];
```

通过赋值语句“ptr = a[0];”或“ptr = &a[0][0];”，即可用 ptr++访问数组的各元素。

【例 8.10】用地址法输入/输出二维数组各元素。

```
#include<stdio.h>
void main()
{   int a[3][4];
    int i,j;
    for(i=0;i<3;i++)
        for(j=0;j<4;j++)
            scanf("%d",a[i]+j);              //地址法
    for(i=0;i<3;i++)
    {
```

```
            for(j=0;j<4;j++)
                printf("%4d",*(a[i]+j));         //*(a[i]+j)是地址法所表示的数组元素
            printf("\n");
        }
}
```

程序运行时输入：

```
1 2 3 4 5 6 7 8 9 10 11 12↙
```

程序运行结果：

```
1       2     3      4
5       6     7      8
9       10    11     12
```

【例 8.11】用指针法输入/输出二维数组各元素。

```
#include<stdio.h>
void main()
{   int a[3][4],*p;
    int i,j;
    p=a[0];
    for(i=0;i<3;i++)
        for(j=0;j<4;j++)
            scanf("%d",p++);                  //指针法表示地址
    p=a[0];                                   //注意指针重新定位到数组的首部
    for( i=0;i<3;i++)
    {
        for( j=0;j<4;j++)
            printf("%4d",*p++);               //指针法表示数组各元素
        printf("\n");
    }
}
```

程序运行时输入：

```
1 2 3 4 5 6 7 8 9 10 11 12↙
```

程序运行结果：

```
1       2     3      4
5       6     7      8
9       10    11     12
```

3. 指向一维数组的指针变量（行指针变量）

在 C 语言中，可以定义一个指向数组元素的指针变量来访问二维数组元素，例如：

```
int *p, a[3][4];
```

通过赋值语句“p = a[0];”或“ptr = &a[0][0];”，即可用 ptr++访问数组的各元素。

由于在 C 语言中二维数组是按行存储的，因而可以定义一个指向一维数组（一行元素）的指针变量，该指针变量也称为行指针变量，定义形式如下。

```
类型标识符  (*指针变量)[指向的一维数组的列长度];
```

其中，类型标识符为所指一维数组的数据类型，“*”表示变量为指针类型。例如：

```
int (*p)[4],a[3][4];
float score[30][8],(*f)[8];
```

定义 p 是指向一个包含 4 个整型元素的一维数组的指针变量；a 是 3 行 4 列的整型二维数组；f 是指向一个包含 8 个单精度型元素的一维数组的指针变量。

由于在 C 语言中，二维数组名 a 代表二维数组的起始地址，是一个以行为单位进行控制的行指针，可以将 a 赋值给行指针变量 p，即“p=a;”，那么 p+1 指向二维数组的下一行，*(p+1)就是行首元素 a[1][0]的地址，即行指针，用行指针引用二维数组元素 a[i][j]的形式为*(*(p+i)+j)。

值得注意的是，如果需要用一个指针变量来指向一个二维数组中的一行，在定义此行指针变量时一定严格与二维数组保持类型、列的长度一致。比如此例中，a 数组的基类型为 int，则 p 指针变量的基类型也必须为 int；而 a 数组的第二维长度，即每一行包含的列元素个数为 4，则行指针变量 p 也必须定义为指向长度为 4 的行指针。

行指针的定义

注意：行指针是一个二级指针，是指向指针的指针变量。

【例 8.12】通过行指针访问二维数组的元素。

```
#include<stdio.h>
void main()
{   int a[3][4]={{1,2,3,4},{5,6,7,8},{9,10,11,12}};
    int i,j, *q;              //q 是指向整型元素的指针变量
    int (*p)[4]=a;            //p 是指向含 4 个整型元素的一维数组的行指针，为 p 赋值行指针
    for(q=&a[0][0];q<&a[0][0]+12;q++)        //为 q 赋值整型元素的地址
    {   if((q-&a[0][0])%4==0)
            printf("\n");
        printf("%4d",*q);
    }
    for(i=0;i<3;i++)
    {   for(j=0;j<4;j++)
            printf("%4d",*(*(p+i)+j));          //通过行指针访问二维数组的元素
        printf("\n");
    }
}
```

程序运行结果：

```
1    2    3    4
5    6    7    8
9   10   11   12

1    2    3    4
5    6    7    8
9   10   11   12
```

通过行指针访问二维数组元素

通过程序上下两部分运行结果可以看出，指向元素的指针变量 q 和指向一维数组的行指针变量 p 都可以实现对二维数组 a 全体元素的访问。两者除了定义的方法不同之外，还存在着本质的区别：q 是指向整型元素的指针变量，q+1 指向下一个元素（按列、逐个元素移动）；p 是行指针变量，p+1 指向下一行（按行、跨越多个元素移动），指针变量 p、q 分别加 1 后的移动方向如图 8.7 所示。

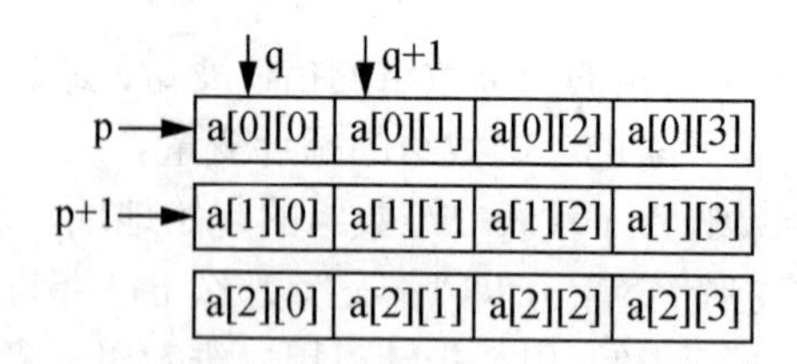

图 8.7　指针变量 p、q 分别加 1 后的移动方向

8.4　字符串与字符指针

由于 C 语言中没有字符串变量，对字符串的存储，除了采用字符数组之外，C 语言也允许把字符串的首地址保存到字符指针变量中，通过字符指针变量实现对字符串的处理。

8.4.1　字符指针变量

1. 定义字符指针变量

字符指针变量的定义形式如下。

```
char *指针变量名;
```

字符指针变量应该指向一个字符变量，但在实际应用中，人们常用字符指针变量指向字符数组的元素，以便通过字符指针使用字符数组的内容（访问整个字符串）。

另外，最常见的情况是用字符指针指向字符串，或者是指向存储字符串的字符数组，通常情况下字符指针指向字符串的第一个字符。

2. 字符指针变量的初始化

（1）用字符数组的首地址赋值。例如：

```
char c[10]={ "I love china!"},*p;        //定义字符数组和指向字符的指针变量
p=c;                                     //p 指向字符数组 c 的首地址
…
p=&c[3];                                 //p 指向元素 c[3]
```

（2）用字符串常量的首地址赋值。例如：

```
char*string="I love China!";
```

等价于

```
char*string;
string="I love China!";
```

C 语言对字符串常量是按字符数组处理的，系统在内存中开辟一个字符数组（其长度为字符串字符个数加 1，加 1 是为了多一个字节存储字符串结束标志'\0'）的连续内存空间，用于存储字符串常量"I love China!"。然后将该段内存空间（存储字符串）的首地址赋给字符指针变量 string，即字符指针变量 string 存放字符数组的首地址并指向字符串首地址，字符指针变量的初始化如图 8.8 所示。

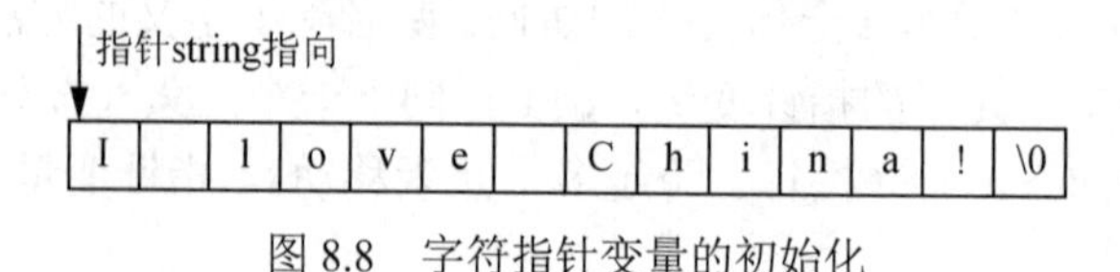

图 8.8　字符指针变量的初始化

注意：string 是一个指针变量，只能保存字符型数据的地址，不能存储整个字符串的所有字符，此例中相当于存储了字符“I”的地址，而不是整个字符串“I love China!”。

8.4.2　字符指针与字符数组的区别

字符数组和字符指针都可以处理字符串，但两者的差异如下。

（1）字符数组名虽然代表地址，但其值是固定不变的，是一个地址常量，它表示由系统所分配的那一块存储区域的首地址，因而其值不能改变，不能为其赋值；字符指针变量的值是可改变的，可根据实际需要重新为其赋值，使之指向其他地方，或为其赋值为空指针。例如：

字符指针与字符数组的区别

```
char *p = "I learn C!";
p="We all learn C!";
```

指针变量 p 先指向了字符串“I learn C!”，被重新赋值后则指向了另一字符串常量。

```
char str[] = "I learn C!";
str= " We all learn C!";//非法操作
```

如上所示，如果把前面例子中的指针变量 p 换成数组名 str，则后续的重新赋值即为非法操作。

（2）用字符指针和字符数组处理同一个字符串，两者在内存中所占的空间大小不同。字符指针变量只占一个指针变量所需的存储空间（与一个整型变量所需要的空间大小一样），用于存储字符串的首地址，并不存放任何字符，更不是将字符串的每一个字符存储到字符指针变量中；而字符数组占据的内存空间为字符串长度加 1，用于存放字符串的各字符和一个字符串结束标志'\0'。所以，从占用空间大小来讲，往往字符数组长度需要根据字符串的长度设置成最大值，以满足可能出现的长字符串，而对于字符指针变量而言，无须考虑字符串的长度。

【例 8.13】统计字符串中子串出现的次数。

```
#include "string.h"
#include "stdio.h"
void main()
{   char str1[20],str2[20],*p1,*p2;
    int sum=0;
    printf("please input two strings\n");
    scanf("%s%s",str1,str2);
    p1=str1;p2=str2;
    while(*p1!='\0')
    {
        if(*p1==*p2)
        {   while(*p1==*p2&&*p2!='\0')
            {   p1++;
                p2++;}
            }
        else p1++;
        if(*p2=='\0')     sum++;
        p2=str2;
```

```
    }
    printf("%d",sum);
}
```

程序运行时输入：

```
asdf12123qwe123zxcv123lk↙
123↙
```

程序运行结果：

```
3
```

8.5 指针数组

数组作为一种构造数据类型，其基类型除了可以是int、float和char这些基本数据类型外，也可以是指针。指针数组是指数组的每一个元素均为同一种指针类型，用来存放一组同类型数据的地址。在实际应用中，经常用字符指针数组来处理多个字符串的操作，比如对多个字符串进行排序。

8.5.1 指针数组概述

一维指针数组的定义形式如下。

```
类型标识符 *数组名[数组长度];
```

例如：

```
int *p[4];
```

定义了一个数组p，有4个元素，每个元素存储整型数据的指针。在理解此定义时，很多初学者容易将int *p[4]与 int (*p)[4]混为一谈，各位同学在理解和记忆此类定义时可试着利用运算符的优先级来帮助记忆与理解。

指针数组的定义

（1）int (*p)[4]表示将p定义为一个行指针变量。因为*与p用圆括号括在一起后级别高于后面的数组下标运算符，故而先将p理解为一个带“*”标记的特殊变量，即指针变量；然后再去理解p所指向的对象是由int [4]表示的数组。结合在一起，即定义该指针变量p是一个行指针变量，指向4个整型元素构成的一维数组。

（2）int *p[4]定义了一个指针数组，其包含4个元素，即p[0]、p[1]、p[2]、p[3]，都是指针型的数据，是指向整型元素的变量。在这个定义中，由于p前面有“*”运算符，后面有数组下标运算符，按C语言中运算符的优先级，数组下标运算符高于“*”，故而在理解此定义时首先将p与[4]结合在一起理解为一个数组，其包含4个元素；再将“*”结合起来，将这4个元素都理解为带“*”标记的变量，即指针变量，因而此定义表示p是一个指针数组。

【例8.14】阅读下列程序，区别指针数组pa与普通数组a。

```
#include<stdio.h>
void main()
{   int i,a[4],*pa[4];    //a是包含4个整型元素的数组，pa是有4个元素的指针数组
    for(i=0;i<4;i++)
    {   a[i]=i*i;          //为数组a每个元素进行赋值，可任意
        pa[i]=a+i;
//数组pa各元素赋a[i]的地址，使pa各元素按序分别指向a的元素，即pa[i]指向a[i]
```

```
    }
    printf("Out a-array:");                    //输出数组 a 各元素的值
    for(i=0;i<4;i++)
        printf("%d   ",a[i]);
    printf("\n");
    printf("Out object of pa-array:");         //输出数组 pa 各元素指向的对象的值
    for(i=0;i<4;i++)
        printf("%d   ",*pa[i]);
    printf("\n");
    printf("Out pa-array:");                   //输出数组 pa 各元素的值
    for(i=0;i<4;i++)
        printf("%x   ",pa[i]);
}
```

程序运行结果（不同的系统运行结果不同）：

```
Out a-array: 0   1   4   9
Out object of pa-array: 0   1   4   9
Out pa-array: 93f93c   93f940   93f944   93f948
```

指针数组 pa 与普通数组 a 的各元素之间的关系如图 8.9 所示。

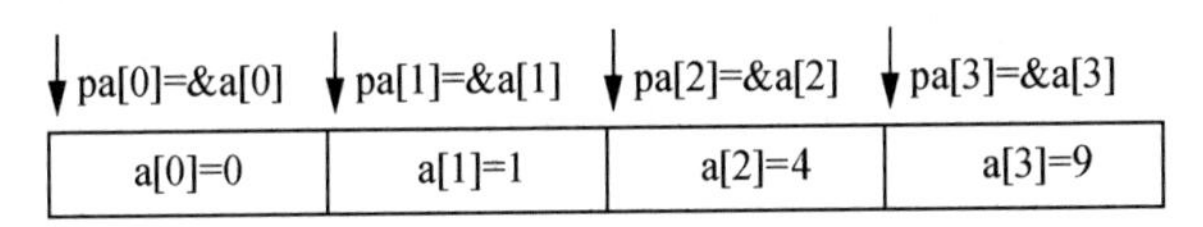

图 8.9 pa 与 a 的各元素之间的关系

在实际应用中，指针数组常见于字符指针数组，多应用于处理多个字符串。定义一个字符指针数组，将多个字符串常量或指向存放字符串的字符数组首地址存放于字符指针数组中，使字符指针数组中各元素分别指向需要处理的字符串，在对字符串进行整串操作时，只需引用字符指针数组的元素即可。这使字符串的处理更加方便，省去了字符串的复制、移动等操作。

【例 8.15】编写程序，输入表示月份的整数（1～12 之间的一个整数），输出对应的英文单词。例如，输入“5”，则输出“May”。

```
#include<stdio.h>
void main()
{   char *month[]={"January","February","March","April","May","June",
    "July","August","September","October","November","December"};
    int d;
    printf("\n Input month(1-12):");       //输入一个整数表示月份
    scanf("%d",&d);
    printf("%s\n",month[d-1]);             //输出对应月份的英文单词
}
```

指针数组的应用

程序运行时输入：

```
2↙
```

程序运行结果：

```
February
```

再次程序运行时输入：

```
5↙
```

程序运行结果：

```
May
```

本程序中的字符指针数组 month 分别指向表示 12 个月份的 12 个英文单词（字符串），输入一个整数，将输出对应指针数组中指向的字符串。由于在数组中，元素的下标是从 0 开始的，这意味着下标为 d-1 的指针元素指向的是表示 d 月份的英文单词（字符串），只需执行“printf("%s\n",month[d-1]);”就能正确输出整数所对应的月份单词。

感兴趣的同学可以尝试编程实现用字符指针数组 week 分别指向星期日到星期六对应的 7 个英文单词字符串，输入一个整数，将输出对应指针数组中指向的字符串；或者定义一个字符指针数组，分别指向一个班级中各位同学的姓名字符串，用此字符指针数组来按姓名拼音对全班同学进行排序。

【例 8.16】编写程序，要求将若干字符串按字母顺序由小到大输出。

```
#include<stdio.h>
#include<string.h>
void main()
{   char *city[5]={"Beijing","Taibei","Shenyang","shenzhen","Hongkong"};
     //此处划线为提醒注意大小写，输入时无需下划线
    int i,j,k;
    char *temp;
    for(i=0;i<4;i++)                    //使用的是选择排序方法
    {   k=i;
        for(j=i+1;j<5;j++)
        {   if(strcmp(city[k],city[j])>0)
                                        //比较 city[k]与 city[j]指针指向的字符串的大小
            k=j;
            if(k!=i)
              {   temp=city[i];         //3 条语句交换指针的指向
                  city [i]= city [k];
                  city [k]=temp; }
        }
    }
       for(i=0;i<5;i++)
           printf("%s\n", city [i]);
}
```

程序运行结果：

```
Beijing
Hongkong
Shenyang
Taibei
shenzhen
```

可能有些同学会以为此结果是错误的，但其实结果是正确的。想想为什么和你想象的不一样？你可以再尝试认真对比两个字符串中带下划线的部分，看看有什么不同之处。

现在我们先来分析一下这个程序是如何处理多个字符串的。在此程序中，首先定义了一个字符指针数组 city。用字符指针数组 city 中各元素 city[0]～city[4]分别指向一个表示城市名称的字符串，如图 8.10（a）所示。采用选择排序法对 city[0]～city[4]所指向的各字符串进行排

序。排序过程中，并没有移动各字符串，而是通过改变指针数组各元素与字符串之间的指向关系，使 city[0]指向最小的字符串，依此类推，使 city[4] 指向最大的字符串，然后依次输出 city[0]～city[4]指向的各字符串，如图 8.10（b）所示，即完成了各字符串的有序化。

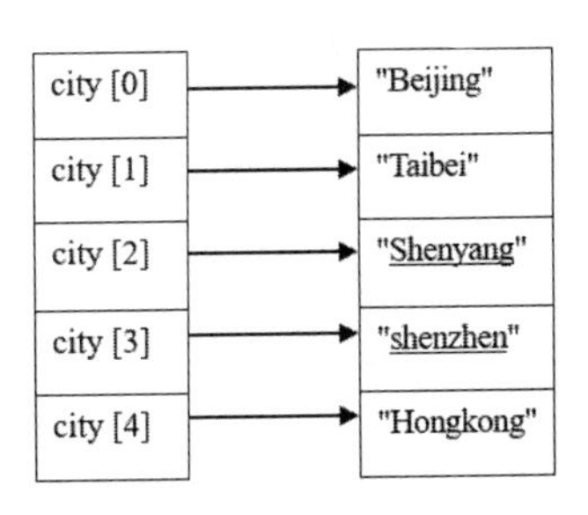

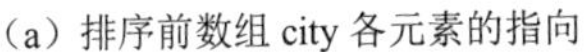
（a）排序前数组 city 各元素的指向

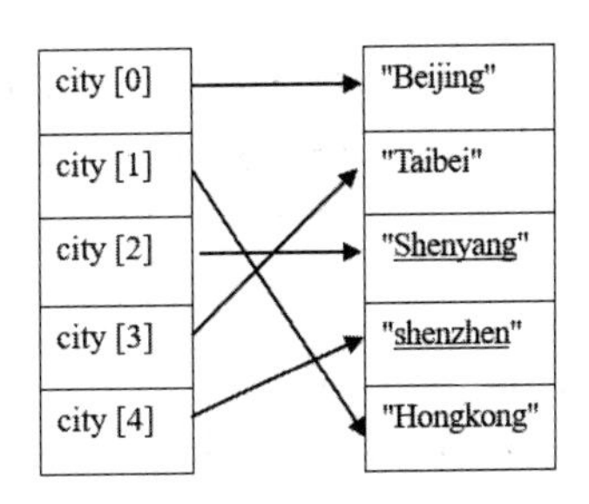

（b）排序后数组 city 各元素的指向

图 8.10　排序前后数组 city 各元素的指向

8.5.2　指针数组作为 main()函数的参数

在 C 语言中，指针数组的另一个重要应用就是作为 main()函数的形参。在以往的程序中，main()函数都是以无参函数的形式出现的，一般形式如下。

```
void main()
```

上例括号中是空的，而在实际应用中，main()函数是可以有参数的，例如以下形式。

```
main( int argc, char *argv[])
```

此处，argc 是整型形参变量，而 argv 是字符指针数组。

main()函数的形参的值从何而来呢？显然不可能从程序中得来。包含此类 main()函数的程序由系统调用时，从系统命令中获得实际参数。main()函数所在的文件经过编译链接生成了可执行文件，当处于操作命令行状态下时，输入 main()函数所在可执行文件名，系统就会调用 main()函数。而此时的实际参数就是和命令一起给出的，即在一个命令行中包括命令名和需要传递给 main()函数的参数。命令行的格式一般如下。

指针数组作 main()函数的参数

```
命令名（就是文件名）　参数 1　参数 2　参数 3　...　参数 n
```

例如：

```
sort  Beijing  Taibei  Shenyang  shenzhen  Hongkong
```

注意：此例中，sort 为文件名，文件名应该包含盘符、路径及文件扩展名等，此处为方便起见，省略为文件名。

【例 8.17】将前面对 5 个城市名称排序的程序修改成如下程序。

```
#include<stdio.h>
#include<string.h>
void main(int n, char *city[])
{
    int i,j,k;
    char *temp;
    for(i=1;i<n-1;i++)              //思考为什么下标从 1 开始
    {   k=i;                        //使用的是选择排序方法
```

```
        for(j=i+1;j<n;j++)
            if(strcmp(city[k],city[j])>0)
                                    //比较city[k]与city[j]指针指向的字符串的大小
        k=j;
        if(k!=i)
            {   temp=city[i];       //3 条语句交换指针的指向
                city[i]= city [k];
                city[k]=temp;
            }
    }
    for(i=1;i<n;i++)
        printf("%s\n", city[i]);
}
```

对比这两次运行输入的数据可以发现，若 main()函数采用有参数形式，利用指针数组作为 main()函数的形参，可以向程序传递命令行参数（若干个字符串），字符串的数量与长度随机。程序执行时获得命令行中不同数量的数据（字符串数量可变），从而完成不同数量的字符串排序，比之前的程序更具有灵活性。

在程序排序的过程中，虽然文件名是参数的一部分，但不是参与排序的字符串，故而排序的循环控制变量从 1 开始（for(i=1;i<n-1;i++)）。另外，main()函数中的两个形参变量名可以任意拟定，在多数的例题中大家见到的 argc 和 argv 只是一个习惯用名。

8.6 指向函数的指针与返回指针值的函数

8.6.1 指向函数的指针变量

在 C 语言中，指针变量是一种被定义为存储地址的特殊变量。一个指针变量可以被定义为指向一个整型变量或一个字符串，也可以被定义为指向一个一维数组（行指针），甚至还可被定义为指向一个函数。这是因为在编译一个 C 语言程序时，系统会给一个函数分配一个入口地址，这个地址被称为函数的指针，可以定义一个指针变量指向此函数，而后通过此指针变量来调用函数。在此基础之上，用户可以在调用语句不变的情况下，根据需要使指针变量指向不同的函数来调用它们。下面通过一个有趣的例子来学习指向函数的指针。

【例 8.18】设计一个能进行简单四则运算的计算器（本例中为了简便起见，没有考虑除数为 0 的情况）。

```
#include<stdio.h>
#include<string.h>
float add(float x,float y)
{return x+y;}
float sub(float x,float y)
{return x-y;}
float mul(float x,float y)
{return x*y;}
float div(float x,float y)
```

指向函数的指针与返回指针值的函数

```
    {return x/y;}
    void main()
    {  float (*c)();                        //定义 c 是一个指向函数的指针变量
       float a,b;
       char operc;
       scanf("%f%c%f",&a,&operc,&b);        //输入一个四则运算表达式
       switch(operc)
       {case '+':c=add;break;               //为 c 分别赋值不同的函数（函数的入口地址）
        case '-':c=sub;break;
        case '*':c=mul;break;
        case '/':c=div;break;}
       printf("%.2f%c%.2f=%.2f\n",a,operc,b,(*c)(a,b));
    }
```

程序运行 4 次，分别输入 4 个不同的四则运算表达式，运行结果如下。

（1）第 1 次运行：

```
3.1+2.5           //输入
3.10+2.50=5.30 //输出
```

（2）第 2 次运行：

```
2.1-2.5           //输入
2.10-2.50=-0.40 //输出
```

（3）第 3 次运行：

```
2.2+1.2           //输入
2.20+1.20=2.64 //输出
```

（4）第 4 次运行：

```
3.1/2.5           //输入
3.10/2.50=1.24  //输出
```

在这个程序中，预先定义了 4 个不同的函数，可以分别进行四则运算。在 main()函数中，"float (*c)();"定义 c 是一个指向函数的指针变量，此函数带回单精度型的返回值。

注意： *c 两侧的括号不可以省略，它表示 c 先与"*"结合，表明 c 是一个指针变量，然后与后面的圆括号结合，表示指针变量 c 指向函数，这个函数的返回值为 float 类型。千万不可以写成"float *c();"，因为若写成这个形式，则由于圆括号优先级高于"*"，这条语句就是声明一个函数，其返回值为指向 float 变量的指针。

switch 语句中的 4 条赋值语句的作用是根据输入表达式中识别出的运算符，分别将其对应的函数入口地址赋值给指针变量 c。在 C 语言中，数组名代表着数组存储的首地址，而函数名表示该函数的入口地址，找到函数入口地址就可以调用函数。例如，语句"c=add;"表示将 add()函数的入口地址赋值给 c 指针变量，c 指向 add()函数（只是指向入口处，不是指向函数内某条具体语句）。add 和 c 都表示此函数的地址，调用*c 就是调用 add()函数。

使用指向函数的指针变量时需要注意以下几点。

（1）指向函数的指针变量定义形式要规范，具体如下。

```
函数值返回类型的标识符 (*指针变量名)();
```

注意： 两对圆括号缺一不可，第一对圆括号表示指针变量名先与"*"结合，表明其身份是一个指针变量，然后与后面的圆括号结合，表示指针变量指向函数，也称此指针变量为函数

指针变量。

（2）函数除了可以用原名进行调用，也可以利用指向函数的指针变量来调用。利用多个赋值语句为指针变量赋值不同的函数地址（只要函数返回值的类型与指针变量定义的类型一致），使指针先后指向不同的函数，从而调用不同函数。

（3）给函数指针变量赋值时，只需要写出函数名即可，不需要写出参数。如此例中的“c=add;”。

（4）用函数指针变量调用函数时，也需要在圆括号中写出实际参数，且参数个数与类型要与原函数的参数表完全一致。如此例中的(*c)(a,b)，表示用实际参数 a、b 代入指针变量 c 所指向的函数并执行函数，获得相应的返回值。

8.6.2 返回指针值的函数

一个函数的返回值除了可以是整型数、字符、浮点数之外，也可以是一个指针型的数据，也就是说一个函数的返回值可以是一个地址。其概念从本质上与前面所讲的函数类似，只是函数中 return 语句最后带回的值的类型是指针（变量的地址）而已。

返回值为指针的函数，其定义形式如下。

```
类型名 *函数名(参数列表)
{函数体}
```

例如：

```
int *add(int x,int y)
{   int r,*z=&r;
    r=x+y;
    return z;}
```

add 是函数名，从函数定义的首部可以看出，此函数的返回值是一个指向整型数据的指针（地址），括号内的 x 和 y 是函数的形式参数，其类型为整型。值得注意的是，函数名 add 前有一个符号“*”，并且在*add 两侧没有用圆括号写成(*add)的形式。此时，在 add 前是“*”，在 add 后是(int x,int y)，而圆括号优先级高于“*”，因此 add 先与圆括号结合。显然应该将 add 理解成一个函数名，而此函数名 add 前有一个“*”，表示函数是指针型的函数（函数返回值为指针），而在函数首部最前端有一个类型标识符 int，这表明此函数返回的指针是一个指向整型变量的指针（函数返回值为指向整型变量的指针）。

至此，目前所学的指针概念中出现了形式相像、含义不同的两对描述，分别是指针数组与行指针、指向函数的指针与返回值为指针的函数（首部），如下所示。

```
int (*pa)[4];        //定义 pa 为行指针（指向一维数组的指针）
int *pa[4];          //pa 为指针数组，此数组中全部元素皆为指针变量
```

与

```
int (*qb)()          //qb 是指向函数的指针变量
int *qb(...) {...}   //qb 是一个返回值为指针的函数
```

在以上 4 个定义中，只有最后一个定义 qb 是一个返回值为指针的函数，由于带有函数首部与函数体，比较容易识别，有时写其函数声明语句时则变成了“int *qb(...);”，此时就难以区分了。对于这两对相似的描述，对于初学者而言，往往很容易混淆，导致理解错误。每遇到此 4 个定义时，请牢记按运算符的优先级进行结合，在此基础之上再理解这 4 个概念就不会发生错误了。

8.7　指针作为函数的参数

指针类型的数据可以作为函数的参数。调用函数时将实参指针变量值（一个地址）传递给形参指针变量，使实参指针变量与形参指针变量存储的是同一个地址，则实参指针变量与形参指针变量指向同一个内存空间，都对此存储单元有访问、修改数据的能力。如果在被调用函数的执行过程中，用形参指针变量改变了该内存单元或区域的值，实际上也是改变了实参对象值。

【例 8.19】阅读下面两个程序，判断是否能完成交换主函数中两个变量 a 和 b 的值。

程序一：简单变量作为函数的参数。

```
#include<stdio.h>
void swap1(int x,int y)
{   int z;
    z=x;x=y;y=z;
    printf("x=%d    y=%d\n",x,y);
}
void main()
{   int a=10,b=20;
    swap1(a,b);
    printf("a=%d    b=%d\n",a,b);
}
```

程序运行结果：

```
x=20    y=10
a=10    b=20
```

说明：

（1）主函数中 a 和 b 的初值分别是 10、20。

（2）调用函数 swap1(a,b)，整型变量 a 和 b 作为实参。

（3）函数调用时，系统为形参 x、y 分配内存空间，将 a 的值传递给 x，b 的值传递给 y。

（4）在 swap1()函数执行中交换 x、y 的值，输出形参的值，即 x=20、y=10。返回主函数，释放变量 x、y 所占的内存空间。

指针作为函数的参数

（5）主函数中输出“a=10　b=20”。

结论：通过调用 swap1()函数不能交换主函数中变量 a 和 b 的值。

程序二：指针作为函数的参数。

```
#include<stdio.h>
void swap2(int *x,int *y)
{   int z;
    z=*x;   *x=*y;   *y=z;
    printf("*x=%d    *y=%d\n",*x,*y);
}
void main()
{   int a=10,b=20;
```

```
    swap2(&a,&b);
    printf("a=%d   b=%d\n",a,b);
}
```

程序运行结果：

```
*x=20   *y=10
a=20    b=10
```

说明：

（1）主函数中 a 和 b 的初值分别是 10、20。调用函数 swap2(&a,&b)，变量 a 和 b 的指针作为实参。

（2）函数调用时，系统为形参指针变量 x、y 分配内存空间，将&a 的值传递给 x，&b 的值传递给 y，即 x 指向 a，y 指向 b。

（3）在 swap2()函数执行中交换指针变量指向变量 a 和 b 的值，即交换 a 和 b 的值。

（4）输出形参指针变量指向变量的值，即“*x=20　*y=10”。

（5）返回主函数，释放变量 x、y 所占的内存空间。主函数中输出“a=20　b=10”。

结论：通过调用 swap2()函数交换了主函数中变量 a 和 b 的值。

思考：判断下面的程序是否也能实现交换主函数中变量 a 和 b 的值，并分析原因。

```
#include<stdio.h>
void swap2( int *x,int *y)
{   int *z;          //指针作为函数的参数
    z=x;   x=y;   y=z;
    printf("*x=%d   *y=%d\n",*x,*y);
}
void main()
{   int a=10,b=20;
    swap2(&a,&b);
    printf("a=%d   b=%d\n",a,b);
}
```

程序运行结果：

```
*x=20   *y=10
a=10    b=20
```

值得注意的是，在 C 语言中，数组名是数组元素存储的首地址，函数名也表示函数的入口地址，则函数的参数可以是数组名，也可以是指向函数的指针。来看例 8.20。

【例 8.20】

```
#include<stdio.h>
void change( int *x, int y)
{   int j;                        //指针作为函数的参数
    for(j=1;j<=y;j++)
        x[j]=j*j;
}
void main()
{   int a[11]={0,1,2,3,4,5,6,7,8,9,10},i;
    change(a,10);
```

```
    for(i=1;i<=10;i++)
    {  printf("a[%d]=%-4d   ",i,a[i]);
       if (i%5==0)              //每行输出 5 个元素
          printf("\n");
    }
}
```

程序运行结果：

```
a[1]=1     a[2]=4     a[3]=9      a[4]=16   a[5]=25
a[6]=36    a[7]=49    a[8]=64     a[9]=81   a[10]=100
```

在此例中，main()函数中调用 change()函数时使用数组名 a 作为实参，其本质是将数组 a 的首地址传递给形参指针变量 x。x 在获得数组 a 的首地址之后，即与数组 a 指向同一段内存空间，如图 8.11 所示。从地址角度来讲，x 的存储空间就是 a 的存储空间，而 a 也就是 x，完全可以将指针变量名 x 理解为数组 a 的另外一个名称。而从 change()函数内部执行语句也可观察到，在执行语句"x[j]=j*j;"时借用了数组的下标法来表示数组元素，这与将 x 视作一个数组完全无异。

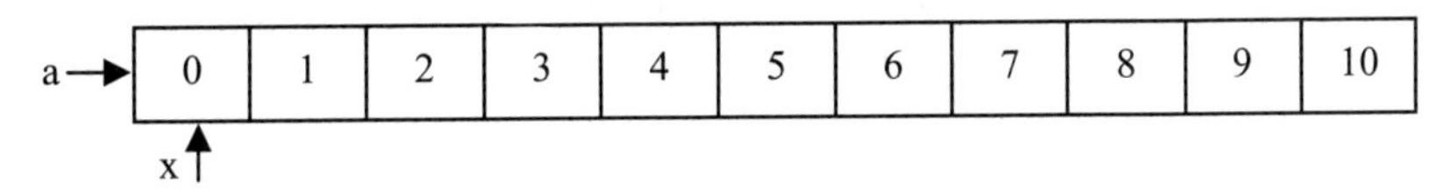

图 8.11　内存中 x 与 a 指向同一段内存空间

在 main()函数中，用循环语句输出了 change()函数修改后的数组元素。由此可见，将地址作为函数的参数，可以在主调函数与被调函数之间传递一个地址，使双方都可以控制这段地址，完成对数据的修改。这也使得主调函数与被调函数之间除了可以使用 return 语句实现数据的传递外，亦可用指针变量指向同一段存储单元的方式来间接实现主调函数与被调函数间的数据传递。

考虑到数组名也表示数组的首地址，以上函数调用语句与被调函数的定义所涉及的实参与形参除了可以使用指针变量之外，亦可使用数组名（值得注意的是，函数首部中的形参如果是数组名，则不被认为是地址常量，而被系统视作地址变量）。在此例中，即采用了数组名来传递地址。在 main()函数中的函数调用语句为"change(a,10);"，采用了数组名来传递地址，而被调函数的定义的首部"void change(int *x, int y)"则采用了指针变量来传递地址。

归纳起来，如果想在一个被调函数中改变主调函数中的实参数组的元素值，实参与形参的对应关系可以有以下 4 种搭配情况。

（1）形参与实参都用数组名，例如：

```
void change( int x[], int y)          void main()
{  …  }                               {  int a[11];
                                         change(a,10);
                                      }
```

（2）形参用指针变量，实参用数组名，如前面的本例程序，格式如下。

```
void change( int *x, int y)           void main()
{  …  }                               {  int a[11];
                                         change(a,10);   }
```

（3）形参与实参都用指针变量，例如。

```
void change( int *x, int y)          void main()
{  …  }                              {   int a[11],*pa=a;
                                         change(pa,10);   }
```

（4）形参用数组名，实参用指针变量。

```
void change( int x[], int y)         void main()
{  …  }                              {   int a[11],*pa=a;
                                         change(pa,10); }
```

需要注意的是，在上面所列出的（3）（4）这两种模式下，main()函数中的实参指针变量pa必须有确定值，如果在main()函数中不设置数组（如数组a），只设指针变量（本例中的pa），那么指针变量在无所指的情况下，就会出错。

例如，将（4）改成如下写法：

```
void change( int x[], int y)         void main()
{  …  }                              {   int *pa=a;
                                         change(pa,10);   }
```

由于指针变量pa没有确定值，没有指向哪个变量，即没有指向一个确定的内存空间，因此传递给形参变量的地址值无法确定，由此带来编译报警并无法继续执行。由此可见，使用指针变量作为实参，必须先给指针变量赋确定的值，指向一个确定的、已定义过的内存单元。

再来看例8.18，利用指向函数的指针设计一个进行简单四则运算的计算器。修改此程序，将指向函数的指针变量 float (*fun)(…)作为被调函数的形参“float process(float x,float (*fun)(float,float),float y)”，则对四则运算函数的调用都可以写出形如process(a,add,b)的语句。将例8.18程序修改如下。

【例8.21】

```
#include<stdio.h>
#include<string.h>
float add(float x,float y)
{return x+y;}
float sub(float x,float y)
{return x-y;}
float mul(float x,float y)
{return x*y;}
float div(float x,float y)
{return x/y;}
float process(float x,float (*fun)(float,float),float y)
//fun 是一个指向函数的指针，所指函数有两个 float 形参，返回值为 float
{   float z;
    z=(*fun)(x,y);//用指向函数的指针变量 fun 所指函数进行调用
              }
void main()
{
    float a,b;
    char operc;
    scanf("%f%c%f",&a,&operc,&b);   //输入一个四则运算表达式
    switch(operc)
```

```
    {   case '+':printf("%.2f%c%.2f=%.2f\n",a,operc,b,process(a,add,b));
                       break;
        case'-': printf("%.2f%c%.2f=%.2f\n",a,operc,b,process(a,sub,b));
                       break;
        case'*': printf("%.2f%c%.2f=%.2f\n",a,operc,b,process(a,mul,b));
                       break;
        case '/':printf("%.2f%c%.2f=%.2f\n",a,operc,b,process(a,div,b));
                       break;
      /*调用 process()函数时分别以不同的函数名（函数的入口地址）作为实参传递给
      形参指针变量：指向函数的指针变量 fun*/
    }
}
```

在修改后的程序中，调用 process()函数时，指向函数的指针变量 fun 分别获得了 4 个不同函数名（函数入口地址）作为实参，从而达到调用不同函数的目的。

综上所述，可见无论哪种指针作为函数的参数，其实质就是传递对象的地址，以此达到共同管理同一段内存，共同拥有修改数据的权限的目的。

8.8　多级指针

在 C 语言中所有的变量都有自己的地址，指针变量也不例外。通过学习，我们已经知道指针变量存储的内容就是变量的地址，如果想把一个指针变量的地址存储到另一个指针变量中，则需要对此类存储其他指针变量的地址的指针变量进行特别定义。这类用于存储其他指针变量地址的指针变量称为多级指针。

定义指向指针的指针变量的格式如下。

```
类型标识符 **指向指针的指针变量名;
```

指针变量除了有“类型”外还有“级”的概念，在定义指针变量时，“*”为指针变量名前缀，其个数是指针变量的级。二级指针变量用于存储一级指针变量的地址（指针）。例如：

```
int n,*pn,**ppn;
n=10;
pn=&n;           //指针变量 pn 指向 n
ppn=&pn;         //二级指针变量 ppn 指向指针变量 pn
```

二级指针变量 ppn、指针变量 pn 和变量 n 的关系如图 8.12 所示。

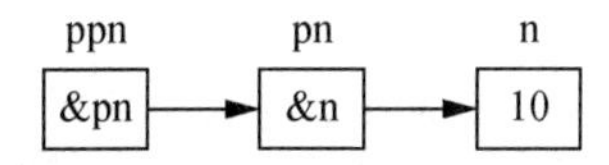

图 8.12　二级指针变量 ppn、指针变量 pn 和变量 n 的关系

【例 8.22】指向指针的指针变量的定义与引用。

```
#include<stdio.h>
void main()
{   int a=100,*p1,**p2;
    p1=&a;                                  //p1 指向 a
    p2=&p1;                                 //p2 指向 p1
    printf("a=%d    a-address=%x\n",a,&a);  //输出 a 的值，a 的地址
```

```
    printf("p1=%x   p1-address=%x\n",p1,&p1);   //输出 p1 的值，p1 的地址
    printf("p2=%x   p2-address=%x\n",p2,&p2);   //输出 p2 的值，p2 的地址
    printf("*p1=%d\n",*p1);                      //输出 p1 指向变量的值，即 a 的值
    printf("*p2=%x\n",*p2);                      //输出 p2 一次间接引用的值，即 p1 的值
    printf("**p2=%d\n",**p2);                    //输出 p2 两次间接引用的值，即 a 的值
}
```

程序运行结果：

```
a=100    a-address=fcfeb0
p1=fcfeb0    p1-address=fcfea4
p2=fcfea4    p2-address=fcfe98
*p1=100
*p2=fcfeb0
**p2=100
```

p1 为一级指针变量，p2 为二级指针变量。p1 和 p2 在初始化之前各自的指向不确定，各指针变量值的状态如表 8.3（中间列）所示。执行“p1=&a; p2=&p1;”后，各指针变量的值和它们之间的指向关系如表 8.3（最右列）所示。

二级指针变量 p2 做一次间接引用*p2，其值为 p1 的值，即*p2=p1。

二级指针变量 p2 做两次间接引用**p2，相当于*(*p2)，*(*p2)=*p1，其值为 a 的值。

表 8.3　初始化前后各指针的状态

项目	初始化前各指针变量状态			初始化后各指针变量的指向		
变量名	p2	p1	a	p2	p1	a
变量的值	?	?	100	fcfea4	fcfeb0	100
变量地址	fcfe98	fcfea4	fcfeb0	fcfe98	fcfea4	fcfeb0

二级指针变量多用于对指针数组的操作，即设置一个指向指针的指针变量来指向指针数组的首个元素，通过移动二级指针变量实现对指针数组元素的引用。

【例 8.23】通过指向指针数组的指针输出多个字符串。

```
#include<stdio.h>
void main()
{   char *fruit[4]={"apple","pear","orange","peach"},**p;
    int i;
    for(i=0;i<4;i++)
    {
        p=fruit+i;                  //p 指向 fruit 数组的元素
        printf("%s\n",*p);          //*p 表示 fruit 数组元素的值，即字符串的首地址
    }
}
```

程序运行结果：

```
apple
pear
orange
peach
```

在本程序中，数组 fruit 是一个字符指针数组，每一个元素都是一个指向字符串的指针。p 是一个二级指针变量，指向指针数组的元素（元素的值还是一个指针）。

思考：本例题可以使用指针数组 fruit 的元素直接输出各字符串，应该如何操作？

习　题　8

一、单项选择题

1．已定义 a 为 int 型变量，则以下说明和初始化指针变量 p 的语句中正确的是（　　）。

A．int *p=a;　　B．int p=a;　　C．int p=&a;　　D．int *p=&a;

2．在定义“int a[10];”之后，以下对 a 元素的引用中不正确的为（　　）。

A．a[1]　　B．*a　　C．*(a+6)　　D．a

3．设“char s[10],*p=s;”，则以下表达式不正确的是（　　）。

A．p=s+5　　B．s=p+s　　C．s[2]=*(p+4)　　D．*p=s[0]

4．设“char s[4],*p=s+3;”，则以下表达式中正确的是（　　）。

A．p=s+5　　B．s=p−s　　C．s[2]=p[3]　　D．*p=s[0]

5．设“char a[10]= "ABCD",*p=a;”，则*(p+4)的值是（　　）。

A．" ABCD"　　B．'D'　　C．'\0'　　D．不确定

6．在执行“int a[][3]={1,2,3,4,5,6};”语句后，*(*(a+1)+1)的值为（　　）。

A．4　　B．1　　C．2　　D．5

7．定义一个指向一维数组的指针 p，则以下正确的为（　　）。

A．int (*p)();　　B．int (*p)[4];　　C．int *p();　　D．int *p[4];

8．定义一个指向函数的指针，以下正确的是（　　）。

A．int (*p)();　　B．int (*p)[];　　C．int *p();　　D．int *p[];

9．设“int **s; int *a; int k; k=10; a=&k; s=&a;”，则以下值为 10 的语句是（　　）。

A．a;　　B．*s;　　C．**s;　　D．*k;

10．设“char **s;”，则以下语句中正确的是（　　）。

A．s="computer";　　B．*s="computer";

C．**s="computer";　　D．*s='c';

二、阅读程序题（写出程序的运行结果）

1．

```
#include <stdio.h>
int A[]={2,4,6,8};
void main()
{   int i;
    int *p=A;
    for(i=0;i<4;i++,p++)    A[i]=*p;
    printf(" %d\n",A[2]);
}
```

2.

```
#include <stdio.h>
void main()
{   int a[]={1,2,3,4,5,6},*p;
    p=a;
    *(p+3)+=2;
    printf("%d,%d\n",*p,*(p+3));
}
```

3.

```
#include <stdio.h>
void main()
{   char a[]="abcdefg",*b="china";
    int i;
    for(i=0;b[i]!='\0';i++)
        a[i]=b[i];
        a[i]='\0';
    puts(a);
}
```

4.

```
#include <stdio.h>
char *fun(char   *s,char   ch)
{   while(*s&&*s!=ch){s++;}
    return s ;
}
void main()
{   char *s="abcdefg",ch='c';
    printf(" %s",fun(s,ch));
}
```

5.

```
#include <string.h>
#include <stdio.h>
void main()
{   char *p1,*p2,str[50]="ABCDEFG";
    p1="abcd";
    p2="efgh";
    strcpy(str+1,p2+1);
    strcpy(str+3,p1+3);
    printf("%s",str);
}
```

6.

```
#include <stdio.h>
#include <string.h>
void main()
{   char *s1="AbcDeG";
    char *s2="CdEg";
```

```
    s1+=2;
    s2+=2;
    printf("%d\n",strlen(s1)-strlen(s2));
}
```

7.

```
#include <stdio.h>
void main()
{   int a=2,*p,**pp;
    p=&a;
    pp=&p;
    a++;
    printf("%d,%d,%d\n",a,*p,**pp);
}
```

8.

```
#include <stdio.h>
void fun(int *a)
{   *a=*a+3;
}
void main()
{   int a=3;
     fun(&a);
     printf("%d\n",a);
}
```

三、完善程序题（根据下列程序的功能描述，在程序的空白横线处填入适当的内容，使程序完整、正确）

1．利用指针 p 输出数组 a 的每个元素。

```
#include <stdio.h>
void main()
{   static int a[6]={2,4,6,3,5,7};
    int *p;
    ____________;
    for(i=0;i<6;i++,p++)
        printf("%d",*p);
}
```

2．以下程序的功能是调用 swap() 函数，交换 a、b 的值。

```
#include <stdio.h>
void swap( int *p1,int *p2)
{   int p;
    p=*p1; *p1=*p2; *p2=p;
}
void main()
{   int a,b;
    scanf(" %d%d ",&a,&b);
    ____________;
```

```
    printf(" a=%d,b=%d ",a,b);
}
```

3．以下程序的功能是用指针变量输出数组元素的值。

```
#include <stdio.h>
void main()
{   int a[3][3]={{9,8,7},{6,5,4},{3,2,1}};
    int *p;
    for(__________;p<&a[0][0]+9;p++ )
        printf("%d",*p);
}
```

四、程序改错题（每小题只有一个错误，找出错误的行号并改正。每行语句前的序号只标注行号，非程序本身的内容）

以下 fun() 函数的功能是在字符串 s 中查找子串 t 的个数。

```
（1）   int fun(char *s,char *t)
（2）   {   int n;char *p,*r;
（3）       n=0;
（4）       while(*s)
（5）         {   p=s;r=t;
（6）             while(*r)
（7）                 if(*r==*p)   {   r++;p++;}
（8）                 else    break;
（9）             if(r=='\0')   n++;
（10）            s++;
（11）        }
（12）    return n;
（13）  }
```

第 9 章　结构体与共用体

在前面的章节中已经介绍了基本类型（或者称为简单类型）的变量，例如整型、实型、字符型变量等，也介绍了一种构造类型——数组，用于处理大量相同类型的数据。

但是仅有这些数据类型，是没有办法处理日常生活中遇到的一些比较复杂的数据的。日常处理数据时遇到的数据往往会比较复杂，需要将不同类型的数据组合成为一个有机的整体，以便表达、处理。例如，生活中常常需要填写一些表格，类似学生基本信息表、学生成绩记录表、住宿登记表、通讯地址等。在这些表格中，填写的各项数据往往不是同一种数据类型。比如，学生基本信息表中通常有学号、姓名、性别、年龄、家庭住址、学院等项目；学生成绩记录表中有学号、班级、学期、各科成绩等项目；住宿登记表中需要客户的姓名、性别、身份证号码、联系电话等。显然这些表中的各个数据项都是相互关联的，同时又隶属于同一个个体，而这些数据项的数据类型又是不完全相同的。也就是说，为了描述现实世界中不同事物的各个属性，C 语言需要建立一种全新的构造数据类型——结构体，它相当于其他高级语言中的记录。

C 语言允许用户根据实际问题构造自己所需要的数据结构，并称其为结构体类型。结构体将具有不同数据类型、相互关联的一组数据，组合成一个有机整体。

9.1　结构体类型与结构体变量

9.1.1　结构体类型的定义

结构体类型的定义

学生基本信息表、学生成绩记录表的各个数据项及其数据类型（属性）如表 9.1 和表 9.2 所示。

表 9.1　学生基本信息表

项目	学号	班级	姓名	性别	年龄	家庭住址
数据类型	long int	字符串	字符串	char	int	字符串

表 9.2　学生成绩记录表

项目	学号	班级	姓名	英语	数学	计算机
数据类型	long int	字符串	字符串	float	float	float

表 9.1 和表 9.2 两个表格中所包含的数据项不同，各数据项的数据类型也不完全相同，因而编写 C 语言程序处理上述两个表格的数据时，要先定义不同的结构体类型。

结构体类型定义的一般形式如下。

```
struct  [结构体名]
{
```

```
        数据类型标识符  成员 1;
        数据类型标识符  成员 2;
            …
        数据类型标识符  成员 n;
};
```

说明：

（1）struct 是系统关键字，是结构体类型完整标识（如 struct score）的一部分。

（2）结构体名从用户实际需求出发，按照标识符的命名规则定义，方括号表示结构体名是可选的。

（3）组成结构体的各数据项称为结构体成员项，用花括号括起来。

（4）结构体成员的数据类型可以是基本类型、数组、指针或已经定义的结构体类型等；当多个成员数据类型相同时，可以共用一个数据类型标识符，用一条语句说明。

（5）定义好的结构体类型相当于一个模型，类似画好一个表格的表头，其中并无具体数据，系统也不会为之分配实际存储单元。

（6）结构体类型定义结束必须使用分号。例如，描述学生基本信息表的数据类型如下。

```
struct student
{   char class[20];             //班级
    long int num;               //学号
    char name[20];              //姓名
    int age;                    //年龄
    char address[20];           //家庭住址
};
```

描述学生成绩记录表的数据类型如下。

```
struct score
{
    long int num;                       //学号
    char name[20],class[20];            //姓名、班级
    float english,math,computer;        //英语、数学、计算机成绩
};
```

为学生基本信息表定义一个结构体类型为 struct student，而为学生成绩记录表定义一个结构体类型为 struct score，两个类型的成员互不相同。也就是说，在解决实际问题时，设计者要根据不同问题的实际需要而定义不同的结构体类型，就如同我们为了从不同角度调查不同信息时需要设计不同的表格一样。

9.1.2 结构体变量

结构体变量的定义及存储

1. 结构体变量的定义

有了结构体类型，就可以定义该种结构体类型的变量，其定义格式与基本类型变量的定义格式一样。由于必须针对实际问题先自行定义结构体类型，因此结构体变量的定义形式具有一定的灵活性，可采用以下 3 种形式。

（1）先定义结构体类型，再定义结构体变量。

```
struct student                      //先定义结构体类型 struct student
{
```

```
    long int num;                //学号
    char name[20];               //姓名
    int age;                     //年龄
    char address[20];            //家庭住址
    char class[20];              //班级
};
struct student stu1, stu2;       //再定义 struct student 类型的变量 stu1、stu2
```

（2）定义结构体类型的同时定义变量。

```
struct student
{
    long int num;
    char name[20];
    int age;
    char address[20],class[20];
}stu1, stu2;     //定义 struct student 类型，紧随其后定义变量 stu1、stu2
```

使用该类型名还可以定义其他的结构体变量，例如，“struct student stu3, stu4;”。

（3）定义结构体类型时，不指定结构体名，直接定义结构体变量。

```
struct                  //未指定结构体名
{
    long int num;
    char name[20];
    int age;
    char address[20],class[20];
}stu1,stu2;             //定义一种无名的结构体类型的变量 stu1、stu2
```

这种方式由于事先未对结构体类型进行命名，因此不能在程序的其他位置再定义该类型的其他变量或者引用此类型（相当于一次性产品，前两种形式由于有结构体类型的名字，可以反复使用）。

关于结构体类型，有以下几点需要说明。

（1）结构体类型与变量是两个不同的概念，不能混淆。定义结构体类型是创建一个类似 int、float、char 的新类型，而定义相关结构体变量之后，通过对结构体变量进行赋值、存取或者运算来完成程序数据处理，不能对一个结构体类型进行赋值、存取或者运算。在编译时，系统只对结构体变量进行存储单元的分配，而不对结构体类型进行分配。

（2）结构体变量中的某个成员，其作用及使用方法等同于普通变量。

（3）结构体中的成员也可以是一个结构体。

（4）结构体中成员名称可以与程序中其他普通变量名相同，两者表示不同的数据对象。例如，在同一个程序中可以定义一个变量名为 age，与 struct student 中的 age 是两个不同的对象，互不影响。

2. 结构体变量的存储

结构体类型是用户自定义的一种数据类型，用来描述数据内部结构的组织形式，系统不为其分配内存，只有用结构体类型定义某个变量时，系统才会为该结构体变量分配其所需的内存单元。由于各成员是一个有机的整体，系统为各成员分配的内存单元是一段连续的内存空间。例如：

```
struct student
{
    long int num;
    char name[20];
    int age;
    char address[20],class[20];
}stu1;
```

其中，变量 stu1 占据的内存单元如图 9.1 所示。

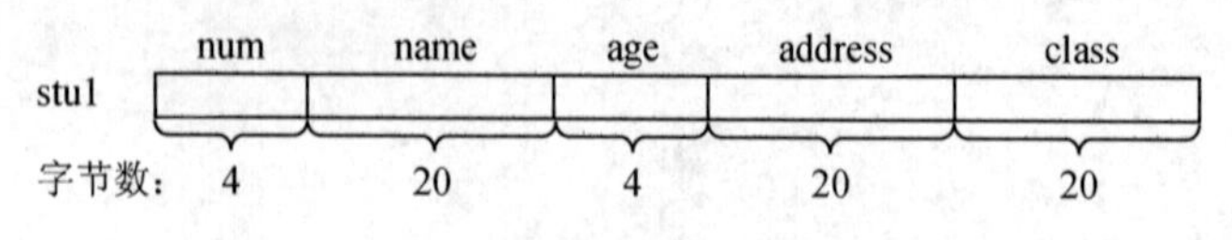

图 9.1　结构体变量 stu1 的内存单元示意图

内存单元是按照成员 num、name、age、address、class 的定义顺序分配的，所以变量 stu1 在内存中所占的字节数为 sizeof(stu1)=4+20+4+20+20=68。

3. 结构体变量的初始化

结构体变量可以在定义的同时初始化，一般形式如下。

```
struct 结构体名 变量名={成员 1 的值,…,成员 n 的值};
```

说明：

（1）结构体变量的初始化数值为一组数据，必须用花括号括起来。

（2）初始化数据的顺序必须与结构体成员的定义顺序保持一致。

（3）对字符型成员的赋值要使用常量限定符（''）；用字符串对字符数组成员赋值要使用双引号（" "）。例如：

```
struct student
{   long num;
    char name[20];
    char sex;
    int age;
    int score;
};
struct student stu1={200011,"Li Ping",'F',23,94};
```

经过初始化后，结构体变量的每一个成员都具有了初值，即 stu1 的成员 num 的值为 200011，name[20]的值为 Li Ping，sex 的值为 F，age 的值为 23，score 的值为 94。

9.1.3　结构体变量的引用

由于结构体变量包含多个不同类型的数据项，因此对结构体变量的使用往往体现在引用一个结构体变量的成员（域）中，结构体变量的各成员的作用与地位相当于相同类型的普通变量，其使用方法也完全相同。

结构体变量的引用

引用结构体变量中的各个成员的形式如下。

```
结构体变量名 . 成员名
```

其中，圆点（.）是 C 语言的成员（分量）运算符，表示访问结构体中某个成员，在所有的运算符中优先级最高，并采用自左向右的结合方式。例如：

```
struct student
{   long num;
    char name[20];
    int age;
    int score;
}stu1={ 200011, "Li Ping", 23, 94},stu2;
```

结构体变量 stu1 各成员可以表示为 stu1.num、stu1.name、stu1.age 和 stu1.score。由于成员运算符具有最高的优先级，因此可以把 stu1.num 等都视作一个个独立的整体，当成一个独立的变量。

使用结构体变量需注意以下几点。

（1）相同类型的结构体变量间可以互相赋值，如 stu1、stu2 两个变量可以进行“stu2=stu1;”操作，此时可以认为是将结构体变量作为一个整体使用，但实际上赋值过程还是两个变量的对应成员间的相互赋值操作。

（2）对结构体变量的输入/输出必须采用各成员独立执行的方式，而不能将结构体变量以整体的形式输入/输出。

（3）如果结构体成员本身也是一个结构体类型，则要采用逐级引用的形式找到最低的一级成员，只能对最低级的成员执行赋值或者存取操作。例如：

```
struct date         //出生日期的结构体类型
{
    int day;
    int month;
    int year;
};
struct stu
{
    long int num;
    char name[20];
    struct date birthday;      //成员 birthday 为已定义的 struct date 类型
}person1;
```

当引用结构体变量 person1 的出生年份、月份、日期时，需要采用逐级引用的方式，例如：person1 .birthday. year、person1. birthday. month、person1. birthday. day。

（4）可以引用结构体变量成员的地址，也可以引用结构体变量的地址。例如：

```
scanf("%d",&person1.num);
scanf("%d",&stu1.age);
```

【例 9.1】对某学生的基本信息进行输出。

```
#include"stdio.h"
void main()
{
    struct student
    {   long num;
        char name[20];
        char sex;
        int age;
```

```
        int score;
    };
    struct student stu1={200011,"Li Ping",'F',23,94};
    printf("stu1:%ld\t %s\t %c\t %d\t %d\n",stu1.num,stu1.name,stu1.sex, stu1.age,stu1.score);
}
```

程序运行结果：

```
stu1:200011   Li Ping   F   23   94
```

【例 9.2】计算一名学生 6 门课的平均成绩、最高分和最低分。

```
#include<stdio.h>
struct score
{
    float sco[6];
    float ave, max, min;
};
void main()
{
    int i;
    struct score a;
    printf("请输入 6 门课程的成绩：\n");
    for(i=0;i<6;i++)                              //输入 6 门课的成绩
        scanf("%f",&a.sco[i]);
    a.ave=0;
    a.max=a.sco[0];
    a.min=a.sco[0];
    for(i=0;i<6;i++)
    {
        a.ave+=a.sco[i];                          //求总分
        a.max=(a.sco[i]>a.max)?a.sco[i]:a.max;    //求最高分
        a.min=(a.sco[i]<a.min)?a.sco[i]:a.min;    //求最低分
    }
    a.ave/=6;                                     //求平均分
    printf("ave=%5.1f   max=%5.1f   min=%5.1f\n",a.ave,a.max,a.min);
}
```

程序运行时输入：

```
70   80   89   65   77   90↙
```

程序运行结果：

```
ave=78.5   max=90.0   min=65.0
```

9.2 结构体数组

单个结构体变量在解决实际问题时作用有限，例如，struct student 的类型变量 stu1 只能存放一个学生的资料（表格中的一条记录），而学生成绩记录表等各种表格是为了保存大批量的学生数据而设计的，因此引入结构体数组以便保存多条记录。结构体数组就相当于一个二维表格，表中的每一列分别对应此结构体类型中的一个成员，表中每一行保存一个学生的信息，对应此结构体数组一个元素各成员的具体值，表中的行数对应此结构体数组的大小，即学生人数。

9.2.1　结构体数组的定义及初始化

结构体数组的定义及初始化与结构体变量和基本类型数组的定义及初始化形式类似。例如：

```
struct student
{
    long num;
    char name[20];
    float score;
}stu[30]={{200011, "Zhang",85},{200012, "Li",90}};     //部分元素初始化
```

其中，数组 stu 是一个结构体数组，有 30 个元素，分别为 stu[0]、stu[1]、stu[2]、…、stu[29]，每一个元素都相当于一个结构体变量，因此可以保存 30 个学生的数据信息。本例中，在定义结构体数组 stu 的同时为结构体数组中前两个元素 stu[0]、stu[1]分别赋初始值。stu[0]、stu[1]中各成员具体值以及其他各元素与二维表格的对应关系如图 9.2 所示。

num	name	score	
200011	Zhang	85	←stu[0]
200012	Li	90	←stu[1]
			…
			←stu[29]

结构体数组的定义初始化及应用

图 9.2　结构体数组 stu 与二维表格的对应关系

9.2.2　结构体数组元素的引用

结构体数组的成员引用与结构体变量的成员引用方式类似，要使用成员运算符，引用方式如下。

```
结构体数组名[下标].成员名;
```

对 9.2.1 小节中定义的结构体数组 stu 的各元素的成员引用如下。

stu [0] . num、stu [0] . name、stu [0] . score;

stu [1] . num、stu [1] . name、stu [1] . score;

……

stu [29] . num、stu [29] . name、stu [29] . score。

在上述初始化方式下，数组中元素 stu[0]和 stu[1]具有了初值，即两个元素的各个成员被初始化，其值分别如下。

stu [0] . num=200011、stu [0] . name="Zhang"、stu [0] . score=85;

stu [1] . num=200012、stu [1] . name="Li"、stu [1] . score=90。

【例 9.3】显示公司员工中工资大于 10000 元的记录。

```
#include<stdio.h>
struct staff
{   char name[20];
```

```
    double salary;
};
void main()
{   static struct staff sta[]={{"Lilei",12465.89},{"Zhaokai",8670.48},{"Caomei",12089.0},{"Liurui",10920.81}};
    int i;
    for(i=0;i<4;i++)
        if(sta[i].salary>=1000.0)
            printf("%-12s: %.2f\n",sta[i].name,sta[i].salary);
}
```

程序运行结果：

```
Lilei       :12465.89
Caomei      :12089.00
Liurui      :10920.81
```

【例 9.4】假设有 3 个候选人 Zhang、Li 和 Wang，有 10 个人进行投票，统计每个候选人所得的选票数。

```
#include <string.h>
#include <stdio.h>
struct person
{   char name[20];
    int count;
}leader[3]={"Zhang",0,"Li",0,"Wang",0};   //将每个候选人的选票初值设置为0
void main()
{   int i,j;
    char name[20];
    for(i=1;i<=10;i++)
    {
        scanf("%s",name);
        for(j=0;j<3;j++)
            if(strcmp(name,leader[j].name)==0)
            leader[j].count++;
    }
    for(i=0;i<3;i++)
        printf("%5s:%d\n",leader[i].name,leader[i].count);
}
```

程序运行时输入：

```
Sun  Li  Wang  Wang  Zhang  Zhang  Wang  Wang  Zhang  Liu↙
```

程序运行结果：

```
Zhang: 3
Li   : 1
Wang : 4
```

9.3 指向结构体类型数据的指针

结构体变量在内存中占据连续的内存空间，这段连续的内存空间的起始地址即为结构体变量的指针。可以定义一个同类型的结构体指针变量，该指针变量用于存储结构体变量的起始地址，此时这个结构体指针变量指向一个结构体变量，可以更加灵活方便地引用结构体变量。也可以让结构体指针变量指向结构体数组中的元素，类似于一个 int 指针变量指向 int 数组中的元素。

指向结构体类型数据的指针

9.3.1　指向结构体变量的指针变量

首先定义结构体类型，例如：

```
struct student
{
    long int num;
    char name[20];
    float score;
};
```

再定义结构体变量及指向结构体变量的指针变量，即

```
struct student    stu1, *pt1, *pt2;
```

则指针变量 pt1、pt2 可以分别用来指向结构体变量，如对 pt1 进行初始化，即

```
pt1=&stu1;
```

则 pt1 指向同类型的结构体变量 stu1，如图 9.3 所示。

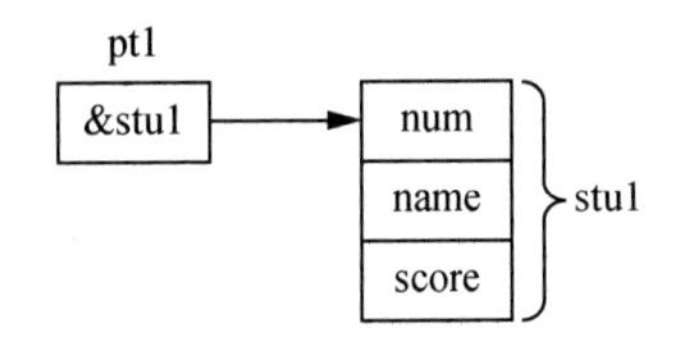

图 9.3　指向结构体变量的指针变量

可以通过指向结构体变量的指针变量引用结构体成员，引用有以下两种方式。

```
(*指针变量). 成员;
指针变量->成员;
```

例如，用指针变量 pt1 引用 stu1 的 num 成员，可以写为

```
(*pt1).num;
```

或

```
pt1->num;
```

在 pt1 指向 stu1 的前提下，第 1 种方式表示(* pt1)是 pt1 所指的变量 stu1，所以(* pt1). num=100011 等价于 stu1. num=100011。由于“*”的运算优先级低于“.”，因此必须用圆括号括起来保证运算的顺序，即先进行“*”运算，然后再进行“.”运算，否则会出现编译错误。

在第 2 种方式中，符号“->”称为指向结构体成员运算符，其与“.”一样具有最高的优先级别，结合方向为左结合。pt1->num 是更加直观地用指针变量引用结构体成员的方式。

综上所述，当 ptr = &stu1 时，引用结构体变量的成员有以下 3 种形式。

```
stu1. num;
(*ptr). num;
ptr -> num;
```

【例 9.5】用指针变量指向结构体变量的应用。

```
#include<stdio.h>
#include<string.h>
```

```
void main()
{   struct student
    {    long int num;
         char name[20];
         char sex;
         float score;
    }stu_1,*p;
    p=&stu_1;
    stu_1.num=2007301;
    strcpy(stu_1.name,"Li Li");
    p->sex='F';
    p->score=78.5;
    printf("\nNo:%ld   name:%s   sex:%c   score:%.1f",
         (*p).num,p->name,stu_1.sex,p->score);
}
```

程序运行结果：

```
No:2007301   name:Li Li   sex:F   score:78.5
```

9.3.2 指向结构体数组的指针变量

结构体数组和基本类型数组一样，其数组名就是数组的指针（首地址），定义的结构体指针变量可以指向数组，也可以指向数组的某个元素。结构体数组指针变量的定义如下。

先定义结构体类型，例如：

```
struct student
{
     long int num;
     char name[20];
     float score;
};
```

再定义结构体数组及指向结构体类型的指针变量，即

```
struct student stu[6], *pt2;
```

“pt2 = stu;”表示指针变量 pt2 指向结构体数组 stu。此时对结构体数组元素的引用可采用以下 3 种方法。

（1）地址法。stu+i 和 pt2+i 均表示数组下标为 i 的元素地址，与&stu [i]意义相同，数组元素各成员的引用形式如下。

(stu+i)->name、(stu+i)->num;

(pt2+i)->name、(pt2+i)->num。

（2）指针法。若 pt2 指向数组的某一个元素，如 pt2=&stu[0]，则执行“pt2++;”后，pt2 就指向其后下一个元素，即 stu[1]，对数组元素各成员的引用可以用 pt2-> name、pt2-> num 等。

（3）指针的数组表示法。指针变量 pt2 指向结构体数组 stu，那么 pt2[i]也可以表示数组的第 i 个元素，其效果与 stu[i]相同，对数组成员的引用可以描述为 pt2[i] .name、pt2[i] .num 等。

【例 9.6】指向结构体数组的指针变量的应用。

```
#include<stdio.h>
struct student
{   int num;
```

```
        char name[20];
        char sex;
        int age;
}stu[3]={{10101,"Li Li",'F',19},{10102,"Zhou Yi",'M',18},{10103,"Wu Xin",'F',20}};
void main()
{   struct student *p;
    for(p=stu;p<stu+3;p++)
        printf("%d  %s  %c  %d\n",p->num,p->name,p->sex,p->age);
}
```

程序运行结果：

```
10101  Li Li   F  19
10102  Zhou Yi  M  18
10103  Wu Xin  F  20
```

9.4 单向链表

在定义数组时必须确定数组的大小，系统为数组分配连续的内存空间，各元素按顺序存放在连续的内存空间中，在逻辑上相邻的元素在内存中也是相邻的，使用数组的优点是可以随机地访问每一个数组元素。

处理实际问题时，往往难以确定数组元素的准确个数，若根据最大需求来定义数组长度，则必须将数组定义为最大，这样就势必会浪费不少内存空间。同时，数组的长度一旦确定，在程序运行期间，无法对数组进行扩充来增加数据；而要删除数组中的一些元素时，则需要移动大量数据。为了解决上述问题，C 语言提供了链表数据结构。

链表是一种动态数据结构，可以根据需要随时分配和释放内存空间。链表是一组结点的序列，每一个数据元素以一个结点的形式存在，所有结点具有相同的数据类型。每个结点由包括若干个数据成员的数据域（data field）和指向同数据类型结点的指针域（link field）组成，其中指针域存储与该结点连接的结点的地址。根据指针域中指针的个数，链表可以分为由一个指针构成的单向链表和由两个指针构成的双向链表。单向链表结点的一个指针域用来存储下一个结点的地址。本节将以单向链表为例介绍有关链表的基本知识。

为了确定链表的第 1 个结点的存储位置，需要设置一个头指针，存储链表的第 1 个结点的地址。在对链表进行操作时，通过头指针可以找到链表的第 1 个结点，第 1 个结点的指针域指向第 2 个结点，依此类推，通过每一个结点的指针域指向下一个结点，直到最后的结点（尾结点）。尾结点的指针域设置为空指针 NULL，表示不指向任何结点，对链表的操作结束。NULL 表示空指针常量，其值为 0，该常量的有关定义在头文件 stdio.h 中。一个单向链表的基本形式如图 9.4 所示，整个链表用指针（箭头）顺序链接，在逻辑上相邻的结点在内存中不一定相邻。对链表的结点的访问，只能沿着头指针的方向顺序进行。

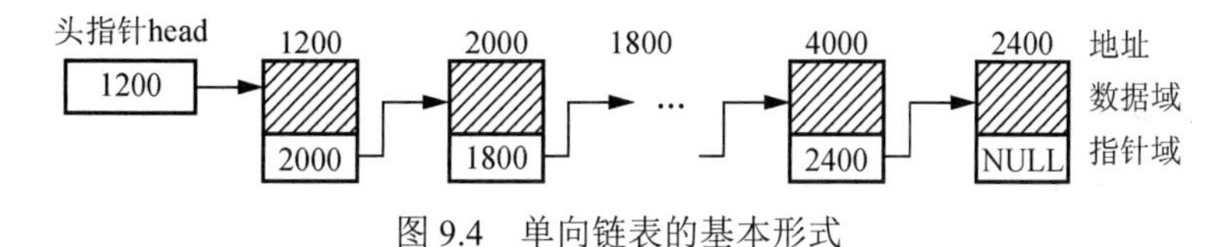

图 9.4　单向链表的基本形式

9.4.1 单向链表的数据结构

将链表的结点定义为结构体类型数据，一般形式如下。

```
struct 结构体名
{   数据类型标识符   成员 1;  ┐
    数据类型标识符   成员 2;  │
    ...                       ├ 数据域
    数据类型标识符   成员 n;  ┘
    struct 结构体名   *指针变量名;   指针域
};
```

例如，要创建一个存放学生信息的链表，可以定义其结构体类型如下。

```
struct student
{   char no[10];              //学号
    char name[20];            //姓名
    char sex;                 //性别
    int age;                  //年龄
    float score[5];           //5 科考试成绩
    struct student *next;     //指向下一个结点
};
```

其中，数据域 no、name、sex、age 及 score 用来存放结点的数据信息，指针域 next 是一个指向同数据类型的指针。

9.4.2 动态分配和释放空间函数

C 语言系统提供了几个用于分配和释放内存空间的函数，在使用这些函数时必须包含头文件 stdlib.h。

（1）分配存储空间函数 malloc()。

函数原型：void *malloc(unsigned int size)。

功能：在内存的动态存储区中分配长度为 size 的连续内存空间，若分配成功，则返回分配的内存空间的起始地址；否则，返回 NULL。

其中，size 是一个无符号整型表达式，确定要分配的内存空间的字节数。

（2）分配连续空间函数 calloc()。

函数原型：void *calloc(unsigned int n, unsigned int size)。

功能：在内存的动态存储区中分配 n 个长度为 size 的连续空间，若分配成功，则返回分配的内存空间的起始位置；否则，返回 NULL。

以上两个函数的返回值类型是“void *”，即不确定所指向的数据类型，所以在实际使用时，需用强制类型转换将其转换成确定的指针类型。

（3）释放空间函数 free()。

函数原型：void free(void *p)。

功能：释放指针 p 所指向的内存空间，使系统可以将该内存区分配给其他变量使用。p 只能是由动态分配函数所返回的值。

9.4.3　单向链表的基本操作

对链表的基本操作包括建立链表、输出链表（逐个处理链表的每个结点）、在链表中插入结点、删除链表中指定的结点等。

1. 建立链表

在程序的运行过程中建立链表，就是为每一个结点申请内存空间，为结点的数据域赋值，并建立起链接的关系。

建立链表时，一般需要定义3个指向链表结构体类型的指针变量，在这里设为head、pnew和ptail。其中，用head作为链表的头指针，记录第一个结点的地址；用pnew记录动态生成新结点的地址；用ptail保存已经建立的部分链表的末尾结点的地址。创建单向链表的一般过程如下。

（1）初始化头指针 head。用语句“head=NULL;”初始化头指针，该语句可以保证当结点个数为0时，能返回空指针NULL。

（2）建立链表的第一个结点。利用malloc()函数向系统申请分配一个结点所需内存空间，用pnew保存其首地址，并输入新结点的数据，如图9.5所示。

执行语句“head=pnew;”，将头指针指向第一个结点，如图9.6所示。

执行语句“ptail=pnew;”，用指针变量ptail保存当前链尾结点的地址，如图9.7所示。

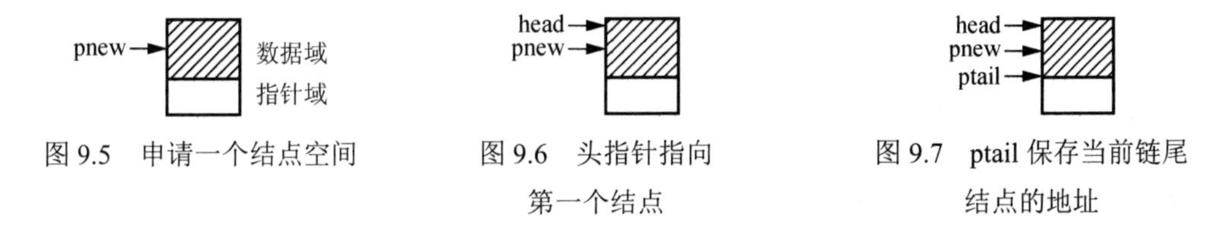

图9.5　申请一个结点空间　　图9.6　头指针指向第一个结点　　图9.7　ptail保存当前链尾结点的地址

（3）建立并链接后续结点。利用malloc()函数开辟新结点空间，用pnew保存其首地址，为新结点输入数据，如图9.8所示。

如果输入的不是结点结束标志，则执行语句“ptail->next=pnew;”，将新结点链接到已经建立的链表尾部，如图9.9所示。

接着执行语句“ptail=pnew;”，用ptail保存当前链尾结点的地址，如图9.10所示。

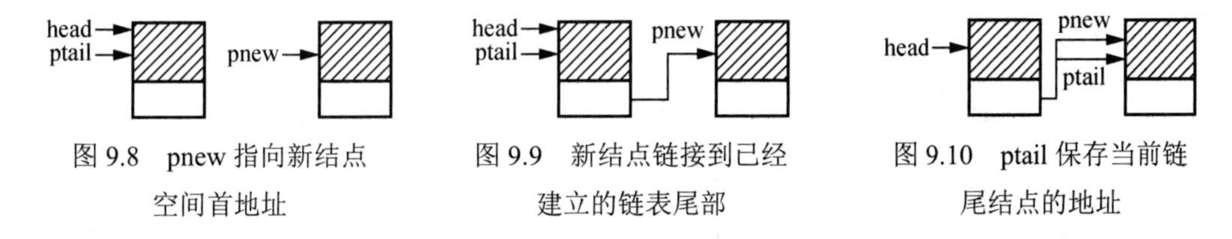

图9.8　pnew指向新结点空间首地址　　图9.9　新结点链接到已经建立的链表尾部　　图9.10　ptail保存当前链尾结点的地址

如果输入的是结点结束标志，直接执行步骤（4）。

（4）将尾结点指针域置为空指针，并释放pnew指向的结点空间，如图9.11所示。该操作所执行语句为“ptail->next=NULL;free(pnew);”。

（5）将单向链表头指针返回，执行语句“return head;”。

注意： 上述讨论假设调用函数malloc()能够成功返回其首地址。

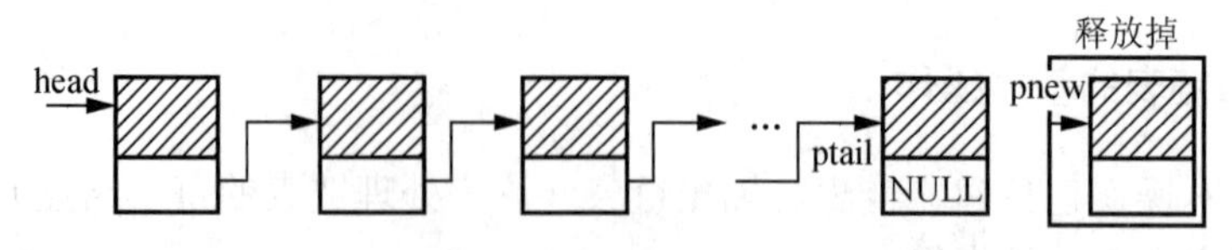

图 9.11 单向链表建立结束

2. 输出链表

链表是一种对操作顺序要求很高的数据组织形式，必须按由前到后的顺序来处理其中的结点。输出链表是将链表上各个结点的数据域中的数据依次输出，直到链表结尾，其操作步骤如下。

（1）已知链表的头指针 head，执行语句“p=head;”，使指针变量 p 指向第一个结点。

（2）若 p!=NULL，输出 p 所指向的结点数据域；否则，输出结束。

（3）执行语句“p=p->next;”，使 p 指向链表的下一个结点，转到步骤（2）。

【例 9.7】创建一个存放学生的学号和成绩的单向链表，当输入的学号为“000”时输入结束，然后输出该链表。

```
#include<stdio.h>
#include<stdlib.h>              //包含 malloc()的头文件
#include<string.h>
struct stu                      //定义链表结点的数据类型
{   char no[10];                //结点的数据域——学号
    int score;                  //结点的数据域——成绩
    struct stu *next;           //结点的指针域
};
void main()
{   struct stu *crelink();      //函数调用声明
    void print(struct stu *head);
    struct stu *head;
    head=crelink();                     //调用建立单向链表函数
    print(head);                        //调用输出链表函数
}
struct stu *crelink()                   //建立单向链表函数，返回链表首地址
{
    struct stu *pnew,*ptail,*head;
    head=NULL;
    while(1)
    {   pnew=(struct stu *)malloc(sizeof(struct stu));
        //将 malloc()申请的内存空间的首地址赋值给 pnew
        printf("Input datas: ");
        scanf("%s %d",pnew->no,&pnew->score);
        //输入结点的数据，两个数据之间用空格间隔
        if(strcmp(pnew->no, "000")==0)  break;
        //若学号是输入结束标志，结束循环
        if(head==NULL)
            head=pnew;                  //接入第一个结点
        else
```

```
            ptail->next=pnew;           //对非空表，将结点链接到链表末尾
            ptail=pnew;                 //ptail 保存已经建立的部分链表的末尾地址
        }
    ptail->next=NULL;                   //设置尾结点指针域为空指针
    free(pnew);                         //释放最后一次申请的学号为“000”的结点空间
    return head;                        //将已经建立起来的单向链表头指针返回
}
void print(struct stu *head)            //输出链表函数
{   struct stu *p=head;                 //取得链表的头指针
    if(head==NULL)
        printf("\n List is null!\n");   //如果是空链表，输出提示信息
    else
        while(p!=NULL)                  //从头指针开始，依次输出各结点的值，直到 NULL
        {   printf("%s\t%d\n",p->no,p->score);      //输出链表结点的值
            p=p->next;                              //指针 p 顺序指向下一个结点
        }
}
```

程序运行时输入：

```
T01   80 ↙
T02   90 ↙
T03   100 ↙
T04   88 ↙
000   0 ↙
```

程序运行结果：

```
T01    80
T02    90
T03    100
T04    88
```

思考：本例是将新结点从表尾接入，试改写程序，用新结点依次插入链表头部的方法建立链表。

3. 在链表中插入结点

将新结点插入一个已经存在的链表中，可采用将新结点插入链表头部、链表中间或链表尾部的方法。

（1）结点插入原链表头部。

以例 9.7 所建链表为例，在链表头部插入一个新结点，操作过程如下。

1）执行以下语句，申请新结点所需空间，为新结点输入数据，如图 9.12 所示。

```
s=(struct stu *)malloc(sizeof(struct stu));
scanf("%s %d",s->no,&s->score);
```

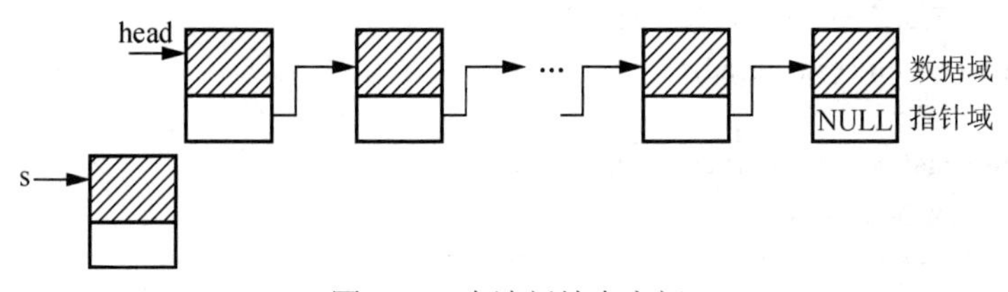

图 9.12　申请新结点空间

2）执行语句“s->next=head;”，使新结点的指针域指向原链表的第一个结点，如图 9.13 所示。

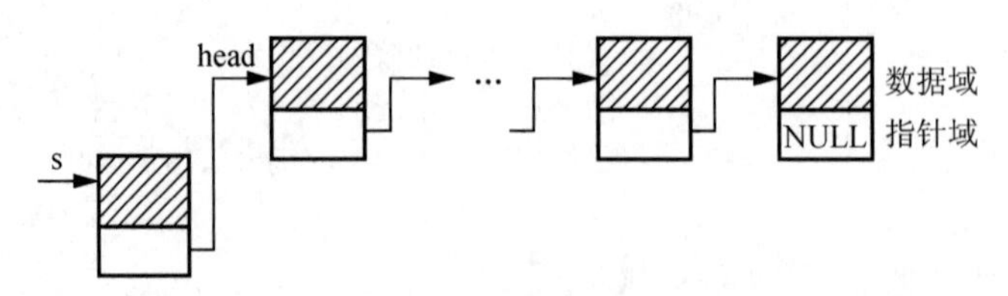

图 9.13 新结点的指针域指向原链表的第一个结点

3）执行语句“head=s;”，将新结点的指针作为链表的头指针。

（2）结点插入原链表的中间。

以例 9.7 所建链表为例，在指定结点之后插入一个新结点，操作过程如下。

1）申请新结点所需空间，为新结点输入数据。

```
s=(struct stu *)malloc(sizeof(struct stu));
scanf("%s %d",s->no,&s->score);
```

2）本例按学号（no）数据项寻找插入结点的位置，直到 p1 指向插入位置的下一个结点，此时 p2 指向插入位置的前一个结点。

```
p1=head;
while(p1->next!=NULL&& strcmp(s->no,p1->no)>0)
    {  p2=p1;
       p1=p1->next;
    }
```

3）使新结点的指针域指向 p2 指向结点的后一个结点，执行语句为“s->next=p2->next;”。

4）p2 结点的指针域指向 s 结点，执行语句为“p2->next=s;”。

（3）结点插在原链表的尾部。

以例 9.7 所建链表为例，在链表尾部插入一个新结点，操作过程如下。

1）申请新结点所需空间，为新结点输入数据。

```
s=(struct stu *)malloc(sizeof(struct stu));
scanf("%s %d",s->no,&s->score);
```

2）从头结点开始，查找最后一个结点，将 p1 指向最后一个结点。

```
p1=head;
while(p1->next!=NULL)
        p1=p1->next;
```

3）使新结点的指针域为空指针，执行语句为“s->next=NULL;”。

4）将 p1 结点的指针域指向新结点执行语句为“p1->next=s;”。

【例 9.8】假设按照学号顺序建立了链表，插入的新结点依次与表中结点的学号相比较，找到插入位置，然后插入新结点，编写插入结点函数。

```
struct stu *insertnode(struct stu *head)
{   struct stu *s,*p1,*p2;
    s=(struct stu *)malloc(sizeof(struct stu ));   //s 指向新结点
    printf("Input new node datas:");
    scanf("%s %d",s->no,&s->score);            //为新结点输入数据
    if(head==NULL)                             //空链表
```

```
    {   head=s;
        s->next=NULL;                              //新结点插入表头
        return head;
    }
    p1=head;                                       //以下处理非空表
    while(p1->next!=NULL&& strcmp(s->no,p1->no)>0)
    //寻找插入结点的位置，新结点的学号大于 p1 指向结点的学号，并且未到表尾
    {   p2=p1;
        p1=p1->next;                               //p1 指向下一个结点
    }
    if(strcmp(s->no,p1->no)<0&&head==p1)  //新结点插在第一个结点之前
    {   s->next=head;
        head=s;
        return head;
    }
    if(strcmp(s->no,p1->no)<=0)
    {   s->next=p2->next;                          //在 p2 和 p1 之间插入新结点
        p2->next=s;
    }
    else
    {   s->next=NULL;                              //在链表的尾部插入新结点
        p1->next=s;
    }
    return head;                                   //返回链表的头指针
}
```

4. 删除链表中指定的结点

对不再需要的数据可将其从链表中删除并释放其所占的内存空间。从链表中删除指定的结点有 3 种情况，即删除链表的第一个结点、删除链表的中间结点、删除链表的尾结点。

（1）删除链表的第一个结点。s 指向第一个结点，执行语句“head=head->next;”，使头指针指向下一个结点，然后执行“free(s);”语句，释放 s 指向的内存空间。

（2）删除链表的中间结点。链表原始状态如图 9.14 所示。

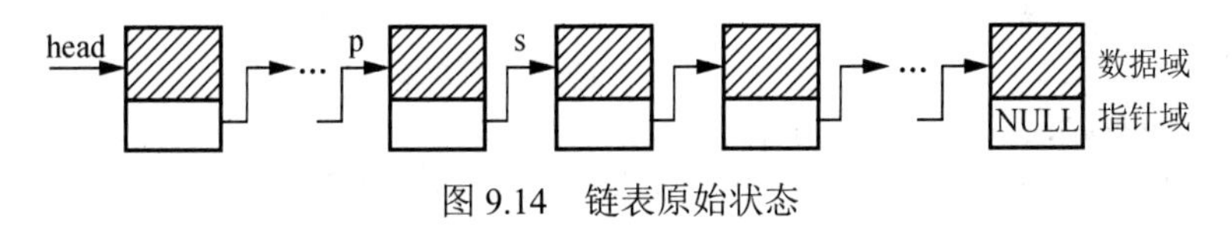

图 9.14　链表原始状态

执行语句“p->next=s->next;”，使 p 指向结点的指针域指向 s 指向结点的下一个结点，然后执行“free(s);”语句，释放 s 指向的内存空间，结果如图 9.15 所示。

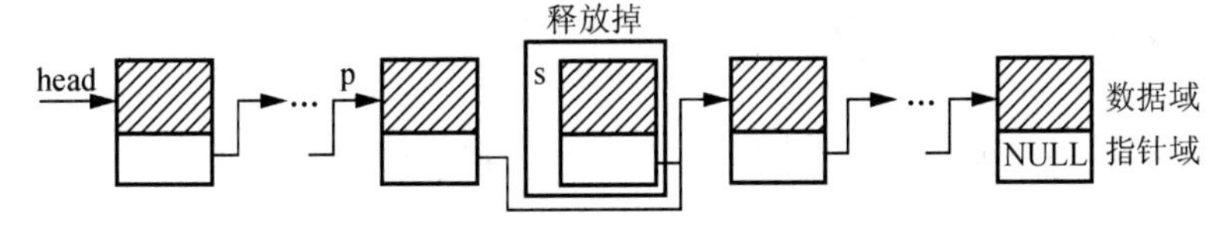

图 9.15　删除 s 结点后的链表

（3）删除链表的尾结点。如果 s 在原链表中指向尾结点，则链表原始状态如图 9.16 所示。

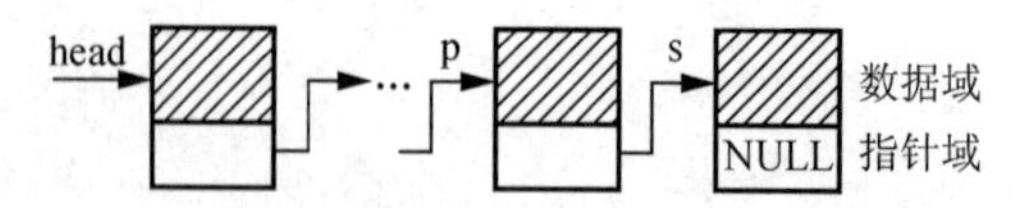

图 9.16 s 指向尾结点的原始链表

执行语句“p->next=NULL;”，将尾结点的前一个结点的指针域置为空指针，然后执行“free(s);”语句，释放 s 指向的内存空间。

【例 9.9】编写删除链表指定结点的函数。以例 9.7 所建链表为例，从键盘上输入某一学生的学号，将其对应的结点从链表中删除。

程序分析：首先应该在链表中查找指定的结点，即将指定的学号与各结点的学号进行比较，若不相同，则继续查找；若相同，则查找到要删除的结点，然后将其删除。

```
struct stu *deletenode(struct stu *head)            //以 head 为头指针
{    char delstr[10];
     struct stu *s,*p;
     if(head==NULL)                                 //链表为空表
          printf("\nList is null!\n");
     else                                           //链表为非空表
     {    s=head;                                   //链表的头指针
          printf("Input deleted no:");
          scanf("%s",delstr);
          while(strcmp(s->no,delstr)!=0&&s->next!=NULL)
          //若 p 指向结点的学号与指定的学号不同并且未到链表尾
     {    p=s;
          s=s->next;                                //指针后移
     }
     if(strcmp(s->no,delstr)==0)                    //找到要删除的结点
     {    if(s==head)
               head=head->next;                     //删除链表的第一个结点
          else   if(s->next!=NULL)
                         p->next=s->next;           //删除链表中间的结点
                 else
                         p->next=NULL;              //删除链表的尾结点
           printf("Delete no:%s\n",s ->no);
           free(s);                                 //释放删除结点所占的内存空间
     }
    else
          printf("\n No find data!\n");             //没找到要删除的字符串
  }
      return(head);                                 //返回链表头指针
}
```

由上面的讨论可知，链表增加或删除结点的操作很灵活，不需要移动大量数据。

【例 9.10】建立一个单向链表，在链表中插入新结点，然后删除指定结点。

```
#include<stdio.h>
#include<stdlib.h>
```

```
#include<string.h>
struct stu
{   char no[10];
    int score;
    struct stu *next;
};
void main()
{   struct stu *crelink();
    void print(struct stu *head);
    struct stu *insertnode(struct stu *head);
    struct stu *deletenode(struct stu *head);
    struct stu *head;
    head=crelink();
    print(head);
    head=insertnode(head);
    print(head);
    head=deletenode(head);
    print(head);
}
struct stu *crelink()
{   struct stu *pnew,*ptail,*head;
    head=NULL;
    while(1)
    {   pnew=(struct stu *)malloc(sizeof(struct stu));
        printf("Input datas: ");
        scanf("%s %d",pnew->no,&pnew->score);
        if(strcmp(pnew->no, "000")==0)   break;     //数据输入结束标志是学号 000
        if(head==NULL)
            head=pnew;
        else
            ptail->next=pnew;
        ptail=pnew;
    }
    ptail->next=NULL;
    free(pnew);
    return head;
}
void print(struct stu *head)
{   struct stu *p=head;
    if(head==NULL)
        printf("\n List is null!\n");
    else
        while(p!=NULL)
        {   printf("%s\t%d\n",p->no,p->score);
            p=p->next;
        }
```

```
}
struct stu *insertnode(struct stu *head)
{   struct stu *s,*p1,*p2;
    s=(struct stu *)malloc(sizeof(struct stu ));
    printf("Input new node datas:");                //输入要插入的结点
    scanf("%s %d",s->no,&s->score);
if(head==NULL)
{   head=s;
    s->next=NULL;
    return head;
}
p1=head;
while(p1->next!=NULL&& strcmp(s->no,p1->no)>0)
{   p2=p1;
    p1=p1->next;
}
if(strcmp(s->no,p1->no)<0&&head==p1)
{   s->next=head;
    head=s;
    return head;
}
if(strcmp(s->no,p1->no)<0)
{   s->next=p2->next;
    p2->next=s;
}
else
{   s->next=NULL;
    p1->next=s;
}
return head;
}
struct stu *deletenode(struct stu *head)
{   char delstr[10];
    struct stu *s,*p;
    if(head==NULL)
        printf("\nList is null!\n");
    else
    {   s=head;
        printf("Input deleted no:");          //输入要删除结点的学号
        scanf("%s",delstr);
        while(strcmp(s->no,delstr)!=0&&s->next!=NULL)
        {   p=s;
            s=s->next;
        }
        if(strcmp(s->no,delstr)==0)
```

```
        {   if(s==head)
                head=head->next;
            else    if(s->next!=NULL)
                        p->next=s->next;
                    else
                        p->next=NULL;
            printf("Delete no:%s\n",s ->no);
            free(s);
        }
        else
            printf("\n No find data!\n");
    }
    return(head);
}
```

程序运行时输入：

```
T03   80↙
T05   90↙
T06   100↙
T08   88↙
000   0↙
```

程序运行结果：

```
T03   80
T05   90
T06   100
T08   88
Input new node datas:
```

再次运行程序时输入：

```
T04   99↙
```

程序运行结果：

```
T03   80
T04   99
T05   90
T06   100
T08   88
Input   deleted   no:
```

再次运行程序时输入：

```
T06↙
```

程序运行结果：

```
Delete no:T06
T03   80
T04   99
T05   90
T08   88
```

思考：本程序运行时，只讨论插入和删除一个结点的情况，试修改程序，使其可以插入和删除多个结点。

9.5 共 用 体

在实际应用中，有时会遇到需要将几种不同类型的数据存放于同一段内存单元中的情况。例如，某中学记录学生体育考核成绩时，性别不同的学生的考核项目不同，体育考核成绩记录表如图 9.17 所示。

姓名	性别	体育成绩			
		长跑	短跑	篮球(男)/排球(女)	引体向上(男)/仰卧起坐(女)

图 9.17 体育考核成绩记录表

在此类表格中，为了节省空间，不同的数据类型占据同一栏，体现在内存中的数据存储中，即为不同类型的数据占用同一段内存单元。这种几个不同的变量共同占用一段内存的数据结构称为共用体，也称为联合体。该类型与结构体类型在定义形式上非常相似，可以将不同数据类型的数据项组织成一个整体，但其表示的含义及在内存中的存储是完全不同的，一个共用体类型变量的各成员占用同一段内存空间（相互覆盖）。

9.5.1 共用体类型的定义

定义共用体类型的形式如下。

```
union [共用体名]
{
    数据类型标识符    成员名 1;
    数据类型标识符    成员名 2;
    …
    数据类型标识符    成员名 n;
};
```

共用体的定义以及共用体与结构体的区别

其中，union 是定义共用体类型的系统关键字，其他说明与结构体类型定义相同。例如：

```
union data
{    int i ;
     float f ;
     char c ;
};
```

该形式定义了一个共用体数据类型，类型名为 union data。

9.5.2 共用体变量的定义

与结构体类型相似，共用体变量的定义可以采用如下 3 种方式.

（1）在定义共用体类型的同时定义变量。例如：

```
union data
{   char c;
```

```
    int i;
    float f;
}x;
```

（2）先定义共用体类型，再定义共用体变量。例如：

```
union data
{   char c;
    int i;
    float f;
};
union data x;
```

（3）不指定类型名，直接定义共用体变量。例如：

```
union
{   char c;
    int i;
    float f;
} x;
```

由于各成员共同占用同一段内存，共用体变量所占用的内存长度为占内存最长的成员的字节长度，如上面定义的共用体中，3 个成员 c、i、f 分别占用 1、4、4 个字节，则此类型的共用体变量 x 所占用的内存为 4 个字节，而不是 1+4+4=9 个字节。共用体变量在任何时刻只有一个成员存在（值有效）。

9.5.3　共用体变量的引用

共用体变量成员的引用与结构体变量成员的引用方法相同，一般形式如下。

```
共用体变量名.成员名
共用体指针变量名-> 成员名
(*共用体指针变量名). 成员名
```

若共用体变量的定义如下。

```
union ud
{   char c;
    int i;
    float f;
} x,*p=&x,a[3];
```

那么对变量 x、数组 a 的成员引用可以采用以下几种方式。

（1）x.c、x.i、x.f。

（2）p->i、p->ch、p->f 或(*p).i、(*p).ch、(*p).f。

（3）a[0].i、a[0].ch、a[0].f 等。

注意：由于共用体各成员共用同一段内存空间，任何时刻只有一个有效值起作用，因而不能同时引用共用体的所有成员，在某一时刻，只能引用其中的某一个成员。

共用体类型可以方便用户在同一内存区内交替使用不同数据类型，增加程序的灵活性，节省内存。

【例 9.11】共用体变量的使用。

```
#include<stdio.h>
void main()
```

```
{   union data
    {   int a;
        float b;
        double c;
        char d;
    }mm;
    mm.a=6;
    printf("%d\n",mm.a);
    mm.c=67.2;
    printf("%5.1lf\n",mm.c);
    mm.d='W';
    mm.c=34.2;
    printf("%5.1f\n",mm.c);
}
```

程序运行结果：

```
6
67.2
34.2
```

9.5.4 共用体变量的赋值

（1）定义共用体变量的同时进行初始化。定义共用体变量时可以对变量赋初值，但只能对变量的第一个成员赋初值，不可以像结构体变量那样对所有的成员赋初值。共用体变量的初值也必须用花括号括起来。例如：

```
union ud
{   int i;
    char c;
    float f;
};
```

下面两句是正确的赋值语句：

```
union ud data={65};                          //将 65 赋值给成员 i
union ud data={'B'};                         //将'B'赋值给成员 i，即 i 的值为 66
```

而以下初始化语句是错误的：

```
union ud data={101,'B',3.14};      //错误，花括号中只能有一个值
union ud data=18;                  //错误，缺少花括号，整数不能对共用体类型的变量赋值
```

（2）共用体变量在程序中为成员赋值。先进行共用体变量的定义，在程序中可以对其成员赋值，此时赋值形式与普通变量完全相同。例如：

```
union ud
{   int i;
    char c;
    float f;
};
union ud x,*p,a[3];
```

则

```
x={15};                  //错误
```

```
x=15;                //错误
x.i=15;              //正确，将 15 赋值给 x 的成员 i
p=&x;                //p 指向 x
p->f=23.6;           //正确，将 23.6 赋值给 x 的成员 f
a[0].c='A'           //正确，将'A'赋值给 a[0]的成员 c
```

（3）相同共用体类型的变量之间可以相互赋值。例如：

```
union ud x={10},y;
```

则“y=x;”是正确的赋值语句。

由于共用体变量的各成员共用同一地址的内存单元，因此在使用时要注意以下几点。

（1）对共用体变量成员赋值时，最后一次存入的成员值才是有效的值，才是有效的值。例如：

```
union ud x;
```

则执行语句“x.i = 10;x.c = 'A';x.f = 12.5;”之后，x.f 成员的值是有效的，前两个赋值被最后一次的赋值覆盖。

（2）共用体变量的地址与其各成员的地址相同，如&x 的地址与&x.i、&x.c、&x.f 的地址均相同。

9.6 枚举类型

在处理日常数据中，常常会遇到一类特殊数据，比如一个日期类数据中，月份只可能是 12 个月份中的一个，或者工作时间是一个星期的七天中的某些天（从星期一到星期天）。如果一个变量的取值范围是几个有限的值，则可以将此类型的数据定义成枚举类型。枚举就是把这种类型数据可以取的值一一列举出来，这些一一列举出来的数值称为枚举常量，用一组标识符表示。枚举数据类型通常的定义形式如下。

```
enum 枚举名 {枚举常量名, …};
```

其中，enum 枚举名是定义的枚举数据类型名，枚举名与列举出来的枚举常量名必须按自定义标识符的命名规则来命名。例如，在一个袋子中有四种颜色的球各一个，从中摸出两个球有可能是哪些颜色组合？为了解决这个问题，可以定义一个表示颜色的枚举类型，并且定义两个该类型的变量：

```
enum color {RED,GREEN,BLUE,YELLOW} c1,c2;
```

enum color 是一个枚举类型，其枚举常量分别是 RED、GREEN、BLUE、YELLOW，而 c1 和 c2 是枚举变量。

枚举类型的定义

说明：

（1）一个枚举变量只能用枚举常量进行赋值，而不能接收任何非枚举常量的值。例如，“c1=RED;”或“c2= BLUE;”都是正确的，而“c1=8;”或“c2=189;”都是错误的。

（2）实际上，C 语言编译系统对枚举常量是按整型常量处理的，即系统自动给第一个枚举常量标识符赋值 0，其后的常量标识符的值依次递增。例如：

```
c1= YELLOW;
printf("col=%d\n",col);
```

执行语句后，结果为 col=3。

（3）可以在枚举类型定义时改变枚举常量的系统默认值，并且从指定常量值开始，其后的相邻常量值依次递增，直到新的指定值出现。例如：

```
enum color {RED,GREEN=5,BLUE,WHITE,BLACK=11,GREY}col;
```

则

```
RED=0,GREEN=5,BLUE=6,WHITE=7,BLACK=11,GREY=12
```

或者

```
enum weekday{mon=1,tue,wed,thu,fri,sat,sun} today,nextday;
```

则

```
mon=1,tue=2,wed=3,thu=4,fri=5,sat=6, sun=7
```

（4）枚举类型用标识符表示数值，增强了程序的可读性。例如：

```
enum weekday {sun,mon,tue,wed,thu,fri,sat} today,nextday;
if(today==sat)    nextday=sun;
```

使用了表示星期的枚举常量，使语句的含义清晰、易懂。若改为

```
if(today==6)   nextday=0;
```

则语句的可读性降低。

【例 9.12】编写程序，袋中有红、黄、白、蓝、黑 5 种颜色的球，每次从袋中取出 3 个球，求得到 3 种不同颜色的球的可能取法，并且输出每种组合的 3 种颜色。

```
#include<stdio.h>
void main()
{   enum color{red,yellow,blue,white,black};
    enum color i,j,k,pri;
    int n=0,loop;
    for(i=red;i<= black;i++)
     for(j=red;j<=black;j++)
        if(i!=j)
          { for(k=red;k<=black;k++)
              if((k!=i)&&(k!=j))
               {   n=n+1;        printf("%-4d",n);
                   for (loop=1;loop<=3;loop++)
                   {   switch(loop)
                       {   case 1:pri=i; break;
                           case 2:pri=j; break;
                           case 3:pri=k; break;
                       }
                       switch(pri)
                       {   case    red:printf("%-10s","red");    break;
                           case    yellow:printf("%-10s","yellow");    break;
                           case    blue:printf("%-10s","blue");    break;
                           case    white:printf("%-10s","white");    break;
                           case    black:   printf("%-10s","black");    break;
                           default:    break;
                       }
                   }
               printf("\n");
```

```
        }
    }
    printf("\n total:%5d\n", n);
}
```

程序运行结果：

```
1        red      yellow    blue
2        red      yellow    white
3        red      yellow    black
4        red      blue      yellow
5        red      blue      white
6        red      blue      black
⋮        ⋮        ⋮         ⋮
60       black    white     blue
total:   60
```

9.7　用 typedef 定义类型

结构体类型、共用体类型是由两个标识符组成的，如果需要在程序里频繁使用某种结构体类型或共用体类型，书写会很烦琐。因此，C 语言提供了 typedef 语句，可以为结构体类型、共用体类型或者其他数据类型起别名，使定义结构体、共用体类型的变量变得更为简洁，同时也可提高程序的易读性。

typedef 语句的一般形式如下。

```
typedef  类型标识符  类型名的别名;
```

说明：

（1）类型标识符必须是已经定义的数据类型名或 C 语言提供的基本类型名。

（2）类型名的别名必须是合法的标识符，通常用大写字母来表示。

（3）分号是语句结尾的符号，不能省略。

例如：

```
typedef unsigned int INTEGER;          //INTEGER 是 int 类型的别名
INTEGER a;                             //等价于 unsigned int a
typedef float REAL;                    //REAL 是 float 类型的别名
REAL x,y;                              //等价于 float x,y
struct teacher_info
{
    char name[20],sex,unit[30];
    INTEGER age,workyears;
    float salary;
};
typedef struct teacher_info TEACHER;   //为结构体类型重命名 TEACHER
```

用 typedef 定义类型

也可以写成如下形式：

```
Typedef struct teacher_info
{
    char name[20],sex,unit[30];
```

```
    INTEGER age,workyears;
    float salary;
} TEACHER;
```

定义了某种类型的别名之后，在程序里的其他位置都可以直接用这个名字代表所定义的类型，使用起来更加方便，编写的程序也更简洁。

使用 typedef 时要注意以下几点。

（1）typedef 语句不能创造新的类型，只能为已有的类型起一个别名。

（2）typedef 语句不能用来定义变量。

习　题　9

一、单项选择题

1．C 语言中，可用来定义包含多个不同类型独立属性值变量的类型是（　　）。

A．结构体　　B．数组　　C．共用体　　D．枚举

2．若有如下定义，则 sizeof(struct PRG)的值是（　　）。

```
struct PRG
{   int c;
    union
    {   char st[4];
        int i;
        int j;
    }test;
};
```

A．7　　B．8　　C．5　　D．6

3．下列程序段的输出结果是（　　）。

```
struct abc{ int a,b,c;};
void main()
{   struct abc s[2]={{1,2,3},{4,5,6}};
    int t;
    t=s[0].a+s[1].b;
    printf(" %d\n",t);   }
```

A．5　　B．6　　C．7　　D．8

二、阅读程序题（写出程序的运行结果）

```
#include <stdio.h>
void main()
{   union student
    {   int a[5];
        float f;
        char ch;
    }stu;
    printf("%d\n",sizeof(stu));
}
```

三、完善程序题（根据下列程序的功能描述，在程序的空白横线处填入适当的内容，使程序完整、正确）

1．100 名村民投票从 3 名候选人中选举一名村主任，以下程序的功能是统计各候选人的票数。

```
#include <string.h>
#include <stdio.h>
void main()
{   struct person
    {   char name[10];
        int n;
    }pp[3]={"Li",0,"Zhang",0,"Fan",0};          //设定票箱
    int i,j;
    char s[10];
    for(i=1;i<=100;i++)
    {   scanf("%s",s);                           //投票
        for (j=0;j<3;j++)
            if(strcmp(________________)==0)
                pp[j].n++;                       //计票
    }
}
```

2．以下程序的功能是找出 4 名学生中成绩最好者，并输出其姓名和成绩。

```
#include <stdio.h>
void main()
{   int i,j=0;
    float max;
    struct st
    {   char name[10];
        int score;
    }stu[4]={{"aa",67},{"bb",78},{"cc",98},{"dd",54}};
    for(i=0;i<4;i++)
        if(stu[j].score<stu[i].score)
            ________________;
    printf("%s,%d",stu[j].name, stu[j].score);
}
```

四、程序改错题（每小题只有一个错误，找出错误的行号并改正。每行语句前的序号只标注行号，非程序本身的内容）

1．结构体数组中有两个学生的学号、姓名和年龄，输出其各项数据。

```
（1）#include <stdio.h>
（2）struct stu
（3）{   int num;
（4）    char name[8];
（5）    int age;          };
（6）void main()
```

```
（7）{   int i;
（8）    struct stu stud[2]={{01,"Wu",18},{02,"Zhu",19}};
（9）    i=0;
（10）   for( ;i<2;i++)
（11）       printf("%d %s %d",stud[i]->num,stud[i]->name,stud[i]->age);
（12）}
```

2．结构体数组中有两个学生的学号、姓名和年龄，用指针输出数据。

```
（1）#include <stdio.h>
（2）struct stu
（3）{   int num;
（4）    char name[20];
（5）    int age;   };
（6）void main()
（7）{   struct stu stud[2]={{01,"Li",19},{02,"Qi",20}},*p;
（8）    p=stud;
（9）    for( ;p<stud+2;p++)
（10）        printf("%d %s %d\n",p.num,p.name,p.age);
（11）}
```

3．定义一个结构体变量 a 并赋初值。

```
（1）student struct
（2）{   int num;
（3）    char name[20];
（4）    char sex;
（5）}a={89031,"Lilin",'M'};
```

4．以下程序的功能是求一个学生的平均成绩并输出。

```
（1）#include <stdio.h>
（2）struct student
（3）  {  int num, score1, score2;
（4）     float average;
（5）  }stu1={1,67,89};
（6）void main()
（7）{   stu1.average=(stu1.score1+stu1.score2)/2.0;
（8）    printf("%f",stu1);
（9）}
```

第 10 章　文　　件

程序的一个重要功能是对数据进行处理，因此经常要用到数据的输入和输出。在前面章节中所用到的输入和输出，都是以终端为对象的，即从键盘上输入数据，运行结果输出到显示器上。数据在这种方式下不能永久保存。当数据量比较小的时候，可以使用键盘输入，利用显示器输出。但是，随着问题的复杂化，涉及的数据也可能大量增加，有时有成千上万的数据需要处理，如果再按照前面章节中介绍的方法处理数据，将非常困难。而文件是解决这个问题的有效办法，也就是利用文件代替键盘进行数据的输入，将程序的运行结果保存到文件中。本章将介绍文件的概念及与文件相关的操作函数等。

10.1　文 件 概 述

10.1.1　文件系统概述

文件是指存储在外部介质（如磁盘）上的一组相关数据的有序集合，如某专业学生的成绩数据，某公司商品的交易数据，等等。数据是以文件的形式存放在外部介质上的。

操作系统以文件为单位对数据进行管理。也就是说，读取磁盘文件时先按路径和文件名找到指定的文件，然后再从该文件中读取数据。要向外部介质上存放数据也必须先建立一个供识别的文件名，才能向它输出数据。从操作系统角度讲，每一个与主机相连的输入/输出设备都被看成是一个文件。例如，终端键盘是输入文件，显示器和打印机是输出文件。

C 语言把文件看成一个个字符（字节）组成的序列（简称“流式文件”），即文件是由一个个字符（字节）数据按顺序组成的。根据数据组织形式（在磁盘上的存储方式），文件可以分为文本文件（字符流）和二进制文件（二进制流）。

1. 文件的种类

（1）文本文件。文本文件又称为 ASCII 文件，每一个字节存放一个 ASCII 码，表示一个字符。C 语言源程序是文本文件，其内容是由 ASCII 码组成的，通过记事本等文本编辑软件可以查看、修改。

（2）二进制文件。二进制文件把内存中的数据按其在内存中的二进制存储形式直接输出到磁盘文件上存放，存入时不需要进行数据转换。C 语言程序的目标文件和可执行文件是二进制文件，包含计算机才能识别的机器代码，如果使用记事本软件打开，则看到的是乱码。

如图 10.1 所示，对于整数 20149，其在内存中占 4 字节，按二进制形式输出时与内存中的存储形式一样占 4 字节，而按 ASCII 形式输出时则占 5 字节。用 ASCII 形式输出的结果与字符一一对应，一个字节代表一个字符，便于对字符进行逐个处理，也便于输出字符，但一般此种方式占内存空间较多，而且需要花费时间进行二进制与 ASCII 的转换。用二进制输出数值，可以节省内存空间和转换时间，但一个字节并不是一个字符，不能直接输出字符形式。

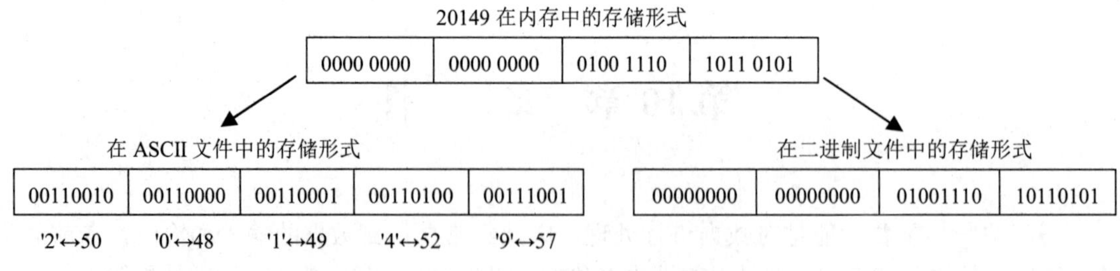

图 10.1　ASCII 文件和二进制文件存储形式比较

2. 文件的处理方式

文件的处理有两种方式，一种称为缓冲文件系统，另一种称为非缓冲文件系统。

缓冲文件系统是指系统自动地在内存中为每一个正在使用的文件开辟一个缓冲区。从内存向磁盘写入数据必须先送到这个缓冲区中，缓冲区被装满后才一起送到磁盘上去。如果从磁盘向内存读入数据，则一次从磁盘文件中将一批数据送到内存缓冲区中，然后从缓冲区中逐个地将数据送到程序存储区供程序运行时使用。缓冲区文件的读/写形式如图 10.2 所示。

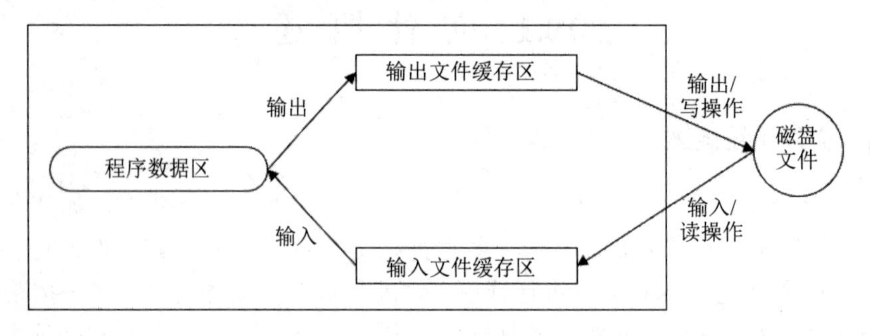

图 10.2　缓冲区文件的读/写形式

非缓冲文件系统是指系统不为正在使用的文件自动开辟确定大小的缓冲区，而由用户根据需要自行设定缓冲区的大小和位置。在文件系统中，经常使用缓冲文件系统，而很少使用非缓冲文件系统。

10.1.2　文件类型指针

在缓冲文件系统中，文件类型指针（简称“文件指针”）是贯穿系统的一个主线。当用户使用文件时，文件要被调入内存中。用户在使用文件时通过文件指针与文件建立联系，从而对文件进行操作控制。文件指针，就是一个指向结构体类型的指针变量。这个结构体类型是对文件信息的描述（如文件的名称、文件的长度、文件当前位置、状态等）。该结构体类型是由系统定义的，存放在头文件 stdio.h 中，其标识为 FILE。可以使用 FILE 来定义文件类型指针变量。

文件指针的说明形式如下。

```
FILE *文件指针名;
```

例如：

```
FILE *fp;
```

说明：fp 是一个文件类型的指针变量，通过 FILE 类型数据可以进一步管理和使用内存缓冲区中文件的信息，从而与磁盘文件建立联系，并对文件进行操作。

10.1.3 使用文件的步骤

在 C 语言中，使用文件要遵循一定的规则。在使用文件前应该打开文件，使用结束后应该关闭文件。使用文件的步骤为打开文件→操作文件→关闭文件。

（1）打开文件：打开文件的目的是将文件调入内存的文件缓冲区中，通过文件指针建立用户程序与文件的联系，从而对文件进行操作。

（2）操作文件：是指对文件进行读、写、追加和定位等操作。读操作是指从文件中读出数据，即将文件中的数据读入内存；写操作是指向文件中写入数据，即将计算机内存中的数据存入文件中；追加操作是指将新的数据写到文件原有数据的后面；定位操作是指移动文件读写位置指针。

（3）关闭文件：关闭文件的目的是将文件与指针脱离，并将文件写入磁盘，从而保存对文件的修改。

C 语言并没有提供对文件进行操作的语句，所有文件的操作都是通过 C 语言编译系统提供的库函数来实现的。

10.2 文件的打开与关闭

10.2.1 文件的打开

用 C 语言标准输入/输出函数库的 fopen()函数来打开文件。fopen()函数的一般调用形式如下。

```
文件指针名=fopen("文件名","打开文件的方式");
```

例如：

```
FILE *fp;
fp=fopen("e:\\file01.txt","r");
```

本例中以只读的方式打开 E 盘根目录下的文本文件 file01.txt，并让文件指针 fp 指向该文件。可见，打开一个文件实际提供了以下 3 个信息。

（1）指定与哪个文件指针建立联系，即让哪一个指针变量指向被打开的文件。

（2）指定要打开的文件名及其路径，其中路径中的分隔符（\）与 C 语言中转义字符中的斜杠相同，因此需要写成两个斜杠的形式（\\），才能被 C 语言编译系统正确识别为路径分隔符。路径省略时，默认对系统当前磁盘当前目录下的文件进行操作。

（3）指定打开文件的方式（读方式、写方式等）。打开文件的方式如表 10.1 所示。

表 10.1 打开文件的方式

打开文件的方式	含义
"r"（只读）	以只读方式打开存在的文本文件，对此文件不能进行写操作。若找不到指定文件，则返回错误标志
"w"（只写）	创建用于写操作的文本文件，若文件已经存在，则打开文件时会清空原文件内容

续表

打开文件的方式	含义
"a"（追加）	向文本文件尾部追加数据，若指定文件不存在，则自动创建该文件
"rb"（只读）	以只读方式打开一个存在的二进制文件。若找不到指定文件，则返回错误标志
"wb"（只写）	创建一个二进制文件，用于写操作。若指定文件存在，则打开时清空原内容
"ab"（追加）	向二进制文件尾部追加数据。若指定文件不存在，则自动创建该文件
"r+"（读/写）	打开一个存在的文本文件，用于读/写。若找不到指定文件，则返回错误标志
"w+"（读/写）	创建一个新的文本文件，用于读/写。若指定文件存在，则打开时清空原内容
"a+"（读/写）	添加或创建一个读/写方式的文本文件。若指定文件不存在，则自动创建该文件
"rb+"（读/写）	以读或写方式打开一个存在的二进制文件。若找不到指定文件，则返回错误标志
"wb+"（读/写）	创建一个二进制读/写文件。若指定文件存在，则打开时清空原内容
"ab+"（读/写）	添加或创建一个读/写方式的二进制文件。若指定文件不存在，则自动创建该文件

说明：

1）用"r"方式打开的文件必须是已经存在的，不能打开一个并不存在的文件，否则出错。而且该方式只能用于向计算机输入数据，不能向该文件输出数据。

2）用"w"方式打开的文件如果不存在，则在打开时会建立一个以指定名字命名的文件；如果原来已经存在一个以指定文件名命名的文件，则在打开时会将该文件删除，然后重新建立一个新文件。用"w"方式打开的文件只能用于向该文件写数据，不能向计算机输入数据。

3）用"a"方式打开的文件，主要用于向其尾部添加（写）数据。如果文件存在，打开时文件中的位置指针移到文件末尾；如果文件不存在，则创建一个新文件。

4）用"r+"、"w+"、"a+"方式打开的文件，既可以输入（读）数据，也可以输出（写）数据。只有文件存在时，才能用"r+"方式打开文件进行读/写操作。用"w+"方式则新建一个文件，先向此文件写数据，然后可以读此文件中的数据。用"a+"方式打开的文件，原来的文件不被删除，位置指针移到文件末尾，可以添加数据也可以读出数据。

5）在以上打开方式后面加上"b"表示对二进制文件操作，否则进行文本文件操作。文本文件的标志为"t"，可以省略不写。

打开文件操作不能正常执行时，fopen()函数将返回一个空指针 NULL（值为 0），表示出错。出错的原因可能有以下几个方面：指定文件的路径或文件名出错；以"r"方式打开一个不存在的文件；磁盘出故障；磁盘已满，无法建立新文件等。一般情况下要对 fopen()函数的返回值进行检查，以判断文件是否能正常打开。因此，常用下面的方式打开文件：

```
FILE *fp;
fp=fopen("文件名","打开文件的方式");
if(fp==NULL)                          //如果 fopen()的返回值为 NULL 成立
  {  printf("无法打开此文件！\n");     //输出文件不能正确打开信息
     exit(0);                         //关闭所有已经打开的文件，终止调用的过程，返回到操作系统。
  }
```

其含义是先检查打开文件操作是否出错，如果出错，就在终端上输出提示信息“无法打开此文件！”。exit()函数的作用是关闭所有文件，终止调用的过程并返回到操作系统，同时把括号中的值传递给操作系统。括号中的值若为 0，则认为程序正常结束；若为非 0，表示程序出错后退出。exit()函数在 process.h 头文件里，有的系统只要有 stdlib.h 头文件也可以调用 exit()函数。

程序开始运行时，系统自动打开 3 个标准文件，即标准输入文件、标准输出文件和标准出错处理文件。这 3 个文件分别与键盘、显示器或打印机等终端相连。因此，进行输入/输出操作时，不打开终端文件，系统也会正常地从键盘接收数据，向显示器输出数据。系统自动定义了 3 个文件指针常量 stdin、stdout 和 stderr，分别指向标准输入文件、标准输出文件和标准出错处理文件。

10.2.2　文件的关闭

文件使用完毕应该将其关闭，防止其被误用或丢失数据。文件关闭就是使文件与对应的文件指针脱离，使文件指针变量不再指向该文件，此后不能再通过该指针对其相连的文件进行读/写操作。若要继续对该文件进行读/写操作，必须再次打开文件，使该指针变量重新指向该文件。

关闭文件函数 fclose()的一般调用格式如下。

```
fclose(文件指针);
```

例如：

```
fclose(fp);
```

表示关闭指针 fp 所指向的文件。若成功，返回 0，否则返回 EOF(-1)。

在向文件写数据时，先将数据输出到缓冲区，待缓冲区充满后才输出给文件。如果当数据未充满缓冲区时程序结束运行，则缓冲区中的数据将丢失。用 fclose()函数关闭文件，可以避免这个问题，fclose()函数先把缓冲区中的数据输出到磁盘文件，然后再释放文件指针变量。因此，应该在程序终止之前关闭所有使用的文件，如果不关闭文件，将会丢失数据。

10.3　文件的读/写

在打开文件之后，可对其进行读/写操作。对于已经打开的文件，除了有一个文件指针与之关联，还有一个文件位置指针，用来标记文件读/写的当前位置，如图 10.3 所示。一般情况下，文件刚打开时，其位置指针指向文件的开头，每读/写一次数据，位置指针按顺序后移，为下一次读/写做准备，当文件位置指针指向文件末尾时，表示文件结束。

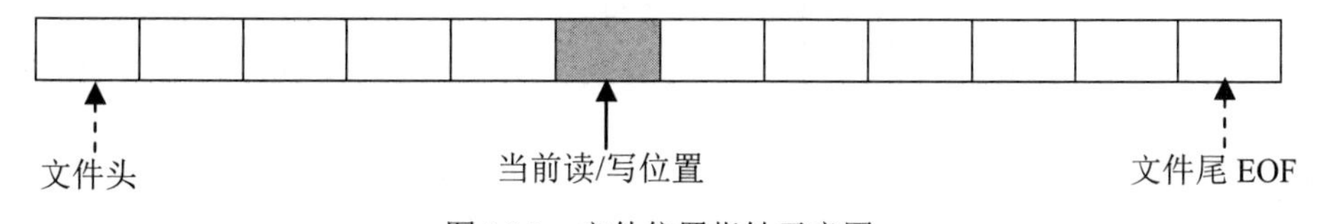

图 10.3　文件位置指针示意图

文件的读/写操作需要使用文件的读/写函数来完成。常用的文件读/写函数有字符读/写函数、字符串读/写函数、格式化读/写函数、数据块读/写函数。这些函数都包含在 stdio.h 头文件中。

10.3.1 字符读/写函数

1. 字符输出函数 fputc()

fputc()函数调用的一般形式如下。

```
fputc(字符,文件指针);
```

功能：把一个字符写入文件指针指向的文件中。

说明：被写入的文件要用只写、读/写、追加方式打开。如果函数输出成功，返回值就是输出的字符；否则，失败后返回 EOF(-1)。

例如：

```
FILE *fp;                    //定义文件指针 fp
char ch='A';                 //ch 为字符型变量
fp=fopen("file02.txt","w");  //创建用于写的文本文件 file02.txt
fputc(ch,fp);                //将 ch 中的字符写入 fp 所指向的文件中
```

【例 10.1】将从键盘上输入的若干行字符存入文本文件 demo.txt 中，以“#”结束输入。

```
#include "stdio.h"
void main()
{
    FILE *fp;
    char ch;
    fp=fopen("demo.txt","w");     //在默认目录下创建一个 demo.txt 文件
    do                            //将键盘输入的字符写入文件中，直到输入“#”
    {   ch=getchar();
        fputc(ch,fp);
    }while(ch!='#');
    fclose(fp);                   //关闭文件
}
```

字符读/写函数 1

程序运行时输入：

```
Hello World!
中国沈阳# ↙
```

程序正常运行之后，会在系统设置的当前目录下建立一个 demo.txt 文件。如果用记事本打开 demo.txt 文件，可以看到该文件的内容。

2. 字符输入函数 fgetc()

fgetc()函数调用的一般形式如下。

```
字符变量=fgetc(文件指针);
```

功能：从文件指针指向的文件中读取一个字符。

说明：文件要以只读或读/写方式打开。若函数在读取字符时文件已经结束或出错，将返回文件结束标志 EOF。

例如：

```
FILE *fp;                    //定义文件指针 fp
char ch;                     //ch 为字符变量
fp=fopen("demo.txt","r");    //以只读方式打开文本文件 demo.txt
ch=fgetc(fp);                //从 demo.txt 文件中读取一个字符，赋给字符变量 ch
```

上述代码的含义为，从 fp 所指向的文件中读取一个字符，赋值给字符变量 ch。若在执行

读字符时遇到文件结束符，则返回 EOF(-1)。

【例 10.2】统计并输出当前目录下的文件 demo.txt 中所含字符个数。

```
#include <stdio.h>
#include <process.h>
void main()
{   FILE *fp;
    int num=0;
    if((fp=fopen("demo.txt","r "))==NULL)
        { printf("文件无法打开!\n ");
          exit(0);
        }
     while(fgetc(fp)!=EOF)
          num++;
     fclose(fp);
     printf(" num=%d ",num);
}
```

字符读/写函数 2

【例 10.3】将当前目录下已经存在的文件 a1.c 的内容复制到文件 a2.c 中。

```
#include "stdio.h"
void main()
{
     FILE *fp1,*fp2;
     char ch;
     fp1=fopen("a1.c","r");          //以只读方式打开已有文件 a1.c
     fp2=fopen("a2.c","w");          //以只写方式打开或创建一个 a2.c 文件
     do
     {   ch=fgetc(fp1);              //从文件 a1.c 中读出一个字符存入变量 ch 中
         fputc(ch,fp2);              //将变量 ch 中字符写入 fp2 指向的文件 a2.c 中
     }while(ch!=EOF);                //当 ch 读取到 a1.c 文件的结束标志，结束循环
     fclose(fp1);                    //关闭文件 a1.c
     fclose(fp2);                    //关闭文件 a2.c
}
```

当运行程序后，用 Visual C++或记事本打开文件 a1.c 和 a2.c，可以看到文件 a1.c 的内容和文件 a2.c 的内容相同。

10.3.2　字符串读/写函数

1. 字符串输出函数 fputs()

fputs()函数调用的一般形式如下。

```
fputs(字符串,文件指针);
```

功能：把字符串写入文件指针所指示的磁盘文件中，正常情况下该函数的返回值为写入的最后一个字符，出错时返回 EOF。

例如：

```
FILE *fp;                          //定义文件指针 fp
char *str="Emily";                 //str 是字符指针变量，指向字符串 Emily
fp=fopen("file03.dat","w");        //以只写方式打开或创建文本文件 file03.dat
fputs(str,fp);                     //将 str 指向的字符串写入 fp 所指向的文件中
```

【例 10.4】从键盘输入 5 个同学的姓名，存入 d:\\sn.txt 中。

```
#include "stdio.h"
void main()
{
    FILE *fp;
    char str[20],ch='\n';          //定义一个字符数组 str 和存入换行符的字符变量 ch
    int i;
    fp=fopen("d:\\sn.txt","w");    //在 D 盘根目录下创建一个 sn.txt 文件
    for(i=1;i<=5;i++)
    {   gets(str);                 //从键盘读入姓名字符串存入字符数组 str 中
        fputs(str,fp);             //将 str 中的姓名字符串内容写入 sn.txt 文件中
        fputc(ch,fp);              //将换行符写入 sn.txt 文件中，即在人名后加换行符
    }
    fclose(fp);                    //关闭文件
}
```

字符串读/写函数

该程序运行时，如图 10.4 所示，在程序运行的命令窗口输入 5 人姓名，保存在 sn.txt 文件中。在 Visual C++中打开此文件，结果如图 10.5 所示。

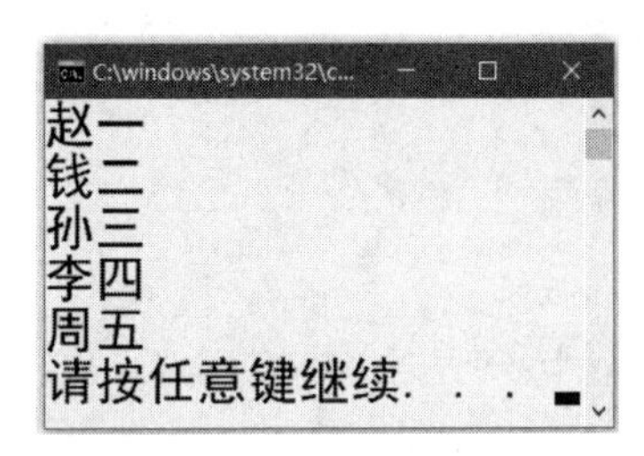

图 10.4　程序运行时输入的内容

图 10.5　文件 sn.txt 的内容

2. 字符串输入函数 fgets()

fgets()函数调用的一般形式如下。

```
fgets(字符数组名,n,文件指针);
```

功能：从文件指针指向的文件中读取 n-1 个字符，以字符串形式存放到字符数组中。

例如：

```
FILE *fp;                          //定义文件指针 fp
char str[20];
int n=20;
fp=fopen("d:\\sn.dat ","r");       //以只读方式打开 D 盘根目录下文本文件 sn.dat
fgets(str,n,fp);
```

“fgets(str,n,fp);”语句的功能：从 fp 指向的文件中读出由 n-1 个字符加上结束标志'\0'组成的字符串送到从 str 开始的内存单元中。若成功，返回 str 的地址，否则返回空指针 NULL。每次读取一行，如果该行不足 n-1 个字符，则读完该行就结束；如果该行（包括最后一个换行符）的字符数超过 n-1，则只返回一个不完整的行，下一次调用会继续读该行。

10.3.3　格式化读/写函数

fscanf()和 fprintf()函数与 scanf()和 printf()函数作用相似，都是格式化读/写函数。不同的是，fscanf()和 fprintf()函数的读/写对象不是终端而是文件。

1. 格式化输出函数 fprintf()

fprintf()函数调用的一般形式如下。

```
fprintf(文件指针,格式控制字符串,输出表列);
```

功能：将输出表列中的数据按指定格式要求存入文件指针所指向的文件中。

例如：

```
int i=1;
double f=4.7;
FILE *fp;
fp=fopen("a1.dat","w");
fprintf(fp, "%d,%6.2lf",i,f);
```

上述 fprintf()函数的作用是将整型变量 i 和实型变量 f 的值按“%d”和“%6.2lf”的格式输出到 fp 指向的文件 a1.dat 中，输出到文件 a1.dat 中的是字符串“1, 4.70”。

2. 格式化输入函数 fscanf()

fscanf()函数调用的一般形式如下。

```
fscanf(文件指针,格式控制字符串,地址表列);
```

功能：按指定的格式从文件指针所指向的文件中读取数据到指定的内存地址中，遇到空格和换行时结束。

例如：

```
int i;
float f;
FILE *fp;
fp=fopen("a1.dat","r");
fscanf(fp,"%d,%f",&i,&f);
```

上例中 fscanf()函数的作用是将 fp 指向的文件中的数据按“%d”和“%f”的格式传递给变量 i 和 f。如果文件 a1.dat 中有数据“1,1.5”，则数据 1 传递给变量 i，数据 1.5 传递给变量 f。

注意：文件 a1.dat 中数据的格式“1,1.5”要与语句“fscanf(fp, "%d,%f",&i,&f);”中的格式控制符"%d,%f"一致，一致主要是指数据的分隔符的一致性。

【例 10.5】气象学上通常用一天中 02 时、08 时、14 时和 20 时，4 个时刻的气温相加后求平均，作为一天的平均气温。现将某地当日测得的 4 个时刻温度值保存在文本文件 a1.dat 中，计算当天的平均气温（保留一位小数）并保存到二进制文件 a2.dat 中。

格式化读/写函数

```
#include "stdio.h"
#include <stdlib.h>
void main()
{   FILE *fp1,*fp2;
    float temp,s=0;
    int i;
    fp1=fopen("a1.dat","r");        //以只读方式打开文件 a1.dat
    fp2=fopen("a2.dat","wb");       //以只写方式打开文件 a2.dat
    for(i=1;i<=4;i++)               //循环 4 次每次读一个温度值并累加到变量 s 中
    {   fscanf(fp1,"%f",&temp);
          /*使用 fscanf()从文件 a1.dat 中读取一个浮点数，并保存到 temp 变量中*/
        s+=temp;
    }
```

```
    fprintf(fp2,"%.1f",s/4.0);
            /*使用 fprintf()将计算的平均温度值写入 a2.dat 文件*/
    fputc('\n',fp2);                //向 a2.dat 文件写入一个换行符
    fclose(fp1);                    //关闭 fp1 指向的文件 a1.dat
    fclose(fp2);                    //关闭 fp2 指向的文件 a2.dat
}
```

本例中的输入和输出数据都是面向文件的。在 Visual C++中打开文件 a1.dat，要读取的数据如图 10.6 所示，4 个温度值之间用空格分隔。运行完上面的程序，屏幕上只显示系统提示"请按任意键继续……"，要查看输出结果需要打开文件 a2.dat，如图 10.7 所示。

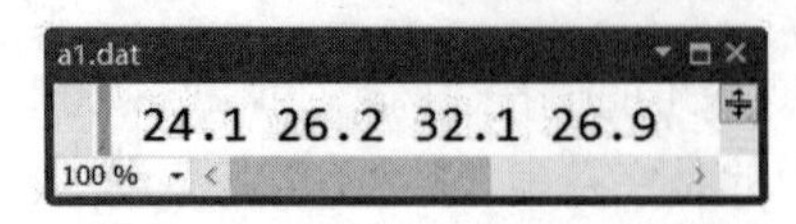

图 10.6　a1.dat 文件中的输入数据

图 10.7　a2.dat 文件中的输出结果

10.3.4　数据块读/写函数

文件中的数据可以逐个字符进行读/写，但要读/写更多的数据时应使用数据块读/写函数。数据块读/写函数可以读/写一组数据（一个数组、一个结构变量的值等）。C 语言提供了 fread()函数和 fwrite()函数，用来读/写数据块。

1. 数据块输出函数 fwrite()

fwrite()函数调用的一般形式如下。

```
fwrite(buffer,size,count,fp);
```

功能：将从内存地址 buffer 开始的数据块写入文件指针所指向的文件中。写入的数据块由 count 个 size 字节的数据项构成。若成功，返回实际写入的数据项的个数（count 值），若不成功则一般返回 0。

说明：

（1）buffer：为内存区块的指针（首地址），区块（数据项）可以是数组、变量、结构体等。

（2）size：是每个数据项的字节数。

（3）count：数据项的数量。

（4）fp：文件指针。

2. 数据块输入函数 fread()

fread()函数调用的一般形式如下。

```
fread(buffer,size,count,fp);
```

功能：从 fp 所指向的文件中读出 count 个 size 大小的数据到从 buffer 开始的内存空间中。buffer 是一个指针，用来指向数据块要存入内存的首地址。若成功，返回实际读取的数据项的个数（count 值），若不成功则一般返回 0。

例如：

```
float d[10];
fread(d,4,2,fp);
```

此函数的作用为从 fp 指向的文件中读出两个 4 字节的实数，存放到数组 d 中。

【例 10.6】从键盘输入 N 个（如 3 个）同学的信息，保存到学生文件 student.dat 中。之后将文件中的数据读出显示在屏幕上。

数据块读/写函数

分析：本题设计了一个结构体类型 stud 用于定义存放学生信息的结构体变量。使用数据块读/写函数 fread()和 fwrite()，对学生文件 student.dat 进行二进制读/写操作。使用 scanf()函数从键盘逐条输入学生信息，再用 fwrite()函数逐条写入文件中。之后，将文件指针移回文件头部。用 fread()函数一次性从文件中读出数据，存入结构体数组 rstu[N]中，然后再用 printf()函数输出到屏幕。

```
/*数据块读/写学生信息*/
#include "stdio.h"
#include <stdlib.h>
#define N 3
struct stud                //定义一个结构体类型 stud，包含学号、姓名和成绩 3 个成员
{
    char sID[7];
    char name[10];
    int score;
};
void main()
{   FILE *fp;
    struct stud wstu,rstu[N];          //定义了结构体变量 wstu 和数组 rstu[N]
    int i,size;
    size=sizeof(struct stud);          //测试出 stud 占用存储空间的长度存入 size
    if((fp=fopen("student.dat","wb+"))==NULL)
      {   printf(" Can't open this file!\n ");
          exit(0);
      }
    printf("输入%d 名同学的学号、姓名和成绩：\n",N);
    for(i=0;i<N;i++)                   //使用循环结构一次输入一名同学信息，并写入文件中
    {
        scanf("%s%s%d",wstu.sID,wstu.name,&wstu.score);
        fwrite(&wstu,size,1,fp);       //将输入的当前学生数据写入文件中
    }
    rewind(fp);                        //将文件指针移动到文件开头
    fread(rstu,size,N,fp);             //将文件中的数据一次性读出到结构体数组 rstu[N]中
    printf("\n 从文件读出的学生信息如下：\n");
    for(i=0;i<N;i++)                   //使用循环结构逐条输出结构体数组中的学生信息
        printf("%s,%s,%d\n",rstu[i].sID,rstu[i].name,rstu[i].score);
    fclose(fp);                        //关闭文件
}
```

本程序的运行结果如图 10.8 所示。

注意：

（1）fread()函数和 fwrite()函数实际上是以二进制处理数据的，因此程序中文件应以二进制读/写方式打开。二进制文件用记事本等文本编辑器打开时会出现乱码。

（2）设计字符数组长度时应考虑多留一位存放字符串结束标志，否则读取字符串时可能出现错误。

```
输入3名同学的学号、姓名和成绩：
A22101 zhangsan 566
A22102 wangwu   555
A22103 lisi     542

从文件读出的学生信息如下：
A22101,zhangsan,566
A22102,wangwu,555
A22103,lisi,542
请按任意键继续. . .
```

图 10.8　例 10.6 运行结果

10.4　文件的定位

前面介绍的文件读/写操作是一种顺序读/写方式，就是从文件头开始，按顺序依次读/写数据，每读/写完一个数据后，文件的定位指针自动指向下一个位置。如果想对文件中某个位置或某个数据进行定位读/写，则需要对文件的位置指针进行重新定位，强制指针指向指定的位置。以下几个函数可以实现文件位置指针的定位。

1. rewind()函数

rewind()函数调用的一般形式如下。

```
rewind(文件指针);
```

功能：将文件位置指针移回文件的开头，此函数无返回值。

2. fseek()函数

fseek()函数调用的一般形式如下。

```
fseek(文件指针,位移量,起始点);
```

功能：以“起始点”为基准，将文件位置指针移动“位移量”个字节的距离。

说明：

（1）起始点为移动位置的基准点，即设定从文件的什么位置开始偏移，如表 10.2 所示，可以用数字或符号常量表示。

表 10.2　文件的起始点

起始点	常量名	数字表示
文件开始	SEEK_SET	0
文件当前位置	SEEK_CUR	1
文件末尾	SEEK_END	2

（2）位移量可以是正数，也可以是负数。如果指针从当前位置向文件末尾移动，则位移量为正数，反之就为负数。因为 C 语言标准要求位移量是 long 型数据，所以位移量数字末尾要加一个字母 L。

例如，在文件指针 fp 所指向的文件中，从起始点开始将位置指针向前或向后移动“位移量”个字节的距离。

```
fseek(fp,128L,SEEK_SET);        //将位置指针向后移到距文件头 128 字节处
fseek(fp,100L,1);               //将位置指针从当前位置向后移动 100 个字节
fseek(fp,-32L,2);               //将位置指针从文件末尾处向前移动 32 个字节
```

3. ftell()函数

ftell()函数调用的一般形式如下。

```
ftell(文件指针);
```

功能：检测位置指针的当前位置，返回值是距离文件头的位移量（单位为字节），若调用成功，则返回位移量，否则返回-1L。

ftell()函数可以用来测试文件长度。例如：

```
fseek(fp,0L,2);
i=ftell(fp);
```

该语句的作用是将文件位置指针移到文件末尾，测试文件末尾到文件头的位移量，即变量 i 中的值为 fp 所指向文件的长度。

4. feof()函数

feof()函数调用的一般形式如下。

```
feof(文件指针);
```

功能：检测文件是否结束，如果结果，则返回 1，否则返回 0。

例如：如果检测到文件结束，则显示提示信息。

```
if(feof(fp))
printf("We have reached the end of file\n");
```

10.5　文件的出错检验

C 语言提供了一些函数来检验输入/输出函数调用中的错误。

1. ferror()函数

用 ferror()函数对文件操作的错误进行测试。前面章节中介绍的函数都可以用返回值进行测试，也可以用 ferror()函数进行统一测试。ferror()函数的一般调用形式如下。

```
ferror(文件指针);
```

如果返回值为 0，则表示未出错，如果返回一个非 0 值，则表示出错。由于对同一个文件，每一次调用输入/输出函数，均产生一个新的 ferror()函数的值，因此应当在调用一个输入/输出函数后立即检查 ferror()函数的值，否则信息会丢失。在执行 fopen()函数时，自动将 ferror()函数的初始值置为 0。

2. clearerr()函数

clearerr()函数的作用是把文件出错标志和结束标志置为 0，一般形式如下。

```
clearerr(文件指针);
```

如果在调用一个输入/输出函数时出现错误，ferror()函数值为一个非 0 值，在调用 clearerr(fp)后，ferror(fp)的值变为 0。

程序运行过程中只要出现错误标志就保留，一直保留到同一文件调用 clearerr()函数或 remind()函数，或者任何其他输入/输出函数为止。

习 题 10

一、单项选择题

1．从计算机的内存中将数据写入文件中称为（　　）。

A．输入　　B．输出　　C．修改　　D．删除

2．C 语言中的文件类型有（　　）。

A．索引文件和文本文件两种　　B．文本文件一种

C．二进制文件一种　　D．ASCII 文件和二进制文件两种

3．以读/写方式打开一个已经存在的文本文件 myfile，下面 fopen()函数正确的调用方式是（　　）。

A．FILE *fp;
fp = fopen("myfile ", "r");

B．FILE *fp;
fp = fopen("myfile ", "r+");

C．FILE *fp;
fp = fopen("myfile ", "rb");

D．FILE *fp;
fp = fopen("myfile", "rb+");

4．当使用 fopen()函数以指定的方式打开指定的文件时，若不能实现打开文件任务，fopen()函数的返回值是（　　）。

A．NULL　　B．EOF　　C．地址值　　D．1

5．直接将文件指针重新定位到文件读/写的首地址的函数是（　　）。

A．ftell()函数　　B．fseek()函数

C．rewind()函数　　D．ferror()函数

二、阅读程序题（写出程序的运行结果）

1．在 D 盘根目录先建立一个名为 file1.txt 的文本文件，文件的内容为“abc”。

```
#include<stdlib.h>
#include<stdio.h>
void main()
{   FILE *fp;charc;
    if((fp=fopen("d:\\file1.txt","r"))==NULL)
    {   printf("Can't Open File\n");
        exit(0);
    }
    c=fgetc(fp);
    while(c!=EOF)
    {
        printf("%c",c+3);
        c=fgetc(fp);
    }
    fclose(fp);
}
```

2．在 D 盘根目录先建立一个名为 file1.txt 的文本文件，文件的内容为“I'm born to succeed.”。

```
#include<stdio.h>
main()
{   FILE *fp1,*fp2;
    char ch;
    fp1=fopen("d:\\file1.txt","r");
    fp2=fopen("d:\\file2.txt","w");
    ch=fgetc(fp1);
    while(!feof(fp1))
    {
        putchar(ch);
        fputc(ch,fp2);
        ch = fgetc(fp1);
    }
    fclose(fp1);
    fclose(fp2);
}
```

三、完善程序题（根据下列程序的功能描述，在程序的空白横线处填入适当的内容，使程序完整、正确）

1．以下程序的功能是从键盘输入一些字符，逐个把它们写入磁盘，直到输入一个“#”为止。

```
#include <stdio.h>
void main()
{   FILE *fp;
    char ch,filename[10];
    scanf("%s",filename);
    if((fp=fopen(filename,"w"))==NULL)
    {   printf("can not open file.\n");
        exit(0);
    }
    ch=getchar();
    while((ch!='#')
    {   fputc(________);
        putchar(ch);
        ch=getchar(    );
    }
    fclose(fp);
}
```

2．以下程序的功能是从终端读入字符串（用$作为文本结束标志）并复制到一个名为 out.dat 的新文件中。

```
#include <stdio.h>
void main()
{   FILE *fp;
    char ch;
```

```
    if((fp=fopen("out.dat","w+"))==NULL)
        return;
        while((ch=getchar())!='$')
            fputc(ch,fp);
        ________;
}
```

四、程序改错题（每小题只有一个错误，找出错误的行号并改正。每行语句前的序号只标注行号，非程序本身的内容）

1．从键盘输入若干字符，并把它们输出到磁盘文件中保存。

```
（1）#include <stdio.h>
（2）void main()
（3）{    FILE fp;
（4）     char line[81];
（5）     if((fp=fopen("aa.txt","w"))==NULL)
（6）     {   printf("文件不能打开");
（7）         exit(0); }
（8）     while(strlen(gets(line)>0)
（9）     {   fputs(line,fp);
（10）        fputs("\n",fp);
（11）    }
（12）    fclose(fp);
（13）}
```

2．以下程序的功能是统计并输出当前盘当前目录下的文件 myfile 中所含字符个数。

```
（1）#include <stdio.h>
（2）void main()
（3）{   FILE *fp;
（4）    int num=0;
（5）    if((fp=fopen(" myfile ","r "))==NULL)
（6）    {    printf(" Can not open file!\n ");
（7）         exit(0);
（8）    }
（9）    while(fgetc(fp)!=NULL)
（10）           num++;
（11）     fclose(fp);
（12）     printf(" num=%d ",num);
（13）}
```

五、编程题

1．编写一个程序，将字符串“China Beijing”写到文件 d:\file1.txt 中。

2．编写一个程序，统计一个文本文件 d:\file2.txt 中字母、数字和其他字符的个数（提示：先建立 d:\file2.txt 文件）。

六、拓展练习题

1．编程建立一个文本文件“古诗.txt”，从键盘上输入如下内容并存入该磁盘文件中。输入文件内容时可以“#”为结束标志。

登鹳雀楼

〔唐〕 王之涣

白日依山尽，黄河入海流。

欲穷千里目，更上一层楼。

2．编写一个程序，输入文件名打开指定的文本文件，统计文件的字节数，并输出文件的内容。要求设计 3 个函数，分别是打开文件的函数，统计文件长度的函数，以及读取并显示文件内容的函数，并在主函数中调用它们。

3．参考例 10.5，如果输入文件中的温度数据是一个星期的 7 行数据，如下所示，编程计算出每一日的平均气温，存入新文件中。文件中的原始温度数据如下。

```
24.1 26.2 32.1 26.9
18.6 21.3 27.5 23.6
22.1 20.8 25.3 18.9
22.6 21.0 26.3 24.2
24.3 22.4 26.8 24.7
23.2 21.7 25.6 23.2
19.2 20.9 25.1 21.3
```

4．参考例 10.6，编程将某班同学的个人信息从键盘输入后存储到文件中。

附录 A　常用字符与 ASCII 码对照表

ASCII 值	字符	ASCII 值	字符	ASCII 值	字符	ASCII 值	字符
0	（null）	32	（Space）	64	@	96	`
1	☺	33	!	65	A	97	a
2	☻	34	"	66	B	98	b
3	♥	35	#	67	C	99	c
4	♦	36	$	68	D	100	d
5	♣	37	%	69	E	101	e
6	♠	38	&	70	F	102	f
7	•	39	'	71	G	103	g
8	◘	40	（	72	H	104	h
9	（水平制表符）	41	）	73	I	105	i
10	（换行）	42	*	74	J	106	j
11	♂	43	+	75	K	107	k
12	♀	44	,	76	L	108	l
13	（回车）	45	−	77	M	109	m
14	♫	46	.	78	N	110	n
15	☼	47	/	79	O	111	o
16	►	48	0	80	P	112	p
17	◄	49	1	81	Q	113	q
18	↕	50	2	82	R	114	r
19	‼	51	3	83	S	115	s
20	¶	52	4	84	T	116	t
21	§	53	5	85	U	117	u
22	▬	54	6	86	V	118	v
23	↨	55	7	87	W	119	w
24	↑	56	8	88	X	120	x
25	↓	57	9	89	Y	121	y
26	→	58	:	90	Z	122	z
27	←	59	;	91	[	123	{
28	∟	60	<	92	\	124	|
29	↔	61	=	93	]	125	}
30	▲	62	>	94	^	126	～
31	▼	63	?	95	_	127	⌂

续表

ASCII 值	字符	ASCII 值	字符	ASCII 值	字符	ASCII 值	字符
128	Ç	160	á	192	└	224	α
129	ü	161	í	193	┴	225	ß
130	é	162	ó	194	┬	226	Γ
131	â	163	ú	195	├	227	π
132	ä	164	ñ	196	─	228	Σ
133	à	165	Ñ	197	┼	229	σ
134	å	166	ª	198	╞	230	µ
135	ç	167	º	199	╟	231	τ
136	ê	168	¿	200	╚	232	Φ
137	ë	169	⌐	201	╔	233	Θ
138	è	170	¬	202	╩	234	Ω
139	ï	171	½	203	╦	235	δ
140	î	172	¼	204	╠	236	∞
141	ì	173	¡	205	═	237	φ
142	Ä	174	«	206	╬	238	ε
143	Å	175	»	207	╧	239	∩
144	É	176	░	208	╨	240	≡
145	æ	177	▒	209	╤	241	±
146	Æ	178	▓	210	╥	242	≥
147	ô	179	│	211	╙	243	≤
148	ö	180	┤	212	╘	244	⌠
149	ò	181	╡	213	╒	245	⌡
150	û	182	╢	214	╓	246	÷
151	ù	183	╖	215	╫	247	≈
152	ÿ	184	╕	216	╪	248	°
153	Ö	185	╣	217	┘	249	·
154	Ü	186	║	218	┌	250	·
155	¢	187	╗	219	█	251	√
156	£	188	╝	220	▄	252	^{n}
157	¥	189	╜	221	▌	253	^{2}
158	Pts	190	╛	222	▐	254	■
159	ƒ	191	┐	223	▀	255	Blank('FF')

附录 B　C 语言常用库函数

不同的 C 语言编译系统提供的标准库函数的数目、函数名及函数功能不完全相同。本附录列出了 Visual C++ 6.0 提供的一些常用库函数。如果需要更多的函数，请查阅所用的 C 语言编译系统的手册。

附表 B.1　数学函数

函数名	用法	功能	使用的头文件
abs	int abs(int i);	求整数的绝对值	stdlib.h 或 math.h
acos	double acos(double x);	反余弦函数	math.h
asin	double asin(double x);	反正弦函数	math.h
atan	double atan(double x);	反正切函数	math.h
atan2	double atan2(double y,double x);	计算 y/x 的反正切值	math.h
atof	double atof(const char *nptr);	把字符串转换为浮点数	stdlib.h
atoi	int atoi(const char *nptr);	把字符串转换为整型数	stdlib.h
atol	long atol(const char *nptr);	把字符串转换为长整型数	stdlib.h
cabs	double cabs(struct complex z);	计算复数的绝对值	stdlib.h
ceil	double ceil(double x);	向上舍入	math.h
cos	double cos(double x);	余弦函数	math.h
cosh	double cosh(double x);	双曲余弦函数	math.h
div	div_t div(int number,int denom);	整数相除，返回商和余数	stdlib.h
exp	double exp(double x);	指数函数	math.h
fabs	double fabs(double x);	返回浮点数的绝对值	math.h
floor	double floor(double x);	向下舍入	math.h
fmod	double fmod(double x, double y);	求模，即 x/y 的余数	math.h
frexp	double frexp(double value,int *eptr);	把双精度数分解为尾数和指数	math.h
gcvt	char *gcvt(double value,int ndigit,char *bur);	把浮点数转换为字符串	stdlib.h
hypot	double hypot(double x, double y);	计算直角三角形的斜边长	math.h
itoa	char *itoa(int value,char *string,int radix);	把整数转换为字符串	stdlib.h
labs	long labs(long n);	取长整型绝对值	stdlib.h 或 math.h
ldexp	double ldexp(double x,int n);	计算 $x*2^n$	math.h
ldiv	ldiv_t ldiv(long lnumer,long ldenom);	长整型相除，返回商和余数	stdlib.h
log	double log(double x);	求对数 ln(x)	math.h
log10	double log10(double x);	求对数 log(x)	math.h

续表

函数名	用法	功能	使用的头文件
ltoa	char *ltoa(long value,char *string,int radix);	把长整数转换为字符串	stdlib.h
matherr	int matherr(struct exception *e);	用户可改的数学错误处理程序	math.h
modf	double modf(double value, double *oiptr);	把双精度数分为整数和小数	math.h
poly	double poly(double x,int n, double c[]);	根据参数产生一个多项式	math.h
pow	double pow(double x, double y);	指数函数（x 的 y 次方）	math.h
rand	int rand(void);	随机数发生器	stdlib.h 或 math.h
random	int random(int num);	随机数发生器	stdlib.h
sin	double sin(double x);	正弦函数	math.h
sinh	double sinh(double x);	双曲正弦函数	math.h
sqrt	double sqrt(double x);	计算平方根	math.h
srand	void srand(unsigned int seed);	初始化随机数发生器	stdlib.h
strtod	double strtod(char *str,char **endptr);	将字符串转换为双精度型	stdlib.h
strtol	long strtol(char *str,char **endptr,int base);	将字符串转换为长整型数	stdlib.h
tan	double tan(double x);	正切函数	math.h
tanh	double tanh(double x);	双曲正切函数	math.h

附表 B.2　字符处理函数

函数名	用法	功能
isalnum	int isalnum(int c);	判断 c 是否为字母或数字
isalpha	int isalpha(int c);	判断 c 是否为字母
isascii	int isascii(int c);	判断 c 是否为 ASCII 字符
iscntrl	int iscntrl(int c);	判断 c 是否为控制字符
isdigit	int isdigit(int c);	判断 c 是否为数字字符
isgraph	int isgraph(int c);	判断 c 是否为可打印的字符（不包括空格）
islower	int islower(int c);	判断 c 是否为小写字母
isprint	int isprint(int c);	判断 c 是否为可打印的字符（包括空格）
ispunct	int ispunct(int c);	判断 c 是否为标点符号字符
isspace	int isspace(int c);	判断 c 是否为空格、制表符、回车符、换行符、走纸换页符
isupper	int isupper(int c);	判断 c 是否为大写字母
isxdigit	int isxdigit(int c);	判断 c 是否为十六进制数的字符
tolower	int tolower(int c);	把字母转换为小写字母
toupper	int toupper(int c);	把字母转换为大写字母

注　调用字符处理函数使用头文件 ctype.h。

附表 B.3 字符串处理函数

函数名	用法	功能
memchr	void *memchr (void *s,char ch,unsigned int n);	在数组中搜索字符
memcmp	void *memcmp (void *s1,void *s2,unsigned int n);	字符串比较
memcpy	void *memcpy (void *destin,void *source,unsigned int n);	从源文件中复制 n 个字节到目标文件中
memccpy	void *memccpy(void *destin,void *source,unsigned char ch,unsigned int n);	从源文件中复制 n 个字节到目标文件中，直到遇到指定字符为止
memicmp	int memicmp (void *s1,void *s2,unsigned int n);	字符串比较，忽略大小写
memmove	void *memmove (void *destin,void *source,unsigned int n);	块移动
movemem	void movemem (void *source,void *destin,unsigned int len);	移动一块字节
stpcpy	char *stpcpy (char *destin,char *source);	复制字符串
strcat	char *strcat (char *destin,char *source);	字符串拼接函数
strchr	char *strchr (char *str,charc);	在字符串中查找给定字符的匹配位置
strcmp	int strcmp (char *str1,char *str2);	字符串比较
strcmpi	int strcmpi (char *str1,char *str2);	不区分大小写，比较两个字符串
strcpy	char *strcpy (char *str1,char *str2);	同 stpcpy，将字符串 str2 复制为字符串 str1
strcspn	int strcspn (char *str1,char *str2);	在字符串 str1 中查找字符串 str2 的段
strdup	char *strdup (char *str);	将字符串复制到新建的位置处
stricmp	int stricmp (char *str1,char *str2);	不区分大小写，比较两个字符串
strlen	unsigned strlen (const char *s);	求字符串的长度
strncmp	strncmp (char *str1,char *str2,int maxlen);	比较字符串中前 maxlen 个字符
strncpy	char *strncpy (char *destin,char *source,int maxlen);	复制前 maxlen 个字符
strnicmp	int strnicmp (char *str1,char *str2,unsigned int maxlen);	不区分大小写，比较两个字符串中前 maxlen 个字符
strnset	char *strnset (char *str,char ch,unsigned int n);	将字符串中 n 个字符设为指定字符
strpbrk	char *strpbrk (char *str1,char *str2);	在两个字符串中查找最先出现的共有字符
strrchr	char *strrchr (char *str,char c);	在字符串中查找指定字符最后一次出现的位置
strrev	char *strrev (char *str);	字符串倒转
strset	char *strset (char *str,char c);	将字符串中所有字符设为指定字符
strspn	int strspn (char *str1,char *str2);	在字符串 str1 中查找字符串 str2 第一个字符出现的位置
strstr	char *strstr (char *str1,char *str2);	在字符串 str1 中查找字符串 str2 首次出现的位置
strtok	char *strtok (char *str1,char *str2);	将字符串 str1 中每一个与字符串 str2 相同的字符修改为'\0'
strupr	char *strupr (char *str);	将字符串中小写字母转为大写字母
strlwr	char *strlwr (char *str);	将字符串中大写字母转为小写字母

注 调用字符串处理函数使用头文件 string.h。

附表 B.4　动态内存分配函数

函数名	用法	功能
calloc	void *calloc (unsigned n,unsigned size);	分配连续内存空间
free	void free (void *p);	释放 p 所指的存储区
malloc	void *malloc (unsigned size);	分配 size 字节的存储区
realloc	void *realloc (void *p,unsigned size);	将 p 所指向的已分配存储区的大小改为 size

注　调用动态内存分配函数使用头文件 stdlib.h 或 malloc.h。

附表 B.5　内存操作函数

函数名	用法	功能
memcmp	void *memcmp (void *s1,void *s2,unsigned int n);	字符串比较
memcpy	void *memcpy (void *destin,void *source,unsigned int n);	从源文件中复制n个字节到目标文件中
memccpy	void *memccpy (void *destin,void *source, unsigned char ch,unsigned int n);	从源文件中复制n个字节到目标文件中，直到遇到指定字符为止
memicmp	int memicmp (void *s1,void *s2,unsigned int n);	字符串比较，忽略大小写
memset	void *memset (void *buf,int ch,unsigned int count);	把内存区域初始化为已知值
memmove	void *memmove (void *destin,void *source,unsigned int n);	块移动

注　调用内存操作函数使用头文件 string.h 或 memory.h。

附表 B.6　输入/输出函数

函数名	用法	功能
fclose	int fclose (FILE *fp);	关闭 fp 所指的文件，释放文件缓冲区
feof	int feof (FILE *stream);	检测流上的文件结束符
ferror	int ferror (FILE *stream);	检测流上的错误
flushall	int flushall (void);	清除所有缓冲区
fgetc	int fgetc (FILE *fp);	从 fp 所指定的文件中取得下一个字符
fgetchar	int fgetchar (void);	从标准输入设备中取得下一个字符
fgets	char *fgets (char *buf,int n,FILE *fp);	从 fp 指向的文件中读取一个长度为 n-1 的字符串
fopen	FILE *fopen (const char *filename,const char *mode);	以 mode 指向的方式打开名为 filename 的文件
fprintf	int fprintf (FILE *fp,const char *format, args,…);	把 args 的值以 format 指定的格式输出到 fp 指定的文件中
ftell	long ftell (FILE *stream);	返回当前文件指针
fstat	int fstat (char *handle,struct stat *buff);	获取打开文件的信息
fwrite	unsigned int fwrite(const char *ptr,usigned int size, unsigned int n,FILE *fp);	把 ptr 指向的字节写到 fp 指向的文件中

续表

函数名	用法	功能
getc	int getc (FILE *fp);	从 fp 指向的文件读取一个字符
getchar	int getchar (void);	从标准输入设备读取一个字符
gets	char *gets (char *s);	从标准输入设备读取一个字符串存入 s 中
perror	void perror (char *string);	系统错误信息
printf	int printf (char *format,…);	产生格式化输出
putc	int putc (int ch,FILE *fp);	把一个字符 ch 输入 fp 指定的文件中
putchar	int putchar (int ch);	在标准设备上输出字符
remove	int remove (char *filename);	删除一个文件
rename	int rename (char *oldname,char *newname);	重命名文件
rewind	void rewind (FILE *fp);	将 fp 指示的文件中的位置指针置于文件开头位置，并清除文件结束标志
scanf	int scanf (char *format,argument, …);	格式化输入
sprintf	int sprintf (char *string, char *format, argument, …);	将 argument 列出的数据按指定的格式写入字符串 string
sscanf	int sscanf (char *string, char *format, argument, …);	将字符串 string 中的数据按指定的格式输入 argument 列出的存储空间
strerror	char *strerror (int errnum);	返回指向错误信息的字符串指针
tmpfile	FILE *tmpfile (void);	以二进制方式打开暂存文件
tmpnam	char *tmpnam (char *sptr);	创建唯一的文件名
vprintf	int vprintf (char *format,va_list param);	将格式化数据写入标准输出
vscanf	int vscanf (char *format, va_list param);	从标准输入中执行格式化输入
vsprintf	int vsprintf (char *string,char *format, va_list param);	将 param 列出的数据按指定的格式写入字符串 string
vsscanf	int vsscanf (char *s,char *format, va_list param);	将字符串 s 中的数据按指定的格式输入 param 列出的存储空间
stat	int stat (char *pathname,struct stat *buff);	读取打开文件信息

注　调用输入/输出函数使用头文件 stdio.h。

附表 B.7　转换函数

函数名	用法	功能
atof	double atof(const char *nptr);	把字符串转换成浮点数
atoi	int atoi(const char *nptr);	把字符串转换成整型数
atoll	long atoll(const char *nptr);	把字符串转换成长整型数
gcvt	char *gcvt(double value,int ndigit,char *bur);	把浮点数转换成字符串
itoa	char *itoa(int value,char *string,int radix);	把整型数转换成字符串
strtod	double strtod(char *str,char **endptr);	把字符串转换成双精度型数

续表

函数名	用法	功能
strtol	long strtol(char *str,char **endptr,int base);	把字符串转换成长整型数
strupr	char *strupr(char *str);	把字符串中小写字母转换为大写字母
tolower	int tolower(int c);	把字符转换为小写字母
toupper	int toupper(int c);	把字符转换为大写字母
ultoa	char *ultoa(unsigned long value,char *string,int radix);	将无符号长整型数转换为字符串

注　调用转换函数使用头文件 stdlib.h。

参考文献

[1] 张春芳. C 语言案例教程[M]. 北京：科学出版社，2017.
[2] 刘立君. C 语言程序设计习题集[M]. 北京：科学出版社，2011.
[3] 谭浩强. C 程序设计[M]. 4 版. 北京：清华大学出版社，2010.
[4] 苏瑞，张春芳，王立武. C 语言程序设计[M]. 北京：清华大学出版社，2009.
[5] 马靖善，秦玉平. C 语言程序设计[M]. 北京：清华大学出版社，2005.
[6] 全国计算机等级考试命题研究中心. 全国计算机等级考试考点分析、题解与模拟（二级 C++）[M]. 北京：电子工业出版社，2007.
[7] 刘琨，段再超，赵冠哲. C 语言程序设计[M]. 北京：人民邮电出版社，2020.
[8] 陈松，刘颖. 程序设计基础：C 语言[M]. 北京：人民邮电出版社，2022.